21 世纪高职高专规划教材·计算机系列

Flash 互动媒体设计

（基于 ActionScript 3.0）
（修订本）

主　编　李　亮　李志勇
副主编　王　倩

清 华 大 学 出 版 社
北京交通大学出版社
·北京·

内 容 简 介

本书是基于 Flash 而编写的互动媒体设计与制作，主要介绍利用 Flash ActionScript 3.0 进行互动设计的基本方法和技巧。全书内容按照由易到难、由简单到复杂、由单项到综合的原则来安排，以实现轻松入门、拾级进阶、攀援而上的学习过程。

本书的特色是让学习者通过案例来解剖知识点，通过操作来熟悉知识点，通过实际项目来学会应用 ActionScript 3.0，实现互动媒体的设计与制作。完整的范例和程序代码，读者可以到北京交通大学出版社网站上直接取用或修改后再应用。

本书适合基于 Flash 的互动媒体设计与制作人员、Flash 游戏开发人员、Flash 网站设计与制作人员，以及相关专业学生学习使用。

图书在版编目(CIP)数据

Flash 互动媒体设计：基于 ActionScript 3.0/李亮，李志勇主编. —北京：清华大学出版社；北京交通大学出版社，2012.4（2020.8 重印）

（21 世纪高职高专规划教材·计算机系列）

ISBN 978-7-5121-0954-4

Ⅰ. ①F… Ⅱ. ①李… ②李… Ⅲ. ①动画制作软件，Flash ActionScript 3.0-高等职业教育-教材 Ⅳ. ①TP391.41

中国版本图书馆 CIP 数据核字（2012）第 058320 号

责任编辑：郭东青

出版发行：清 华 大 学 出 版 社　　邮编：100084　　电话：010-62776969
　　　　　北京交通大学出版社　　邮编：100044　　电话：010-51686414
印 刷 者：艺堂印刷（天津）有限公司
经　　销：全国新华书店
开　　本：185 mm×260 mm　　印张：21.25　　字数：530 千字
版　　次：2012 年 5 月第 1 版　　2020 年 8 月第 2 次修订　　2020 年 8 月第 8 次印刷
书　　号：ISBN 978-7-5121-0954-4/TP·685
印　　数：13 001～15 500 册　　定价：56.00 元

本书如有质量问题，请向北京交通大学出版社质监组反映。对您的意见和批评，我们表示欢迎和感谢。

投诉电话：010-51686043，51686008；传真：010-62225406；E-mail：press@bjtu.edu.cn。

前　　言

随着技术的发展，Flash 的应用范围越来越广，特别是 ActionScript 3.0 的出现，引入了面向对象的技术，播放效率得到了极大的提高，使得 Flash 成为设计与程序完美结合的、设计制作互动媒体最好的一个开发平台。

本书是基于 ActionScript 3.0 编写的，共分为 21 章，其中第 1 章到第 6 章是基础入门部分，主要内容包括：脚本基础、跳转函数、影片剪辑属性、鼠标效果、日期时间显示等；第 7 章到第 14 章是进阶部分，主要内容包括：简单数据交互、过渡效果和行为、加载和使用外部文件、键盘交互、碰撞检测等；第 15 章到第 20 章是高级应用部分，主要包括：视频及麦克风的应用、使用组件、绘图函数、位图处理、滤镜效果、SW 之间的通信和与数据库的连接方法等内容；最后一章是一个综合案例项目。

本书中包含了大量的实用案例，对比较复杂的案例，除了给出制作步骤外，还对案例进行了分析和扩展，使读者不仅能掌握互动设计的基本技巧，而且还能提高读者对互动项目的策划能力。本书所涉及的案例都可以在 Flash CS4 版本下正常运行（书中程序行号只为说明语句编写），书中的案例代码可以到北京交通大学出版社网站上下载。

在学习本书之前，读者如果有程序设计的基础，将能更加顺利地完成本书的学习。在学习第 20 章时，应熟悉 ASP 的相关技术。如果没有 ASP 基础，可以跳过本章的内容。

本书由李亮和李志勇合作完成。其中第 2 章、第 3 章、第 4 章、第 5 章、第 6 章、第 7 章、第 12 章、第 13 章、第 16 章由李志勇编写，其余 12 章由李亮编写。

作者在此要感谢乌云高娃、肖丹、陈立提出的宝贵意见，感谢作者的学生提供了部分很好的案例，感谢许蕤给予的部分案例设计。

编　者

2012 年 5 月

目　　录

第1章 互动媒体设计体验

随着科学技术的进步，特别是苹果公司推出 iPhone 及 iPad 产品后受到全球的关注，好评如潮，互动媒体的应用也迎来了快速发展的时期。

互动媒体是运用计算机对相关素材，包括文字、图像、动画、视频、声音等进行编程集成，使其融合成一个有机的整体，并能进行人机互动的多媒体互动软件。

互动媒体能够运用丰富的媒体来呈现和表达内容，具有丰富生动的表现力。而简洁人性化的阅读界面，让用户可以根据自己的需要随意地跳跃选择适合自己的内容来观看，特别是动画与编程技术的结合，可增强用户在使用过程中的体验感，这是传统传播工具所无法比拟的。

互动媒体设计的开发工具多种多样，不可胜数。其中 Adobe 公司的 Flash 及其系列开发平台脱颖而出，由于其使用方便、发布文件小、播放器支持率高、动画效果流畅等显著特点，成为当前开发互动媒体（包括网络游戏）的首选工具。本书将仅介绍利用 Flash 开发平台来设计制作互动媒体作品。

1.1 互动设计规划

1.1.1 互动设计规划内容

互动设计的规划内容一般包括主题确定、团队组成、项目策划、项目实施等几个部分。如图 1-1 所示。

1.1.2 互动设计方法

一个好的互动作品，在确定了主题内容之后，首先要有一个好的、完整的构思和规划，这就是通常所说的——项目规划方案。虽然互动设计规划不是本书的重点，但书中各章中的主要案例都会介绍案例的功能描述、项目分析及基本的制作思路。相信你可通过不同案例的实例制作，逐步体会并掌握项目规划的一些原则和技巧。

规划一个互动作品，首先要了解作品展示的对象、作品要展示的内容。其次要规划好作品的模块、层次和流程，最后是设计制作实施、修改、测试和发布。

虽然内容决定形式，但方法还是多种多样的。最常用的方法还是先策划后实现；先大纲后细节；先总体后局部；先统一后特色。具体来说包括三个阶段：需求分析阶段、概要设计及详细设计阶段、测试修改发布阶段。其流程图如图 1-2 所示。

图 1-1　互动设计规划内容

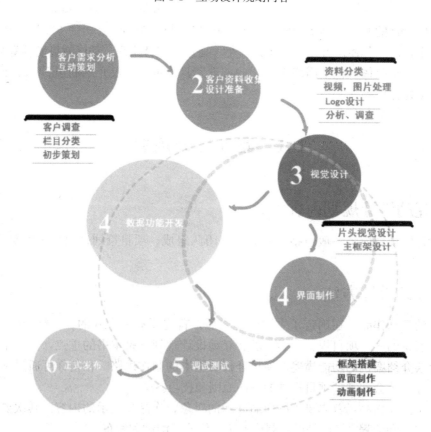

图 1-2　互动设计流程图

1.1.3 互动设计层次结构

互动设计层次结构包括片头、互动主要内容、片尾、帮助等。如图 1-3 所示。

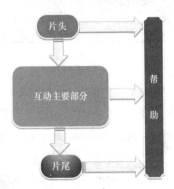

图 1-3 互动设计层次结构图

1.2 实例制作——互动设计

下面设计制作一个跟随鼠标的 Flash 动画，这里就没有片头片尾部分。

● 实例名称：一个简单的鼠标跟随动画。

● 实例功能：当鼠标移动时，有一个指定的动画片段能跟随鼠标移动。

● 实例分析：做一个简单的动画片段是比较容易的，但如何实现让这段动画跟随鼠标呢？这里分两步来实现：①先创建一个影片剪辑动画，并导出为一个类以便多次使用；②添加代码实现让影片剪辑动画跟随鼠标移动。

● 设计制作步骤：具体制作分为两个部分：设计制作一段小动画；添加动画跟随鼠标代码。

（1）打开 Flash 开发平台，新建一个 Flash 文件（ActionScript 3.0）并保存为 Mouse.fla。单击主菜单"插入"→"新建元件"，弹出一对话框。如图 1-4 和图 1-5 所示。

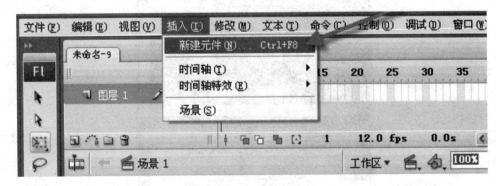

图 1-4 新建元件

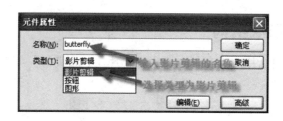

图 1-5　创建新元件

（2）在影片剪辑的编辑窗口，选择"文件"→"导入"→"导入到舞台"，并导入一个 GIF 帧动画。这里导入的是一只蝴蝶的 GIF 动画。如图 1-6 和图 1-7 所示。

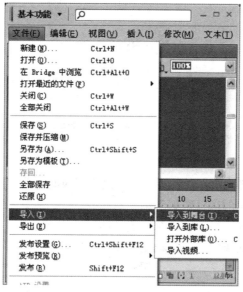

图 1-6　导入图片到舞台

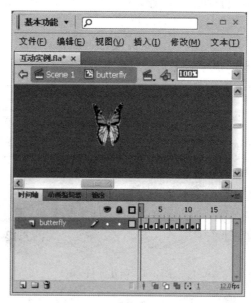

图 1-7　导入蝴蝶的 GIF 动画

（3）再回到主场景中，打开库面板，选中 butterfly 影片剪辑，右击，打开属性对话框，钩选 Export for ActionScript，并在 Class 文本框中给定类名为 Cbutterfly，如图 1-8 所示。

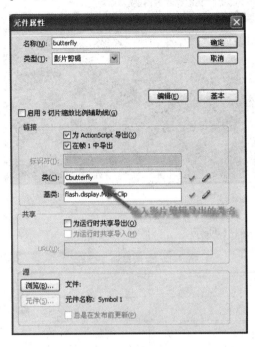

图 1-8　给影片剪辑创建类名

（4）回到主场景，按 F9 键或单击菜单"窗口"→"动作"，打开代码编写窗口并添加如下代码：

```
1  var btf_mc:Cbutterfly= new Cbutterfly();
2  addChild(btf_mc);
3  addEventListener(Event.ENTER_FRAME ,entFun);
4  function entFun(e:Event ) {
5      btf_mc.x= mouseX;
6      btf_mc.y= mouseY;
7  }
```

代码说明：

第 1 行代码的作用是创建一个实例，这里是蝴蝶动画的副本。具体创建方法在后面章节会专门讲到；

第 2 行代码的作用是将创建的实例放到舞台上去，使其能在舞台上可见；

第 3 行代码的作用是添加一个进入帧侦听事件；

第 4 行到第 7 行代码的作用是定义进入帧侦听事件发生时调用的函数，其中第 5 行和第 6 行是让影片剪辑副本的 x、y 坐标分别等于鼠标的 x、y 坐标。

（5）按 Ctrl＋Enter 组合键测试效果，当移动鼠标时，应该可以看到一个蝴蝶动画跟随鼠标在移动。如图 1-9 所示。

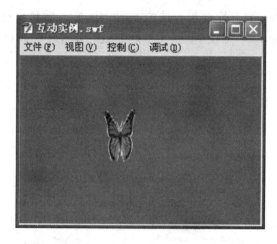

图 1-9　蝴蝶动画随鼠标移动

常用英语单词含义如表 1-1 所示。

表 1-1　常用英语单词含义

英　　文	中　　文
add	添加、增加
child	孩子
event	事件
listener	侦听器
function	函数
mouse	鼠标
enter	进入
frame	帧

小　　结

　　本章介绍了互动设计的规划内容（包括确定主题、组建团队、项目策划、项目制作、项目验收及评估）、互动设计的方法及互动设计的层次结构，最后用一个鼠标跟随的案例来体验设计制作一个互动作品的基本步骤及代码添加方法。

课后练习：

　　1. 收集并体验互动媒体设计的优秀案例，尝试编写案例分析报告和框架结构图。

　　2. 熟悉 Flash 的基本操作。

第 2 章　脚本基础

复习要点：
- ➤ Flash 基本操作
- ➤ 互动作品的制作步骤

本章要掌握的知识点：
- ◇ 变量的类型声明方式
- ◇ 不同类型的变量后缀形式
- ◇ 相对路径和绝对路径
- ◇ 了解按钮、关键帧、影片剪辑
- ◇ 通过快捷方式添加代码

能实现的功能：
- ◆ 添加代码
- ◆ 声明不同类型的变量
- ◆ 使用提示框写代码
- ◆ 访问不同层级的对象

2.1　Flash 动作脚本功能

我们知道，Flash 是一套具有跨平台、高品质，体积小，以及优异互动功能的多媒体制作软件。用 Flash 制作动画，如果只用时间轴和图层来实现画面，将会受到很大的限制，有些功能甚至根本不可能实现，即使动画再精彩，也只能让观赏者被动地沿着时间线的进度来欣赏。如果要想动画具有交互性，例如，鼠标移到某个按钮上，Flash 动画就开始播放，或者是按了某个按钮，就开启了某个网页等，观赏者要想自己来选择播放的顺序或者呈现不同的内容，就得依靠 Flash 的动作脚本语言了。Flash 的动作脚本语言英文为 ActionScript，简称 AS。

目前 ActionScript 共有 1.0，2.0，3.0 等版本，ActionScript 3.0 与之前的 1.0，2.0 大不相同，它已经成为和 Java，C++一样的正统程序设计语言。利用 ActionScript 3.0 的脚本语言，能轻松制作出各式各样的互动内容，能实现时间轴无能为力的一些特殊效果（如互动和游戏等）；运用基本技法与动作脚本语言相结合制作出来的动画效果，往往更加精彩纷呈（如个性化的鼠标效果）；运用动作脚本语言，还可以让一些复杂烦琐的制作过程得到有效的简化（如模拟下雨下雪等）。因此 Flash 搭配 ActionScript 3.0 已经成为流行的数字媒体互动制作趋势，目前是开发互动媒体应用的最佳工具。众所周知，Flash 的 ActionScript 可以跨平台，原因就在于 Flash Player 内部的虚拟机 AVM（ActionScript Virtual Machine），只要有安装 Flash Player，就可以执行编写好的程序。因此，包括电脑、网络、手机、平板电脑、电视等多个平台都支持 Flash 播放格式（SWF）。

要制作更好的 Flash 动画，特别是制作交互式的动画和特效动画，学习和掌握动作脚本语句是必不可少的。然而，人们对编程语言，总有一种敬畏的感觉，觉得要花大量的时间和精力才能入门，这也是很多人对学习编程望而却步的原因之一。

事实上，Flash 动作脚本语言并非想象的那么难以接近，在本书中，将针对有少量的编程基础或没有接触过任何程序语言的初学者，不安排专门的章节集中罗列枯燥的理论和代码规范（如有需要可参考附录内容），采取从最常用的简单语句入手，用具有实用性和趣味性的实例来解读语句，在每一章节中通过项目将理论和代码规范融入其中，逐步掌握更复杂功能的实现方式，带领 ActionScript 的初学者"轻松入门、拾级进阶、攀援而上"。

2.2　认识 Flash 动作脚本窗口

在 Flash 中，有多个地方可以添加 Flash ActionScript。初学者往往弄得很糊涂，特别是以前学习过其他的编程语言的人，更是如此。所以了解 Flash 脚本的窗口和脚本添加的位置非常重要。

Flash 中添加动作脚本代码的窗口只有一个，这就是动作窗口。用 F9 键开启动作面板。也可以通过单击"窗口"→"动作"打开动作窗口。如图 2-1 所示。

动作面板是一个完整功能的程序代码编辑器，它提供了许多编写程序时需要的便利功能，其中包括程序代码提示和标色、程序代码格式设定、语法检查、除错、行号、文字换行等。

图 2-1　动作面板

动作面板有 3 个基本区域：脚本窗格（在此输入 ActionScript 代码），动作工具箱（里面列出所有的类，类的方法、事件和参数），脚本导航器（可以导航到包含 ActionScript 的不同帧）。

脚本窗格是输入 ActionScript 程序代码的地方。在脚本窗格上会看到一排按钮，如图 2-2 所示。

图 2-2　脚本工作栏

表 2-1 将对各个工具按钮进行说明。

表 2-1　工具按钮说明

工 具 按 钮	说　　明
 ⊹	将新项目添加到脚本当中去
 ⌕	查找和取代脚本中的文字
 ⊕	插入目标路径，可以帮助你为脚本中的动作设定绝对或相对目标路径
✓	语法检查，可以帮助你检查目前脚本中的语法错误。若有会在输出面板中列出语法错误
☰	自动套用格式，将脚本格式化为适当的程序代码语法并增加代码可读性和易读性。未经过格式化的程序代码，比较杂乱无序，使用自动套用格式后，即可将程序排列整齐
⌑	显示代码提示，如果已经关闭显示代码提示，请使用显示代码提示，以显示你正在处理的程序代码行的程序代码提示
 ℰ	调试选项，设定或移除断点，好让你在出错时逐行处理整个脚本
 ⁅⁆ ⁅⁆ ⁅⁆	折叠成对大括号，目前收合
 ⌑ ⌑ ⌑	基于数组中的某个字段对数组进行排序
 ⊞	在数组中添加元素和删除元素

　　动作工具箱将 ActionScript 3.0 类分门别类地归纳好，并分层次显示，以方便查询语法及加入程序中。即使是程序设计的老手，也难免会查阅语法。只需将鼠标停留在要查询的内容上方，就会显示出基本说明。在右边垂直分隔线的三角形按钮可以收合工具箱。如果想改变动作工具箱大小可以拖动水平或垂直分隔线来调整。如图 2-3 所示。

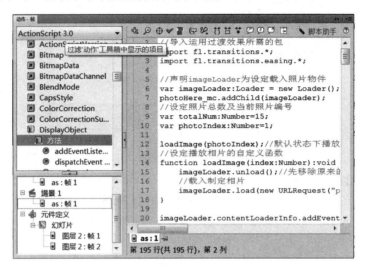

图 2-3　动作工具箱

　　脚本导航器可以方便你快速找到放在不同时间轴上、不同关键帧、不同影片剪辑上的 ActionScript 代码。在 Flash 中影片之间会有很多的嵌套，添加代码时必须要清楚这些嵌套关系，才能使代码正确地运行。脚本导航器不仅能使你清楚地知道各个影片剪辑之间的嵌套关系，而且能使你方便地切换、查看不同影片剪辑上的代码。如图 2-4 所示。

图 2-4　脚本导航器

注意

（1）如果脚本窗格上的脚本助手按钮是按下的，请再单击一次关闭它。

（2）设定动作面板的操作环境时，可以从其面板选单中的【首选参数】进入 Action-

Script设定窗口，以进行设定。

2.3　认识变量

在后面的章节中将不可避免地使用各种变量，因此在这里需要花一些时间来认识变量。

在程序设计中，中心的工作就是要处理各种数据。而数据的类型又可以分为两大类：一类是不变的，如数字"2"，它是一个固定的值2，永远不会改变，这种数据称为常量；另一类是可变的，称之为"变量"。变量是一种能存储信息的容器，它的名称始终不变，但它的内容是可以改变的。Flash 中的变量与其他计算机语言中的变量含义是一致的，但它又有自己的特点。

2.3.1　声明变量

变量必须先声明再使用，不然编译器就会报错。Flash 中的所有变量的声明都用关键字 var 开头，关键字 var 告诉 ActionScript 编译器将创建一个新的变量。

如创建一个 Flash 新文档，用鼠标选择第一帧，再按 F9 键打开动作窗口，输入下面的代码：

```
var sum= 0;
trace(sum);
```

上述代码声明了一个变量"sum"，并在输出面板中输出变量的值。按 Ctrl＋Enter 组合键测试影片，在输出面板中就可以看到输出的是数字"0"。如果将上述代码修改为：

```
var sum= "我们来了";
trace(sum);
```

按 Ctrl＋Enter 组合键测试影片，在输出面板中就可以看到输出的是字符串"我们来了"。

说明

trace() 函数的功能是可以在测试 swf 文件时，使用此语句在"输出"面板中记录编程注释或显示消息。

注意

（1）trace() 函数的一个重要功能是在编写程序时帮助查找错误。

（2）可以使用"发布设置"对话框中的"省略跟踪动作"命令将 trace() 动作从导出的 swf 文件中删除。

2.3.2　声明并指定变量的类型

从前面可知，Flash 中所有类型的变量都由关键字 var 来声明，这并不是说 Flash 中不能声明变量的类型。Flash 中声明变量的类型的方法如下：

```
var 变量名称：变量类型；
```

变量名称后面的冒号紧跟变量类型，指出了在变量中将保存哪种类型的数据。当声明变量输入":"后，就会触发类型列表框。类型列表框列出了所有可以声明的类型。如图 2-5 所示。

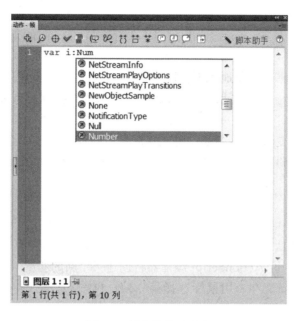

图 2-5　触发的类型列表

声明了变量的类型后，就可以很方便地使用相关类的属性和成员函数。因为这时在变量的后面输入"."后，Flash 开发环境会显示相关的可使用的提示列表，其中包括可使用的属性和函数。如图 2-6 所示，这里声明了 Number 类型的变量"sum"（也称为类的对象），列表框列出的是 Number 类的属性和成员函数。

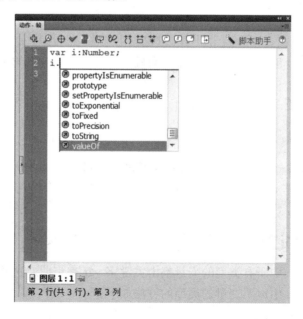

图 2-6　类成员列表

如下面的代码是声明一个数值类型的变量"sum"。

```
var sum:Number = 66;
trace(sum+ 2);
```

按 Ctrl＋Enter 组合键测试影片，则在输出面板中就可以看到输出的是数值 68。

注意

数值之间可以通过"＋"号来进行数学运算，字符串之间如果也用"＋"号，则表示是两个字符串之间的连接，即把两个或多个字符串连接成一个字符串。

2.3.3 Flash 中变量的命名

Flash 中变量的命名必须遵循下列原则：

（1）变量名的第一个字符必须是字母或下画线或美元符号，不能以数字开始。例如，变量名 3btn 是无效的，btn3 是有效的。

（2）不能是关键字。

（3）在变量名中不能有空格。

不过令人欣喜的是 Flash8 及以后的版本可以用中文汉字做变量。如：

```
var 变量:Number = 66;
trace(变量+ 2);
```

如果在声明对象时没有指定类型，而又想显示这些对象的代码提示，就必须在声明的对象名称的后面添加特殊的后缀。如声明"Array"类的对象时添加"_array"后缀。这样仍然可以触发相关的属性和函数列表框。如图 2-7 所示。

图 2-7 "_array"后缀触发列表

在舞台上定义的实例名称如果也带这些特殊的后缀，也有同样的效果。

表 2-2 列出了常用对象类型和对应的后缀。

表 2-2　常用对象类型和对应的后缀

对象类型	名　　称	变量后缀
Array	数组	_ array
Button	按钮	_ btn
Camera	摄像机	_ cam
Date	日期	_ date
MovieClip	影片剪辑	_ mc
Sound	声音	_ sound
String	字符串	_ str
TextField	文本域	_ txt
TextFormat	文本格式	_ fmt
Video	视频	_ video
XML	XML 对象	_ xml

注意

（1）尽管使用这些后缀不是必须的，但使用这些后缀不仅可以在使用对象时有提示框显示，而且也增加了代码的可读性。

（2）Flash 对大小写是敏感的，在编写 ActionScript 代码时要注意区分大小写。不正确的大小写将导致程序出现错误。

（3）为避免由于大小写造成的错误，最好的方法是尽量使用代码提示窗口输入 Flash 的内置命名、属性、关键字和函数等。

2.4　标识符与对象路径

Flash 中的标识符有很多，其中"this"、"root"和"parent"应该引起初学者特别注意。

"this"代表自身。可以理解为"当前"、"我"、"本人"、"自身"等。如某个影片剪辑中的代码"this.stop()"，就是让影片剪辑自身停止。

"root"代表主时间轴。它是最顶级的对象，是 swf 文件的最高层次对象，所有的对象都包含在它的内部。

"parent"代表父一级对象，也是上一级对象。以学校为例，结构图如图 2-8 所示。

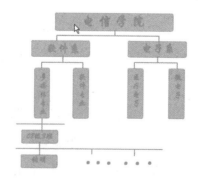

图 2-8　学校结构图

这里对张明来说，要访问 08 级 3 班正确的写法是"this.parent"，对多媒体专业来说，要访问电信学院正确的表示是"this.parent.parent"。这也就是相对路径的写法。再如"张明"要访问"微电子"，相对路径的写法是"this.parent.parent.parent.parent.电子系.微电子"。

对张明来说，如果使用的是绝对路径，要访问 08 级 3 班正确的写法是"root.软件系.多媒体专业 08 级 3 班"。"root"是最高层次的对象"电信学院"。如果"张明"要访问"微电子"，其绝对路径写法为"root.电子系.微电子"。

2.5 脚本与时间轴动画的关系

制作一款 Flash 动画和导演一部舞台剧道理是一样的，要有导演、演员、舞台，还要有非常重要的剧本。剧本是用来描述某个演员在某个时间做什么事情，导演的工作就是让剧本重现，让观众能看得见，感受得到；在设计制作 Flash 动画中，你就是导演，首先要做的工作是理清自己的思路，明白自己要做什么样的动画，也就是先要有策划方案，它相当于剧本。简单的动画虽然可以不用剧本，也可以实现，但这里建议你在制作 Flash 前，最好还是有一个文字的策划方案，特别是较为复杂的动画更如此。其次，你要找到演员，就是制作动画中的影片、按钮、图片、声音等各种素材，最后，素材都准备好后，要做的是依据策划方案控制各种素材，按照一定的条件和时间顺序展现某个动作。Flash 中的动作脚本相当于剧本内在的逻辑关系，通过脚本可以控制动画中的影片、按钮、图片、声音等各种素材展现动作，这也是称它为动作脚本的原因吧。

在 Flash 中，可以将动作脚本添加到时间轴上的任何一个关键帧或者是影片剪辑元件里时间轴上的任意关键帧。在 Flash Player 播放的过程中，如果播放到某一帧，且该帧上有代码，这些代码将会毫无保留地被执行。

常用英语单词含义如表 2-3 所示。

表 2-3 常用英语单词含义

英 文	中 文
ActionScript	动作脚本
trace	跟踪
this	这里
root	主时间轴
parent	父母

课后练习：

1. 熟悉脚本窗口、代码放置的位置，以及各种快捷键。

2. 什么是变量，变量如何定义？

3. 简述对象路径的表示方法。

第 3 章　Flash 跳转函数——控制播放器

 复习要点：

➢ 添加代码的窗口

➢ 添加代码的位置和方式

➢ 相对路径和绝对路径

 本章要掌握的知识点：

◇ getURL() 函数的使用方法

◇ 跳转函数 stop()、play()、gotoAndPlay()、gotoAndStop()、nextFrame()、prevFrame()、nextScene()、prevScene() 的使用

◇ 给影片设置一个实例名

◇ 定位舞台中要控制对象的方法

 能实现的功能：

◆ 控制动画的播放和停止

◆ 控制动画的跳转等

3.1　事件处理

首先了解一下什么是 Flash 中的事件。所谓事件，顾名思义，就是发生的事，并且是能够被 Flash ActionScript 3.0 识别并可响应的事情。

Flash 中许多事件与用户交互有关，例如，鼠标单击，按下键盘等。有些事件则是系统本身触发的，例如每当播放头播放到一帧时，就会产生"进入帧"事件。就拿我们用的计算机来说，如果电池快被耗尽，就会自动进行"电量不足"之类的事件提示，并且会交给对应的程序处理，发出警告声音。

在 Flash 中，事件产生后，会交给事件处理函数去处理，事件处理函数也叫事件侦听器。事件侦听器是一个侦听事件也处理事件的函数。事件侦听器只需要通过 addEventListener( ) 函数加到事件目标对象上就可以了。语法如下：

事件目标对象.addEventListener(事件类型.事件名称,事件处理函数名称)

```
function 事件处理函数名称(事件对象:事件类型): void{
    //事件处理代码
}
```

事件目标对象可以是影片剪辑、按钮或其他对象。例如，当按钮被鼠标单击，此时按钮就是事件目标对象。事件处理函数的声明与其他函数一样，但是必须将这个事件的事件对象作为函数的参数。通过事件处理函数中的参数可以访问事件的属性。将想要进行的处理工作全部整合到事件处理函数中。

具体说来，在 Flash 中事件处理过程如下：

（1）通过 addEventListener 函数来声明注册事件处理函数来侦听事件；

（2）当相关事件发生后，系统就会把这个事件发生的相关信息，例如事件类型、事件名称、事件目标对象等封装成为事件对象广播分发出去；

（3）系统会自动调用事先注册的事件处理函数来处理事件，并把事件对象传给事件处理函数。

注意

当某一事件发生时，若程序中没有注册相应的事件侦听器，则该事件将被忽略，不会被处理。

在 Flash 中有许多默认事件，如鼠标事件、键盘事件等。鼠标事件（MouseEvent）是 Flash 中最重要的人机交互途径，常用的鼠标事件如表 3-1 所示。

表 3-1　常用的鼠标事件列表

事件名称	说　　明
MouseEvent. CLICK	发生于单击鼠标动作时
MouseEvent. MOUSE _ DOWN	发生于按下鼠标动作时

续表

事件名称	说　明
MouseEvent. MOUSE _ UP	发生于松开鼠标动作时
MouseEvent. MOUSE _ MOVE	发生于鼠标移动动作时
MouseEvent. MOUSE _ OVER	发生于鼠标移入物体范围动作时
MouseEvent. MOUSE _ OUT	发生于鼠标移出物体范围动作时
MouseEvent. MOUSE _ WHEEL	发生于鼠标滚轮滚动动作时
MouseEvent. DOUBLE _ CLICK	发生于鼠标双击动作时

首先从单击按钮认识事件。下面通过一个例子来说明 Flash 事件处理过程。

【实例 3-1】　单击按钮打开网页。

● 实例描述：在舞台上单击按钮，将会打开指定网页。

● 设计思路：设计制作一个按钮，为这个按钮注册鼠标单击事件侦听器，在这个处理侦听器函数中通过 navigateToURL() 函数打开指定网页。

● 设计制作步骤：

（1）新建 Flash 文件，按 Ctrl＋F8 组合键新建一个按钮元件按钮，如图 3-1 所示。将默认的图层名称"图层 1"更名为"btn"，并将按钮放入 btn 图层中。在 Flash 中，图层名称最好易于识记。

图 3-1　按钮

（2）命名按钮实例名为"link _ btn"，这一步是必须要做的，这是因为在 Flash 中要想代码控制按钮或影片剪辑，就必须先为按钮或影片剪辑等命名一个实例名称。如图 3-2 所示。

图 3-2　按钮实例名

（3）新建一个专门用来写代码的图层，并命名为 as，选中该层时间轴的第一帧，按 F9 键打开动作面板。

（4）在动作面板中输入以下代码：

```
1  link_btn.addEventListener(MouseEvent.CLICK,openSite);
2
3  function openSite(e:MouseEvent):void{
4      navigateToURL(new URLRequest("http://www.baidu.com"));
5  }
```

代码说明：

第 1 行代码为 link _ btn 按钮注册鼠标单击事件侦听器，即 openSite() 函数。那么一旦在 link _ btn 上单击鼠标，则系统会自动调用 openSite() 执行。

第 3～5 行代码的主要作用是定义事件处理函数 openSite()。从上面可知，事件处理函数必须接收所处理的事件对象作为函数参数，这里的事件对象名称为 e，当然也可以命名为其他名字，事件类型即为鼠标事件 MouseEvent。函数中具体处理就是打开百度网页。在 Flash 中导航至外部网页需要 navigateToURL() 方法及一个 URLRequest 对象。在创建 HTTP 导航请求时，需要使用 URLRequest 参与处理所有的通信。在创建 HTTP 导航请求前，需要新建一个 URLRequest 对象，在 URLRequest 类中的构造函数的参数用于指定 HTTP 请求的 URL：

```
var urlRequest:URLRequest= new URLRequest('http://www.baidu.com');
```

特别说明一下，在 Flash 中，字符串可以包含在双引号内或单引号内。调用 navigate-ToURL() 后将会在同一个浏览器窗口中打开一个新的网页。navigateToURL() 方法是一个公共的静态方法，它可以接受两个参数。第一个参数是 URLRequest，其中包含导航的目标 URL，第二个参数是打开请求的窗口。第二个参数是可选的。其值可以是 _ self，表示当前窗口；也可以是 _ blank，表示新窗口；也可以是 _ parent，表示父帧（如果页面使用了帧）；也可以是 _ top，表示窗口的顶级帧。默认情况下，navigateToURL() 创建新窗口。

（5）按 Ctrl＋Enter 组合键测试效果。单击"打开网页"按钮，就可打开一个网页。

通过此案例，可以知道 Flash 中处理事件要遵循的规则就是下面的公式而已：

事件目标对象.addEventListener(事件类型.事件名称,事件处理函数名称)

```
function 事件处理函数名称(事件对象:事件类型):void{
    //事件处理代码
}
```

只需记住这个公式就可以套用了。

注意

在 Flash 中，如果想用代码控制场景中的按钮、影片剪辑和其他对象，就必须给它们命名实例名称。对于 ActionScript 新手来说，最常见的一种错误是忘记给对象设置实例名称。如果代码不能正常工作，请首先检查实例名称。

3.2　控制影片剪辑播放

在默认情况下，Flash Player 会自动播放影片，当播放头播放到最后一帧时，它会自动返回到第一帧重复播放。也就是说，它只不过依顺序进入帧播放并显示所有内容。有时候需要选择播放时间轴上的某部分内容，这时候就有必要通过 ActionScript 来控制时间轴上的播放头，让它停在某一帧上，或者跳转到某个场景等。Flash 中有很多方法来控制时间轴，控制时间轴播放函数的含义和用法由表 3-2 列出。

表 3-2　时间轴控制函数

名　　称	参数及功能
gotoAndPlay（frame：Object ［，scene：String])	frame：播放头要转到的帧或帧标签。Scene：播放头转到的场景，如果未指定场景，则为当前场景
play()	播放头从现在的帧播放
stop()	播放头停在现在的帧
gotoAndStop（frame：Object ［，scene：String])	将播放头转到场景中指定的帧并停止播放。如果未指定场景，播放头将转到当前场景中的帧。只能在根时间轴上使用 scene 参数，不能在影片剪辑或文档中的其他对象的时间轴内使用该参数
nextFrame()	播放头跳转到下一帧并停止
prevFrame()	播放头跳转到前一帧。如果当前帧为第一帧，则播放头不移动
nextScene()	将播放头跳转到下一场景的第一帧
prevScene()	将播放头跳转到上一场景的第一帧

注意

在 Flash 中可以在时间轴上的任意关键帧上设置帧标签，用来标记一些关键的位置。ActionScript 代码除了可以使用帧编号来进行跳转之外，还可以使用帧标签来控制时间轴上播放头的跳转。

【实例 3-2】　控制影片剪辑播放。

● 实例描述：通过播放、前进、后退、停止按钮来控制影片剪辑的播放，项目执行效果如图 3-3 所示。

图 3-3　控制影片剪辑播放执行效果

●实例分析：控制影片剪辑的播放主要依靠影片剪辑对象内置的时间轴播放控制函数，如 stop()、play()、nextFrame()、prevFrame()、gotoAndPlay()、gotoAndStop() 等。下面分别为播放、前进、后退、停止按钮注册鼠标单击事件侦听器，并在处理函数中利用时间轴播放控制影片剪辑的播放。

●设计制作步骤：

（1）打开 Flash，按 Ctrl＋F8 组合键，新建立一个影片剪辑，并取名为篮球动画。需要做一个卡通人物上篮的动画。如图 3-4 所示。

图 3-4　篮球动画

（2）回到舞台工作区，按 F11 键打开库，将篮球动画影片剪辑拖放到舞台中。并给这个实例起个名字叫"basketball＿mc"。如图 3-5 所示。

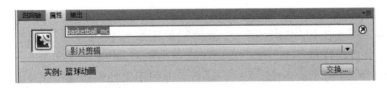

图 3-5　影片剪辑命名实例名

按 Ctrl＋Enter 组合键测试效果，可以看到这个篮球动画影片剪辑不断播放。

（3）制作播放、停止、前进、后退按钮，并拖放到舞台上。分别命名它们的实例名为"play＿btn"、"stop＿btn"、"forward＿btn" 和 "back＿btn"。

（4）新建一个专门用来写代码的图层，并命名为 as，选中该层时间轴的第一帧，按 F9 键打开动作面板。

（5）在动作面板中添加代码，控制 basketball＿mc 影片剪辑的播放。由于影片剪辑是自动不断循环播放的，需要让这个 basketball＿mc 在影片一开始不要自动播放。把脚本写在时间轴的关键帧上，输入如下代码：

```
1  basketball_mc.stop();
```

代码说明：

第 1 行代码的意思是，让舞台上实例名为 basketball ＿ mc 的影片剪辑停止播放。特别要注意的是，ActionScript 3.0 脚本代码只能添加到影片主时间轴上的任意一个关键帧及影片剪辑元件里的任意一个关键帧（单独编写 ActionScript 文件除外）。当播放头播放到某一帧时，如果其中包含代码，这些代码就会被执行。

（6）添加代码，单击播放按钮实现影片剪辑播放功能。输入代码如下：

```
2   play_btn.addEventListener(MouseEvent.CLICK,playHandle);
3
4   function playHandle(e:MouseEvent):void{
5       basketball_mc.play();
6   }
```

代码说明：

第 2 行代码为播放按钮 play ＿ btn 注册鼠标单击事件侦听器，当此事件发生时，playHandle() 函数会自动执行。

第 4～6 行代码定义了 playHandle() 函数，专门用来处理播放按钮 play ＿ btn 被单击事件。处理很简单，就是通过 play() 函数让舞台上实例名为 basketball ＿ mc 的影片剪辑开始播放。

（7）继续添加代码，单击停止按钮实现影片剪辑停止播放功能。输入代码如下：

```
7   stop_btn.addEventListener(MouseEvent.CLICK,stopHandle);
8
9   function stopHandle(e:MouseEvent):void{
10      basketball_mc.stop();
11  }
```

代码说明：

第 7 行代码为停止按钮 stop ＿ btn 注册鼠标单击事件侦听器，当此事件发生时，stopHandle() 函数会自动执行。

第 9～11 行代码定义了 stopHandle() 函数，专门用来处理播放按钮 stop ＿ btn 被单击事件。就是通过 stop() 函数让舞台上实例名为 basketball ＿ mc 的影片剪辑停止播放。

（8）继续添加代码，单击前进按钮实现影片剪辑快进播放功能。输入代码如下：

```
12  forward_btn.addEventListener(MouseEvent.CLICK,forwardHandle);
13
14  function forwardHandle(e:MouseEvent):void{
15      basketball_mc.nextFrame();
16  }
```

代码说明：

第 12 行代码为前进按钮 forward ＿ btn 注册鼠标单击事件侦听器，当此事件发生时，forwardHandle() 函数会自动执行。

第 14～16 行代码定义了 forwardHandle () 函数，专门用来处理播放按钮 forward _ btn 被单击事件。就是通过 nextFrame () 函数让舞台上实例名为 basketball _ mc 的影片剪辑播放下一帧并停止。

（9）继续添加代码，单击后退按钮实现影片剪辑快退播放功能。输入代码如下：

```
17   back_btn.addEventListener(MouseEvent.CLICK,backHandle);
18
19   function backHandle(e:MouseEvent):void{
20       basketball_mc.prevFrame();
21   }
```

代码说明：

第 17 行代码为后退按钮 back _ btn 注册鼠标单击事件侦听器，当此事件发生时，backHandle () 函数会自动执行。

第 19～21 行代码定义了 backHandle () 函数，专门用来处理播放按钮 back _ btn 被单击事件。就是通过 prevFrame () 函数让舞台上实例名为 basketball _ mc 的影片剪辑播放上一帧并停止。

（10）按 Ctrl＋Enter 组合键测试效果。

注意

（1）创建元件和实例时，都需要为它们命名。特别是如果不给代码要通信的实例定义有效的实例名称，代码就不能与实例通信和操作它。

（2）库中的同一个元件，在舞台上可以有多个不同的实例，当然每个实例应该有不同的实例名，当修改实例的大小、位置或者进行旋转、缩放时，原来的元件都保持不变，除非选择修改元件。

（3）脚本代码通常放在最上层。这是因为 Flash 在默认情况下是从最下层开始加载的，只有影片加载完成后才能被引用，也就是被代码引用，所有控制影片剪辑的代码层要放在最上层。

3.3　实例制作——场景跳转

- 实例名称：场景跳转控制。
- 实例功能：通过按钮跳转到不同的场景。如图 3-6 和图 3-7 所示。
- 实例分析：首先建立并设计四个子场景，为了能从子场景返回主场景，需要在四个子场景加入返回按钮；然后设计主场景，为了能从主场景跳转到四个子场景，需要在主场景中加入四个跳转按钮。为了实现场景间的跳转，利用 gotoAndPlay () 方法，调用此方法时给定帧编号和场景名两个参数，即可实现播放头跳转到指定场景里指定帧上。
- 设计制作步骤：

（1）打开 Flash，按 Shift＋F2 组合键，打开场景面板，接着新建四个新场景，分别命名为"羽毛球"、"网球"、"足球"、"篮球"，将场景 1 更名为"主场景"，如图 3-8 所示。

图 3-6　主场景界面

图 3-7　跳转到网球子场景

图 3-8　场景面板

（2）新建一个按钮元件，并取名为"返回按钮"，准备用于放入四个子场景，单击它，则返回主场景。如图 3-9 所示。

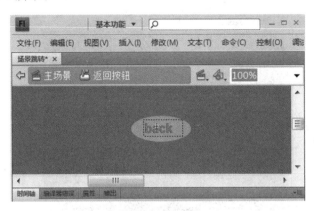

图 3-9　返回按钮

（3）设计制作网球场景。首先打开"网球"场景，按 Ctrl＋F8 组合键，新建一个影片剪辑，取名为"网球动画"，在里面做一段打网球的动画。将网球动画加入此场景的第一帧。接着将返回按钮也加入场景中，并将实例命名为"tennisBack_btn"，由于单击此按钮需要返回主场景，因此需要添加代码实现。网球场景布局和返回主场景代码，如图 3-10 所示。

图 3-10　网球场景及返回主场景代码图

（4）设计制作"羽毛球场景"。首先打开"羽毛球"场景，按 Ctrl＋F8 组合键，新建一个影片剪辑，取名为"羽毛球动画"，在里面做一段打羽毛球的动画。将羽毛球动画加入此场景的第一帧。接着将返回按钮也加入场景中，并将实例名命名为"badmintonBack_btn"。同理，添加代码实现单击此按钮返回主场景。羽毛球场景布局和返回主场景代码，如图 3-11 所示。

图 3-11　羽毛球场景及返回主场景代码图

（5）设计"足球场景"。首先打开"足球"场景，按 Ctrl＋F8 组合键，新建一个影片剪辑，取名为"足球动画"，在里面做一段踢足球的动画。将足球动画加入此场景的第一帧。接着将返回按钮也加入场景中，并将实例名命名为"footballBack_btn"。同理，添加代码实现单击此按钮返回主场景。足球场景布局和返回主场景代码，如图 3-12 所示。

图 3-12　足球场景及返回主场景代码图

（6）设计制作"篮球场景"。首先打开"篮球"场景，按 Ctrl＋F8 组合键，新建一个影片剪辑，取名为"篮球动画"，在里面做一段打篮球的动画。将篮球动画加入此场景的第一帧。接着将返回按钮也加入场景中，并将实例命名为"basketballBack _ btn"。同理，添加代码实现单击此按钮返回主场景。篮球场景布局和返回主场景代码，如图 3-13 所示。

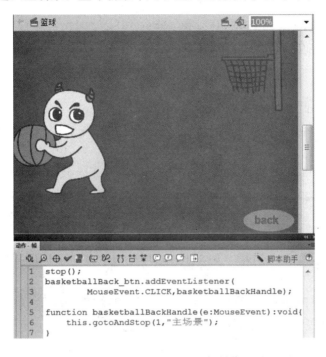

图 3-13　篮球场景及返回主场景代码图

（7）设计"主场景"，新建四个按钮，放置于主场景舞台，用于跳转到四个子场景，如图 3-14 所示。将四个按钮分别命名实例名为"tennis _ btn"、"badminton _ btn"、"football _ btn"和"basketball _ btn"。

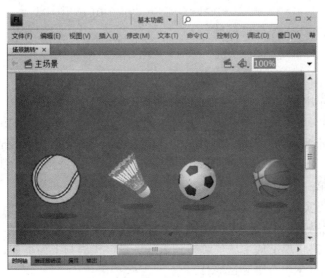

图 3-14　主场景上跳转按钮

（8）为四个按钮注册鼠标单击事件侦听器，用于跳转到四个子场景，代码如下：

```
1    stop();
2    tennis_btn.addEventListener(MouseEvent.CLICK,tennisHandle);
3
4    function tennisHandle(e:MouseEvent):void{
5        gotoAndPlay(1,"网球");
6    }
7
8     badminton_btn.addEventListener(MouseEvent.CLICK,badmintonHan-
dle);
9
10   function badmintonHandle(e:MouseEvent):void{
11       gotoAndPlay(1,"羽毛球");
12   }
13
14   football_btn.addEventListener(MouseEvent.CLICK,footballHandle);
15
16   function footballHandle(e:MouseEvent):void{
17       gotoAndPlay(1,"足球");
18   }
19
20   basketball_btn.addEventListener(MouseEvent.CLICK,basketballHan-
dle);
21
22   function basketballHandle(e:MouseEvent):void{
23       gotoAndPlay(1,"篮球");
24   }
```

代码说明：

第 1 行代码的作用是让播放头停止在主场景第一帧。

第 2～6 行代码实现了从主场景跳转到网球场景。这里为 tennis_btn 注册了鼠标单击事件侦听器，即事件处理函数 tennisHandle()。当单击 tennis_btn 时，tennisHandle()函数将会自动被调用执行。在此函数中，使用 gotoAndPlay（1," 网球"）语句让播放头从主场景跳转到网球场景中的第一帧。

第 8～12 行代码实现了从主场景跳转到羽毛球场景。代码与上面类似，不再赘述。

第 14～18 行代码实现了从主场景跳转到足球场景。代码与上面类似，不再赘述。

第 20～24 行代码实现了从主场景跳转到篮球场景。代码与上面类似，不再赘述。

（9）按 Ctrl＋Enter 组合键测试影片。

常用英语单词含义如表 3-3 所示。

表 3-3　常用英文单词含义

英　　文	中　　文
movieclip	影片剪辑
root	根、主场景
frame	帧
prevframe	上一帧
nextframe	下一帧
event	事件
scene	场景

课后练习：

1. 在本章实例制作案例的基础上完成如下功能。

（1）为每个场景的第一帧命名帧标签，并实现从主场景跳转到指定的子场景帧标签位置。

（2）新建一个兵乓球场景，实现从主场景跳转到兵乓球场景的功能。

2. 制作一个花朵绽放的影片剪辑动画，完成如下功能。

（1）当鼠标移入花朵之上时，花朵开始绽放开来。

（2）当鼠标移除花朵时，花朵恢复成初始状态。

3. 制作一个简单相册影片剪辑，将照片分别放置于影片剪辑各个关键帧上，同时放置两个按钮，完成如下功能：

（1）单击"下一张"按钮，浏览下一张照片；

（2）单击"上一张"按钮，浏览上一张照片。

第 4 章　Flash 影片属性应用

复习要点：

➢ 跳转函数 stop（）、play（）、gotoAndPlay（）、gotoAndStop（）、nextFrame（）、prevFrame（）、nextScene（）、prevScene（） 的使用

➢ 设置影片的实例名

➢ 控制舞台上对象的方法

本章要掌握的知识点：

◇ 影片的各种属性及其设置方法

◇ 让影片移动的方法

◇ 复制和删除影片剪辑函数

◇ 控制影片的缩放

◇ 控制影片的透明度

◇ 深度管理

能实现的功能：

◆ 影片复制

◆ 控制影片的旋转

◆ 控制影片的缩放

◆ 深度管理

◆ 综合应用各种属性

4.1　常用的影片剪辑属性

舞台中的影片剪辑具有很多自己的属性，一些属性可以通过属性面板、信息面板、变形面板来设置。在这一讲中将学习在 ActionScript 语言中是怎样描述影片剪辑的属性的、怎样用程序来设置和获取影片剪辑的属性。如 X、Y 坐标，高度，宽度，rotation 旋转角度，alpha 透明度等。有些属性是不可以修改的，如 totalFrames、currentFrame 等；对于大多数影片剪辑的属性在影片执行过程中既可以设置，又可以获取，如 X、Y 坐标，rotation 旋转角度，alpha 透明度等。从后面可以看到，正是这些可变属性使影片生动而丰富多彩。

表 4-1 列出了常用影片剪辑属性。

表 4-1　常用影片剪辑属性列表

属性名称	属性含义	说　　明
X Y	中心点所在相对 X 坐标（像素单位） 中心点所在相对 Y 坐标（像素单位）	设置影片剪辑的（x，y）坐标，该坐标相对于父级影片剪辑的本地坐标。如果影片剪辑在主时间轴中，则其坐标系统将舞台的左上角作为（0，0）。影片剪辑的坐标指的是注册点的位置
scaleX scaleY	设置或取得横向缩放比例 设置或取得纵向缩放比例	设置或取得从影片剪辑注册点开始应用的该影片剪辑的水平和垂直缩放比例（percentage）。默认注册点坐标为（0，0），默认值 1，即缩放比率为 100%
rotation	相对旋转角度（度单位）	以度为单位，距其原始方向的旋转程度。0～180 的值表示顺时针旋转，从 0～-180 的值表示逆时针旋转，如果指定的数值超过此范围，则指定的数值会被加上或减去 360 的倍数，以获得该范围之内的数值
width height	相对显示宽度（像素单位） 相对显示高度（像素单位）	影片剪辑的宽度（以像素为单位） 影片剪辑的高度（以像素为单位）
alpha	透明度的取得与设定	设定或取得影片剪辑的透明度值。有效值为 0（完全透明）～1（完全不透明）。默认值为 1
name	实例名称	指定的影片剪辑的实例名称
visible	是否可见	一个布尔值，设置影片剪辑是否显示。不可见的影片剪辑（visible 属性设置为 false）处于禁用状态，即该影片剪辑的 enabled 属性值也同时被设为 false，表示该影片剪辑既看不见也无法使用
currentFrame totalFrames	获取目前所在帧 全部的帧数	只读属性，通过 currentFrame 属性可以获取影片剪辑播放头所处帧的编号 只读属性，通过 totalFrames 属性可以获取影片剪辑的帧总数

续表

属性名称	属性含义	说　明
numChildren	影片剪辑中的子对象个数	只读属性，获取影片剪辑中子对象个数
parent	父级容器或对象	指定或返回一个引用，该引用指向包含当前影片剪辑或对象的影片剪辑或对象
this	当前对象或实例	引用对象或影片剪辑实例
mouseX mouseY	返回鼠标位置的 X 坐标 返回鼠标位置的 Y 坐标	只读属性，返回相对于此影片剪辑注册点的鼠标位置 X 坐标 只读属性，返回相对于此影片剪辑注册点的鼠标位置 Y 坐标
useHandCursor	设定是否显示手形指针	布尔值，设置当鼠标移过影片剪辑时是否显示手指形状的鼠标指针
buttonMode	设置是否具有按钮特性	布尔值，可将影片剪辑设置为按钮模式，让影片剪辑具有按钮的特性
focusRect	是否显示焦点框	布尔值，指定当按钮具有键盘焦点时，其四周是否有黄色矩形。默认值为 false
mask	指定遮罩对象	设定影片剪辑的遮罩对象
quality	品质属性	设置或检索用于影片剪辑的呈现品质。可使用的属性值有 StageQuality. BEST 等

【实例 4-1】　通过单击按钮复制花朵。

● 实例描述：在舞台上任意位置单击鼠标，将会在单击位置处生成一朵大小随机、透明度也随机的花。效果如图 4-1 所示。

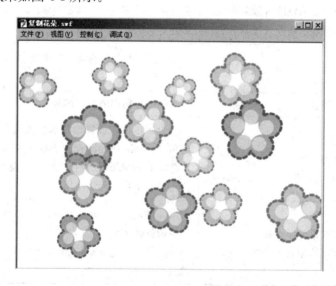

图 4-1　复制花朵效果图

● 设计思路：在元件库中有一个不断旋转的影片剪辑 "花"，现在需要将库中的 "花" 影片剪辑元件动态复制到舞台上，每次在舞台上单击一次，则复制一个新的 "花" 影片剪辑，将其设定位置于鼠标光标处，同时利用 Math 类的随机函数随机设置该花朵大小和透明度。

● 设计制作步骤：

（1）先新建立一个影片剪辑，该影片剪辑是一个不断旋转的花，命名其库名称为 "花"，如图 4-2 所示。

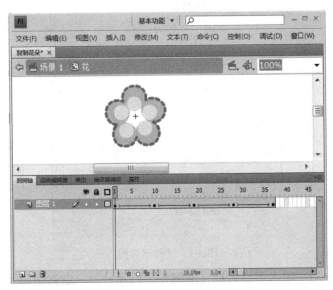

图 4-2　影片剪辑的图案

（2）在元件库中选择要复制的影片剪辑元件 "花"，右击，选择 "属性"，如图 4-3 所示。

图 4-3　选择属性

（3）在"连接属性"对话框里钩选"为 ActionScript 导出"。如图 4-4 所示。

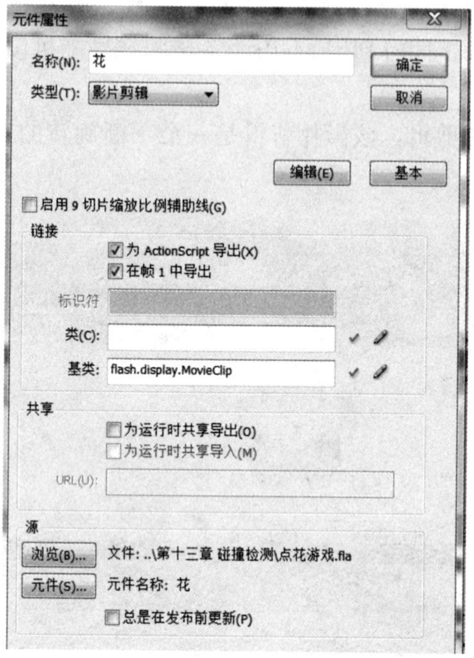

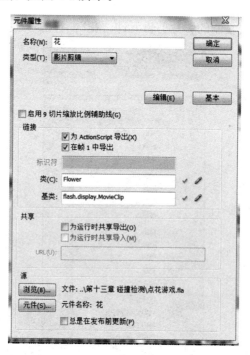

图 4-4　元件属性图

（4）在"类"字段中输入类别名称（本例为"Flower"），也就是将元件库中的影片剪辑元件定义成一个自定义类别，如图 4-5 所示。

图 4-5　导出类型图

注意

类别名称的命名与变量的命名一样，不能使用数字做第一个字符，类别名称一般习惯用大写字母开头。

（5）单击"确定"按钮后会弹出 ActionScript 类别警告框，如图 4-6 所示，可以暂时不用理会，请单击"确定"按钮即可。

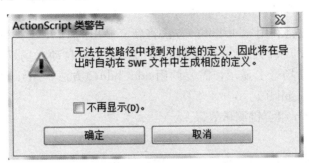

图 4-6　ActionScript 类警告框

（6）将影片剪辑定义成一个类后，要复制影片剪辑就可以直接用 new 函数创建影片剪辑的实体对象。每单击一次鼠标，会在舞台上复制一个花朵，打开动作面板，输入代码如下：

```
1   stage.addEventListener(MouseEvent.CLICK,copyFlower);
2
3   function copyFlower(e:MouseEvent){
4       var flowerCopy_mc:Flower = new Flower();
5       flowerCopy_mc.x= this.mouseX;
6       flowerCopy_mc.y= this.mouseY;
7       flowerCopy_mc.scaleX= flowerCopy_mc.scaleY= 0.5+ Math.random()* 0.5
8       flowerCopy_mc.alpha= 0.5+ Math.random()* 0.5;
9       this.addChild(flowerCopy_mc);
10  }
```

代码说明：

第 1 行代码的作用是注册舞台鼠标单击侦听器，即 copyFlower()函数，每次在舞台上单击鼠标都会自动触发 copyFlower()函数响应。

第 4 行代码的作用是在单击鼠标后，以 new 构造函数创建影片剪辑 Flower 类型对象，即复制出库中"花"影片剪辑。

第 5～6 行代码的作用是设定新复制出的 Flower 类型对象的位置属性，这里设定将其放置于鼠标光标位置。this.mouseX 属性会传回鼠标指针所在位置的 X 坐标。this.mouseY 属性会传回鼠标指针所在位置的 Y 坐标。

第 7 行代码的作用是设定新复制出的 Flower 类型对象的缩放属性，这里设定将其 X 和 Y 轴方向等比例缩放，缩放比例为 0.5～1 的随机值。影片剪辑的缩放属性 scaleX 和 scaleY 的值是以百分比的形式表示的，其取值范围通常为 0～1。如果要将影片剪辑对象的大小缩放 200%，只需将它的 scaleX 和 scaleY 设置成 2。要在 ActionScript 3.0 中产生随机数字，可以使用 Math 类的 random()方法。调用 Math. random()将返回 0~1 的随机数字。如果要控制随机数的范围，则需要进行一些数学运算。例如，如果想要产生 0~10 的随机数字，可以让 Math. random()乘以 10。这里要产生 0.5~1 范围的随机数，则可通过 0.5＋ Math. random() * 0.5 得到。

第 8 行代码的作用是设定新复制出的 Flower 类型对象的透明度属性，这里设定其 alpha 属性值的范围为 0.5~1 的随机值。在 ActionScript 3.0 中，影片剪辑的透明度属性的值也是以百分比的形式表示的，其取值范围通常为 0~1。1 代表 100％透明，0 意味着不透明。

第 9 行代码的作用是利用 addChild()方法将新复制出的 Flower 类型对象加入到舞台中。当使用 ActionScript 3.0 代码创建一个可视对象时，它不会自动在场景上显示。要想将代码创建出来的可视对象在场景上显示，需要调用 addChild()方法。ActionScript 初学者经常犯的错误是忘记使用 addChild()。

（7）按 Ctrl＋Enter 组合键测试效果。

注意

（1）在 Flash 中的坐标系，x 表示横轴，向右为正值，而 y 表示纵轴，向下为正。坐标原点定义在舞台的左上角。

（2）鼠标位置坐标 mouseX 和 mouseY 的原点会根据鼠标所处的对象的不同而不同。若是直接处于舞台，坐标系统会以舞台的左上角作为 (0，0)，若是处于某影片剪辑对象，则会以该影片剪辑的注册点作为 (0，0)。

【实例 4-2】 精美图案的制作。

● 实例描述：本实例中只需要一个手绘的任意形状的图案，通过程序代码控制则可生成一个精美图案，效果如图 4-7 所示。

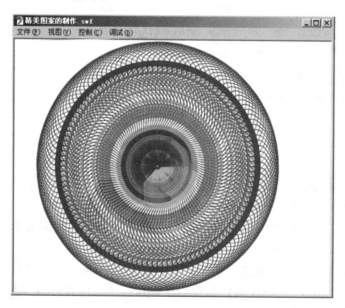

图 4-7 精美图案效果图

● 设计思路：在元件库中设计制作一个手绘的图案影片剪辑，复制 120 个图案影片剪辑到舞台，每个新复制的影片剪辑按照顺序依次旋转 0，3，6 直至 360 度，120 个依次旋转排列的图案组合之后这样就能制作出一个精美图案。

● 设计制作步骤:

(1) 静态图案的创建。先建立一个影片剪辑,命名为"图案",并绘制图案。影片剪辑效果如图 4-8 所示。

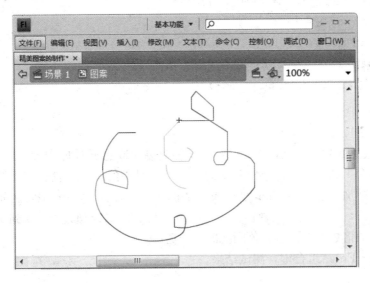

图 4-8　图案

(2) 将"图案"影片剪辑导出为 TA 类型,如图 4-9 所示。注意,在"元件属性"对话框里,新的 TA 类的基类是 flash. display. MovieClip。也就是说,TA 类扩展了 MovieClip类,这表示它除了具有自己的特性之外,还能够完成 MovieClip 的全部功能。

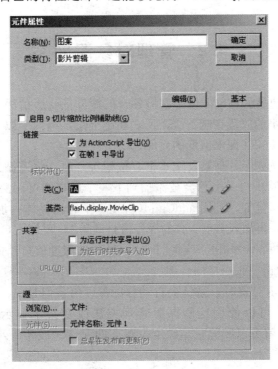

图 4-9　导出类型框

（3）在场景增加一层"as"，按 F9 键打开动作面板，并在该层的第一帧上添加代码如下：

```
1  for(var i:uint= 0;i< 120;i+ + ){
2      var tuan_mc:TA= new TA();
3      tuan_mc.x= 250;
4      tuan_mc.y= 200;
5      tuan_mc.rotation= 3* i;
6      this.addChild(tuan_mc);
7  }
```

代码说明：

第 1~7 行代码的功能是利用 for 循环，循环复制 120 个元件库中导出的 TA 类型图案，并将其添加至舞台。同时设定每个新复制的 TA 类型对象的旋转属性，按照顺序，每个新影片剪辑旋转角度增加 3 度。rotation 是剪辑实例的旋转角度属性，0~180 之间的数值代表顺时针方向旋转，0~−180 之间的数值代表逆时针方旋转。如果超过−180 到 180 度，则会被加上或减去 360 的倍数，以获取该范围之内的数值。

（4）按 Ctrl+Enter 组合键，测试结果。

注意

（1）for 循环参数是用分号分隔的，第一个参数是循环的初始值，第二个参数是循环的条件，第三个参数是每次循环后递增的值。

（2）访问影片剪辑的属性的方法是通过点的方式实现的，即影片剪辑实例名称·影片剪辑属性。

4.2　管理对象深度

在 Flash 中，所有的显示对象都位于它们各自的深度上。所谓深度，就是元件在场景上摆放的顺序，深度值越小的放置在越下层，反之在越上层。当两个以上元件于同一个场景下重叠时，深度值高者会覆盖住深度值低的元件。

当添加显示对象（例如影片剪辑、文本框、按钮等）时，将遵循最后加入的显示对象将置于最上层的规则。即最新的一个总会被添加到下一个最高的可用深度。深度值从 0 开始，依次排列，中间不间断。例如，利用 addChild() 在一个容器物体内加入子对象 A，则 A 的深度自动从 0 开始排列，再加入 B 时，B 的深度值自动为 1，再加入 C 时，C 的深度值自动为 2，依次类推。当利用 removeChild() 删除 B 时，则 C 的深度值自动递补 B 原来的值，即为 1，类似于从扑克牌中取出一张一样的。

虽然在添加一个显示对象时，系统会自动分配深度值，但是 ActionScript 3.0 也提供了深度管理的相关方法，可以使用这些深度管理方法改变某个显示对象的深度值。例如 removeChildAt() 方法，就可以删除指定深度位置上的元件。表 4-2 列出了常用的深度管理方法。

表 4-2　常用深度管理方法列表

方　　法	说　　明
addChildAt()	将一个显示对象实例添加到指定深度值位置上
getChildAt()	返回位于指定深度值位置处的显示对象实例
getChildIndex()	返回指定显示对象实例的深度值
removeChildAt()	删除指定深度上的显示对象实例
setChildIndex()	更改指定显示对象实例的深度值
swapChildren()	交换两个显示对象实例的深度值
swapChildrenAt()	通过指定深度值交换两个显示对象实例

【**实例 4-3**】　深度交换。

● 实例描述：多张照片相互叠加在一起，当在任何一张照片上按下鼠标时，则该张照片会在最前面显示，同时放大 1.2 倍，释放鼠标时，照片恢复原来大小。当鼠标移入任何一张照片时，则该张照片变亮，当鼠标移出时，则该张照片变暗。实例效果如图 4-10 所示。

图 4-10　深度交换效果图

● 设计思路：我们需要分别为每张照片影片剪辑注册鼠标按下、弹起、进入、移出事件侦听器。通过深度管理函数 setChildIndex() 设置被按下照片的深度值为最大，则它将突出到最前面显示。其他功能，例如照片放大、变亮和变暗则通过设置照片的缩放属性和透明度属性实现。

● 设计制作步骤：

(1) 打开 Flash，新建立四个照片影片剪辑，并将它们相互叠加在物体上，如图 4-11 所示。

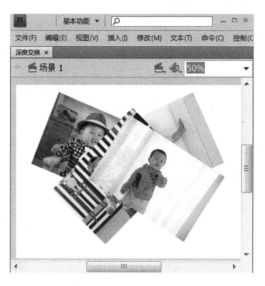

图 4-11　主界面

(2) 为四个影片剪辑命名实例名，分别为"p1 _ mc"、"p2 _ mc"、"p3 _ mc"和"p4 _ mc"。这里将四个影片剪辑按照一定的序号命名，目的是为了方便后面的程序处理。

(3) 新建代码层"as"，按 F9 键打开动作面板，并在该层的第一帧上添加代码如下：

```
1    for (var i= 1; i< = this. numChildren; i++ ) {
2        this. getChildByName("p"| i| "_mc"). addEventListener(
3        MouseEvent. MOUSE_DOWN,downHandle);
4        this. getChildByName("p"+ i+ "_mc"). addEventListener(
5        MouseEvent. MOUSE_UP,upHandle);
6        this. getChildByName("p"+ i+ "_mc"). addEventListener(
7        MouseEvent. MOUSE_OVER,overHandle);
8        this. getChildByName("p"+ i+ "_mc"). addEventListener(
9        MouseEvent. MOUSE_OUT,outHandle);
10   }
11
12   function downHandle(e:MouseEvent ) {
13       var target_mc:MovieClip= e. target as MovieClip;
14       this. setChildIndex(target_mc,this. numChildren- 1);
15       target_mc. scaleX = target_mc. scaleY = 1. 2;
16   }
17
18   function upHandle(e:MouseEvent):void{
19       (e. target as MovieClip). scaleX = (e. target as MovieClip). scaleY =
```

```
1;
   20  }
   21
   22  function overHandle(e:MouseEvent) {
   23      (e.target as MovieClip).alpha= 1;
   24  }
   25  function outHandle(e:MouseEvent) {
   26      (e.target as MovieClip).alpha= 0.7;
   27  }
```

代码说明：

第 1～10 行代码利用 for 循环为每张照片影片剪辑注册鼠标按下、弹起、移入、移出事件侦听器。由于舞台场景上只有照片影片剪辑，因此通过 this. numChildren 即可获得照片个数，也即循环次数。在 ActionScript 3.0 中，可以用 getChildByName() 方法来获取指定名称的一个元件。

第 12～16 行代码实现了鼠标按下事件处理，通过 e. target 可以获得被按下的照片对象，在 ActionScript 3.0 中，事件对象的 target 属性统一返回 Object 类型，这里通过 as 关键字显式地将其获得的事件目标对象转换回它原本的类型，即 MovieClip。接着利用深度管理函数 setChildIndex() 将被按下的照片对象的深度值设为最高，实现将其突出显示在最前面。最后设置该照片的缩放属性 scaleX 和 scaleY 均为 1.2，实现放大 120％的效果。

第 18～20 行代码实现了鼠标松开事件处理，通过 e. target 可以获得被按下的照片对象，并通过 as 关键字显式地将其获得的事件目标对象转换回它原本的类型，即 MovieClip。接着设置它的缩放属性 scaleX 和 scaleY 均为 1.0，实现恢复到原来大小的效果。

第 22～24 行代码实现了鼠标移入事件处理，通过 e. target 可以获得被按下的照片对象，并通过 as 关键字显式地将其获得的事件目标对象转换回它原本的类型，即 MovieClip。接着设置它的透明度属性 alpha 为 1.0，实现恢复到原来大小的效果。

第 25～27 行代码实现了鼠标移出事件处理，它与鼠标移入事件处理类似，在此不再赘述。

（4）按 Ctrl＋Enter 组合键，测试效果。

4.3　实例制作——动态精美图案的创建

● 实例描述：上面的精美图案的制作实例中，只能看到最终图案的效果而看不到图案生成的过程。这是因为播放头进入第一帧后，执行完第一帧代码，才渲染最终结果。下面使用帧循环的方法就能看到每帧渲染的结果，这样就可以看见图案的生成过程。生成完毕后，再继续动态删除，如此反复，效果如图 4-12 所示。

● 设计思路：Flash 中有一个 Event. ENTERFAME 事件，顾名思义，播放头每进入播放一帧就会触发一次，即使只有 1 帧，也会配合 FPS 帧频触发。因此可以侦听此事件，让 Flash 每播放一帧时来复制图案影片剪辑和设定新影片剪辑的旋转角度，这样 Flash 播放器每播放一帧就即时更新显示画面，你就能看到动态生成图案的效果。创建 ENTER _ FRAME

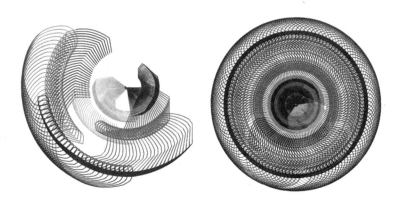

图 4-12　绘制图案过程

事件侦听器和函数的过程与处理鼠标事件类似。

● 设计制作步骤：大部分步骤与上例相同，唯一不同的就是代码部分，本例实现代码如下。

```
1   var i:int= 0;//用来存储已经生成的图案个数
2   stage.addEventListener(Event.ENTER_FRAME,copyTX);
3
4   function copyTX(e:Event):void {
5       var tuan_mc:TA= new TA();
6       tuan_mc.x= 250;
7       tuan_mc.y= 200;
8       tuan_mc.rotation= 3* i;
9       this.addChild(tuan_mc);
10      i++ ;
11
12      if (i> = 120) {
13          stage.removeEventListener(Event.ENTER_FRAME,copyTX);
14          stage.addEventListener(Event.ENTER_FRAME,removeTX);
15      }
16  }
17
18  function removeTX(e:Event):void {
19      if (this.numChildren> 0) {
20          this.removeChildAt(this.numChildren- 1);
21          i-- ;
22      } else {
23          stage.removeEventListener(Event.ENTER_FRAME,removeTX);
24          stage.addEventListener(Event.ENTER_FRAME,copyTX);
25      }
```

```
26   }
```

代码说明：

第 2 行代码的作用是为进入帧事件注册侦听器，即 copyTX 函数．第 5～10 行代码的功能是每播放一帧就复制一个影片剪辑并设定复制后的新影片剪辑的旋转属性。

第 12 行代码的作用是判断复制的影片剪辑个数是否已经达到 120 个，如果是，则停止侦听进入帧事件，这样 copyTX 则不会再被执行，也即停止复制新的影片剪辑。

第 13 行代码的作用是在动态图案生成完毕后，进行动态删除图案。

第 18～26 行代码的作用是每触发一次进入帧事件，则通过 numChildren 属性判断当前场景下图案子元件的个数，如果大于 0，则删除处于最上层的图案。这样就能看到不断删除图案的过程了。当删除完毕后，再重新进行生成，如此反复。

最后，按 Ctrl＋Enter 组合键，看是否可以看到动态图案的生成和删除过程。

注意

ENTER＿FRAME 的意思是 Flash 每运行一帧就会触发一次事件。如果动画的帧频是 24 帧/秒，那么每秒会触发 24 次 ENTER＿FRAME 事件。ENTER＿FRAME 事件经常用来在程序中创建动画。如果启动 ENTER＿FRAME 事件的侦听，用完后记得移除对这个事件的侦听，因为侦听处理 ENTER＿FRAME 这种事件消耗的资源非常多。

常用英语单词含义如表 4-3 所示。

表 4-3　常用英语单词含义

英　　文	中　　文
rotation	旋转
add	添加
remove	移除
child	孩子
swap	交换
index	索引

课后练习：

1. 制作一个海底世界影片剪辑动画，模拟海底有多条鱼自由自在地随机游动，完成以下功能：

(1) 模拟水波和气泡效果；

(2) 模拟海底沙子、岩石和水草效果；

(3) 模拟多条鱼随机游动；

(4) 添加音效；

(5) 完成游动的鱼与海底其他物体的深度控制功能。

2. 制作一个跑车运动影片剪辑动画，模拟跑车的运动，完成以下功能：

(1) 通过按钮控制跑车的启动和停止；

(2) 添加控制跑车高度和宽度功能；

（3）添加控制跑车左右旋转功能；

（4）添加控制跑车灯光开关功能；

（5）完成车轮与车身同步及车轮的转动和停止。

3. 制作一个模拟飘雪的影片剪辑动画，完成以下功能：

（1）雪花飘落的速度是随机的；

（2）雪花飘落的时候在 X 轴方向上，左右有一些摆动，而非垂直下落；

（3）雪花飘落出舞台底端后，需再次回到舞台顶端；

（4）雪花每次在舞台顶端出现的位置是随机的。

第5章　鼠标跟随效果

复习要点：

➢ 影片剪辑属性的设置

➢ 影片剪辑的复制和删除

➢ 深度的含义

本章要掌握的知识点：

◇ 鼠标拖动影片剪辑函数 startDrag 的使用方法

◇ 停止鼠标拖动影片剪辑函数 stopDrag 的使用方法

◇ 隐藏默认鼠标指针的函数 Mouse. hide（）的方法

◇ 用代码设置影片剪辑的颜色的方法

◇ 设置元件深度值

能实现的功能：

◆ 影片剪辑跟随鼠标

◆ 影片剪辑停止跟随鼠标

◆ 鼠标滑盖播放影片剪辑

◆ 隐藏默认鼠标指针

◆ 能随机设置影片剪辑的颜色

5.1　实例制作——逗小猫

● 实例名称：逗小猫。

逗小猫游戏效果如图 5-1 所示。

图 5-1　逗小猫游戏效果

● 设计思路：

本游戏中小孩拿一只稻穗逗小猫，其原理是利用 startDrag() 函数实现小孩影片剪辑跟随鼠标，小猫以不断晃动的稻穗为目标点逐渐迫近。当小孩改变方向时，小猫需要旋转一定角度以使其始终面对稻穗。

● 设计制作步骤：

（1）设计制作小猫动画影片剪辑，这里主要是做一个小猫摇尾巴的补间动画。如图 5-2 所示。

（2）设计制作一个稻穗影片剪辑，如图 5-3 所示。

（3）设计制作一个小孩影片剪辑，主要是做一个小孩不断晃动稻穗的补间动画，如图 5-4 所示。

（4）在主时间轴上添加 as 代码代码层，首先实现 xy_mc 影片剪辑可被拖动。

```
1  stop();
2  Mouse.hide();  //将鼠标隐藏
3  child_mc.startDrag(true);  //设置 child_mc 影片剪辑可以被拖动
```

代码说明：

第 2 行代码 Mouse.hide() 的作用是让鼠标指针隐藏。这两行代码实现了原有鼠标指针的隐藏，而自定义 child_mc 影片剪辑充当鼠标指针效果。还可以使用 Mouse.show() 来实

图 5-2　小猫影片剪辑制作图

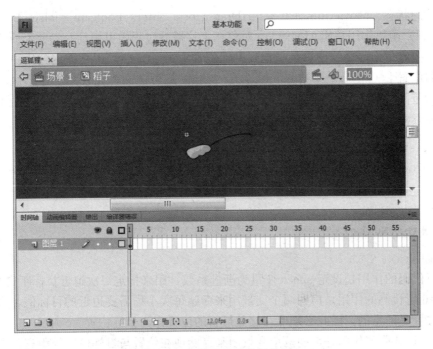

图 5-3　稻穗影片剪辑制作图

现重新显示鼠标指针。要停止当前的拖动操作可以用函数 stopDrag()。

第 3 行代码 child＿mc.startDrag（true）；的作用是让实例名为 child＿mc 的影片剪辑处

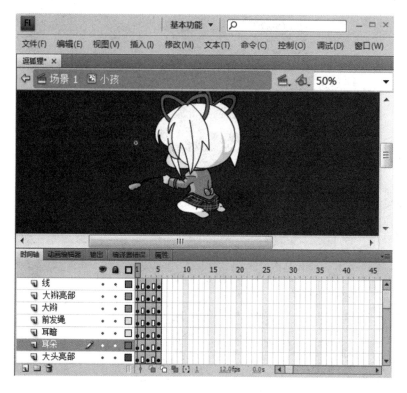

图 5-4 小孩影片剪辑制作图

在可被拖动的状态。MovieClip 对象．startDrag（lockCenter：Boolean ＝false，bounds：Rectangle ＝null）函数作用是使 MovieClip 对象在影片播放过程中可拖动。参数 lockCenter 是一个布尔值，指定可拖动影片剪辑是锁定到鼠标位置中央（true），还是锁定到用户首次单击该影片剪辑的位置上（false）。参数 bounds：Rectangle 是可选的，设置一个矩形区域，来限制对象的拖动范围。

（5）继续添加代码，用来声明必须的变量。

```
4   var speed:Number= 0.2; //每次迫近的系数
5   var goX:Number; //目标位置 X 坐标值
6   var goY:Number;// 目标位置 Y 坐标值
7   var dx: Number;
8   var dy: Number;
```

代码说明：

第 4 行代码的作用是设定 speed 变量为渐进系数，用来指定每次迫近目标距离的 20％。

第 5～6 行代码的作用是声明两个变量用来存储每次小猫需要迫近的目标值，这是因为鼠标的移动位置是随意的，因此必须要存储其最新的位置作为目标位置。

第 7～8 行代码的作用是声明两个变量用来存储现在位置与目标位置的距离。小猫如果每次靠近目标采取一步到位的方式实现的话，就显得很突兀。这里采取了很自然的靠近方式，即以渐进的方式逐步靠近目标，这样效果看起来会相当自然。这里 dx，dy 变量就是存储每次渐进前现在位置与目标位置的距离。

（6）在代码层上添加代码，用来声明侦听进入帧事件。

```
9   stage.addEventListener(Event.ENTER_FRAME ,enterFrameHandle);
```

代码说明：

第 9 行代码的作用是侦听进入帧事件，并自定义 enterFrameHandle() 函数来处理侦听。由于鼠标的移动时间和移动位置都是随机的，也就是必须要时刻侦听以便不断调整小猫迫近的目标位置。

（7）在代码层上添加代码，实现狐狸不断迫近目标的功能。

```
10   function enterFrameHandle(e:Event ):void {
11       goX= stage.mouseX;
12       goY= stage.mouseY;
13
14       fox_mc.rotationY= Math.atan2 ((goY- fox_mc.y ),(goX- fox_mc.x
                                  ))/Math.PI * 180;
15       if (goX> fox_mc.x) {
16           child_mc.rotationY= 0;
17       } else {
18           child_mc.rotationY= 180;
19       }
20
21       fox_mc.x += (goX- fox_mc.x )* speed;
22       fox_mc.y += (goY- fox_mc.y )* speed;
23   }
```

代码说明：

第 11～12 行代码的作用是首先取得此时此刻鼠标的位置，即小猫需要迫近的目标坐标值。stage.mouseX 属性会传回鼠标指针所在位置的 X 坐标。stage.mouseY 属性会传回鼠标指针所在位置的 Y 坐标。

第 14 行代码的作用是确定小猫与目标值之间的位置关系以便小猫调整角度及目标物体调整角度。在数学三角函数中，从某个 x，y 坐标值，求取相对于原点（0，0）的角度 α，由于 $\tan(\alpha)=y/x$，也即角度 $\alpha=$Math.atan2 （y，x）；那么鼠标光标相对某个点（x，y）的角度应该就是 Math.atan2 （mouseY−y，mouseX−x）。需要注意的是，Math.atan2() 函数返回的角度单位是弧度，其实 Flash 中的三角函数的单位都是弧度，而影片剪辑的 rotationY 属性旋转角度单位是度数。因此这里需要将弧度转换为角度。在 Flash 中，Math.PI 常量代表 π，而 $\pi=180$ 度，那很容易推导出度数＝弧度×$180/\pi$。

第 15～19 行代码的作用是根据小猫和小孩位置（即鼠标位置）之间的关系，调整小孩的方向，目的是时时刻刻总是让小孩面对小猫方向。

第 21～22 行代码的作用是用来实现小猫此刻迫近的距离及调整迫近后自身的位置。渐进运动有个基本公式可以利用，即现在值＋＝（目标值－现在值）×渐进系数。由于设定 speed 变量为渐进系数，并且值为 0.2，因此，每次迫近目标距离的 20%。

（8）按 Ctrl＋Enter 组合键测试效果。看看是否能看到小猫不断跟随小孩的效果。

注意

利用 startDrage() 方法，任意时刻只能有一个对象可以变成可拖动的。如果已有一个对象是可拖动的，则该对象将一直保持可拖动，除非通过调用 stopDrag() 方法来明确停止，或又对第二个对象调用了 startDrag() 方法，即使前一个对象没有调用 stopDrag() 方法，也会自动停止拖动。

5.2　实例制作——彩圈鼠标跟随

● 实例名称：彩圈鼠标跟随。如图 5-5 所示。

图 5-5　彩色气泡鼠标跟随效果

● 设计思路：本例为彩圈鼠标跟随效果，先设计制作一个圆动画，并将其导出为 MC，通过 for 循环在舞台上动态生成多个圆。在第二帧上利用复制函数 duplicateMovieClip 复制影片剪辑，并利用随机函数设置新复制的影片剪辑的颜色和旋转属性。在第三帧上添加一个跳转到第二帧的函数，用来反复播放第二帧，从而得到反复复制影片剪辑的效果。

● 设计制作步骤：

（1）新建一影片剪辑，名称为圆。在影片中画一个白色的圆。如图 5-6 所示；

（2）新建 as 代码层，并在第一帧上添加代码。用来生成第 1 个彩圈并使其可以被拖动。

```
1   var mm:CM= new CM();
2   addChildAt(mm,0);
3   mm.startDrag(true);
4   Mouse.hide();
```

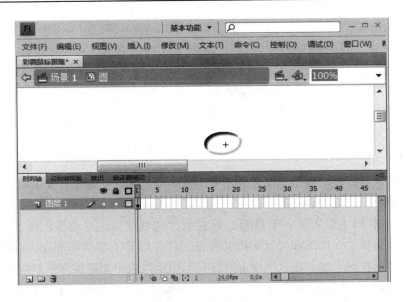

图 5-6　圆影片剪辑

代码说明：

这段代码主要作用在舞台上生成一个彩圈，并可以被鼠标拖动。

（3）继续添加代码，用来从元件库中动态生成 29 个影片剪辑。

```
5   for(var i= 1; i< 30; i+ + ) {
6       var cm:CM= new CM();
7       this.addChildAt(cm,i);
8
9       var thecolor= new ColorTransform();
10      thecolor.color= Math.floor(Math.random()* 0xFFFF88);
11      cm.transform.colorTransform= thecolor;
12  }
```

代码说明：

这段代码主要作用是每循环一次用来动态生成一个彩圈，并添加到舞台之中，并按照加入顺序指定其深度值。影片剪辑对象.addChildAt（对象，叠放次序）方法可将指定的对象加入到影片剪辑中，并且可以指定加入对象的叠放次序。

ColorTransform 类可以精确地调整影片剪辑中的所有颜色值。这里必须使用 new Color-Transform 对象后，才能使用 ColorTransform 对象的属性和方法。指定 color 属性的值必须使用十六进制表示法，在指定值的前方必须加上"0x"作为标志。

（4）在代码层的第一帧上添加代码，用来实现每个彩圈不断迫近前方彩圈的目标。

```
13  stage.addEventListener(MouseEvent.MOUSE_MOVE,moveHandle);
14  function moveHandle(e:MouseEvent) {
15      for(var j= 1; j< 30; j+ + ) {
16          this.getChildAt(j).x+ = ( this.getChildAt(j- 1).x-
```

51

```
                                this.getChildAt(j).x)* 0.2;
17          this.getChildAt(j).y+ = ( this.getChildAt(j- 1).y-
                                this.getChildAt(j).y)* 0.2;
18          e.updateAfterEvent();
19      }
20  }
```

代码说明：

由于鼠标移动的时候，各个彩圈才会不断迫近追随，因此，这里需要侦听鼠标移动事件，并用 moveHandle()函数进行响应。

第 16～17 行代码主要实现各个彩圈迫近它前面的气球。这里根据深度值 getChildAt() 来获取每个影片剪辑。元件的深度其实指的就是元件在场景上摆放的顺序，深度值越小放置在越下层，反之则在越上层。在这里用 getChildAt()函数取得指定深度值对应的对象。

第 18 行代码 e.updateAfterEvent()方法用于强制立刻渲染画面，它与帧频无关。如果希望帧频低的动画影片能够在屏幕实时呈现动作，就可以利用 updateAfterEvent()方法让屏幕立刻渲染画面，而不必等到进入下一帧时才进行重新渲染。updateAfterEvent()方法通常只可用于 MouseEvent、KeyboardEvent、TimeEvent 等对象上。

（5）按 Ctrl＋Enter 组合键运行文件，测试效果。

5.3 实例制作——文字跟随鼠标

● 实例名称：文字跟随鼠标。如图 5-7 所示。

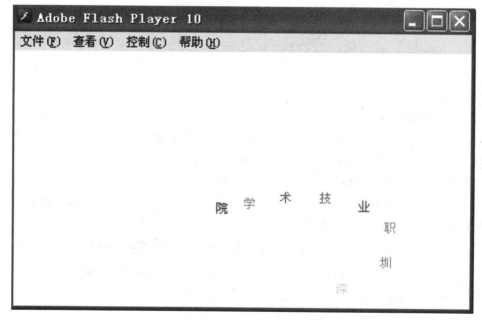

图 5-7 文字跟随鼠标效果

● 设计思路：本例的设计思路是舞台上的文字对象相互鱼贯尾随，即后面的文字对象跟紧跟它前面的文字对象，第一个文字对象跟随鼠标。先定义一个字符串对象，里面存放多个文字。然后利用字符串对象的 substr() 方法不断提取里面的单个文字放入新生成的 TextField 对象中，很显然，有多少个文字，就会生成多少个 TextField 对象，控制这些对象跟随鼠标的效果即可达到目的。

● 设计制作步骤：

（1）新建 Flash 文档，并设置默认图层名字为"as"。

（2）在 as 代码层的第一帧上添加代码。声明一个字符串变量用来定义文字跟随效果中的文字，遍历字符串每个字符，并将其值赋给新生成的文本对象。

```
1   var following_txt:String= "深圳职业技术学院 ";
2   var textLength:uint= following_txt.length;
3
4
5   for (var i:uint= 0; i< textLength; i+ + ) {
6       var word_txt:TextField = new TextField();
7       this.addChild(word_txt);
8       word_txt.x= 30* i;
9       var tf:TextFormat = new TextFormat();
10      tf.size= 20;
11      word_txt.defaultTextFormat= tf;
12      word_txt.text= following_txt.substring(i,i+ 1);
13      }
```

代码说明：

通过 for 循环遍历字符串中的每个字符，遍历该字符串的目的就是为了提取字符串中的每个字符，并将其值赋给动态生成的 TextField 对象，遍历完毕之后，相应的文字对象也就构造完毕。

（3）在代码层的第一帧添加代码，用来实现第 1 个文字影片剪辑跟随鼠标功能。

```
14  stage.addEventListener(MouseEvent.MOUSE_MOVE,moveHandle);
```

代码说明：

由于只要鼠标移动，文字对象就需要鱼贯尾随，因此必须实现对鼠标移动事件的侦听并处理。

（4）在代码层的第一帧上添加代码，通过 moveHandle 函数来实现文字影片剪辑跟随鼠标的功能。

```
15  function moveHandle(e:MouseEvent):void {
16
17      for (i= 0; i< = textLength- 1; i+ + ) {
18          if (i== 0) {
```

```
19              this.getChildAt(0).x= this.mouseX;
20              this.getChildAt(0).y= this.mouseY;
21          } else {
22
23              this.getChildAt(i).x+ = (this.getChildAt(i- 1).x-
                                      this.getChildAt(i).x)* 0.1;
24              this.getChildAt(i).y+ = (this.getChildAt(i- 1).y-
                                      this.getChildAt(i).y)* 0.1;
25          }
26          var ct:ColorTransform = new ColorTransform();
27          ct.color= Math.random()* 0xffffff;
28          this.getChildAt(i).transform.colorTransform= ct;
29      }
30      e.updateAfterEvent();
31      }
```

代码说明：

第 15～31 行代码在处理中，通过 for 循环来动态更新每个文字对象的坐标位置以实现鼠标跟随的效果。

由于第 1 个文字是最先加入到场景中的，因此，毫无疑问它所对应的深度值为 0，通过 getChildAt() 函数就能获得第 1 个文字对象的引用。通过设置第一个文字对象的位置为光标位置来达到第一个文字对象始终不断跟随鼠标，后面文字对象相继尾随，也就是后一个文字对象不断迫近它前面的文字对象，在这里设置每次迫近它前面文字对象 10％的距离。

紧接着利用 ColorTransform 对象实现随机设定文字影片剪辑的颜色。

（5）按 Ctrl＋Enter 组合键运行文件，测试效果。

5.4 实例制作——扎气球

● 实例名称：扎气球。

● 实例描述：这是一个扎气球的游戏。需要模拟用锤子不断击打舞台上上升的多只气球。由浏览者用鼠标控制锤子的移动，如果气球被锤子击中，则会出现爆炸效果。如果在上升过程中未能被扎中，则重新回到舞台底端重新上升，直到被锤子扎中。

扎气球游戏要求：

■ 界面设计美观。

■ 气球爆炸的动画。

■ 有锤子扎气球功能。

● 实例分析：通过 for 循环动态生成多只气球对象；利用响应进入帧事件实现每只气球持续不断从舞台底端向上升；制作一段气球爆炸效果，并通过 this.parent.removeChild() 函数实现爆炸效果的自我消失。

● 设计制作步骤：

（1）新建 Flash 文档后，新建气球影片剪辑，制作一个气球逐渐消失的动画，并且加上气球爆炸的音效。如图 5-8 所示。

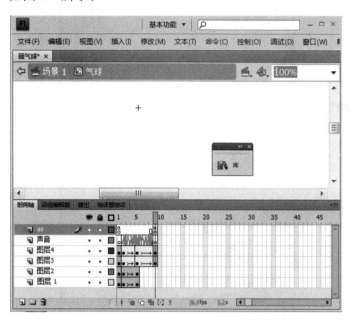

图 5-8　气球影片剪辑

在气球影片剪辑 as 代码层的第一帧加入 stop()，其作用就是让其停止在第一帧，在最后一帧加入 this. parent. removeChild（this）；，其作用就是让其父容器将其移除。

（2）新建锤子影片剪辑，如图 5-9 所示。

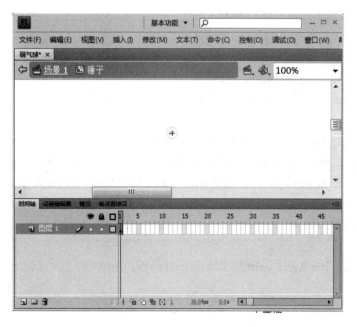

图 5-9　锤子影片剪辑

（3）回到主场景，打开库面板，将气球影片剪辑导出为"Ball"类，如图 5-10 所示。

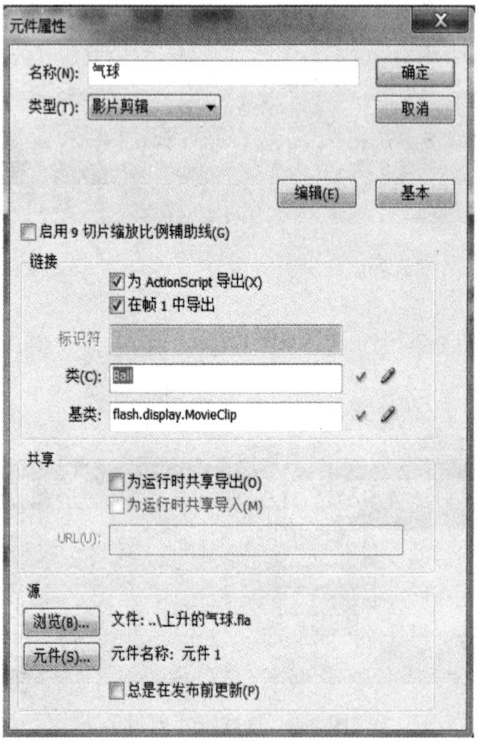

图 5-10　将气球影片剪辑导出为"Ball"类

（4）在主场景中新建一个 as 代码层，输入以下代码用来生成 30 个气球。

```
1   for(var i:uint = 0;i< 30;i++ ){
2       var ball_mc:Ball = new Ball();
3       //trace(ball_mc);
4       ball_mc.gotoAndStop(1);
5       this.addChild(ball_mc);
6
7       ball_mc.x= Math.random()* stage.stageWidth;
8       ball_mc.y= stage.stageHeight+ ball_mc.height/2;
9       ball_mc.scaleX= ball_mc.scaleY = Math.random()* 0.5 + 0.5;
10
11      ball_mc.addEventListener(Event.ENTER_FRAME , enterFrameHandle);
12      ball_mc.addEventListener(MouseEvent.CLICK,clickHandle);
13  }
```

代码说明：

这段代码的作用是通过 for 循环逐一生成 30 个气球。

第 2～5 行代码的作用是动态生成一个气球，并加入到舞台，刚生成的气球应该停止在第一帧。

第 7～9 行代码的作用是设置刚生成气球的相关属性，包括随机的横坐标位置，纵坐标位置（舞台底端）及缩放大小（0.5～1.5 之间）。

第 11 行代码的作用是为气球注册进入帧事件侦听器，由于气球生成在舞台底端，需要逐渐往上升，因此将上升功能定义于侦听函数 enterFrameHandle() 中，这样就能不断执行该函数以使气球不断往上升。

第 12 行代码的作用是为气球注册鼠标单击事件侦听器，由于气球在上升的过程中，被锤子单击，则气球会爆炸消失，因此气球需要侦听鼠标单击事件。

（5）继续添加代码，实现气球的上升功能。

```
14  function enterFrameHandle(e:Event ) {
15      var up_ball:Ball = e.target as Ball;
16      //trace(up_ball);
17      up_ball.x += Math.random()* 3- Math.random()* 3;
18      up_ball.y -= Math.random()* 3;
19      if(up_ball.y < - up_ball.width){
20          up_ball.x = Math.random()* stage.stageWidth;
21          up_ball.y = stage.stageHeight+ up_ball.height;
22      }
23  }
```

代码说明：

这段代码的作用是实现气球上升功能。

第 15～18 行代码的作用是实现气球在上升过程中的左右摆动及非匀速上升，气球左右摆动的幅度在 3 像素之间，每次上升的幅度在 0～3 之间。

第 19～22 行代码的作用是实现判断气球是否已经完全飞出舞台上方，如果是，则需要让该气球重新回到舞台底端，等待下一次从下到上穿越舞台。

（6）继续添加代码，实现气球爆炸功能。

```
24  function clickHandle(e:MouseEvent):void{
25      var click_ball:Ball = e.target as Ball;
26      click_ball.removeEventListener (Event.ENTER_FRAME , enterFrameHandle);
27      click_ball.removeEventListener (MouseEvent.CLICK, clickHandle);
28      click_ball.gotoAndPlay(2);//播放消失动画
29  }
```

代码说明：

这段代码的作用是实现气球爆炸功能，当气球在上升的过程中，如果锤子击打气球，则气球将会爆炸消失。在消失之前，需要移除对该气球的所有侦听。

（7）继续添加代码，实现锤子鼠标跟随功能。

```
30  goal_mc.startDrag(true);
31  Mouse.hide();
32  this.setChildIndex(goal_mc,this.numChildren- 1);
```

代码说明：

该段代码的作用是实现锤子拖动功能及鼠标隐藏功能。由于锤子需要跟随鼠标移动，用来击打气球，所以，利用 setChildIndex()函数将锤子置于最上面。

（8）按 Ctrl＋Enter 组合键，测试效果。

常用英语单词含义如表 5-1 所示。

表 5-1　常用英语单词含义

英　文	中　文
color	颜色
lock	锁定
start	开始
stop	停止
drag	拖动
hide	隐藏
mouse	鼠标
random	随机
set	设置
get	获取
child	孩子
stage	舞台
transfrom	变换

课后练习：

1. 设计制作一款以地图为背景，在其上放置一个放大镜的影片剪辑，完成如下功能：

（1）在地图上鼠标按下放大镜即可拖动；

（2）在地图上鼠标放下放大镜即停止拖动；

（3）在地图上鼠标拖动放大镜的过程中显示放大地图效果。

2. 设计制作一款拼图游戏，完成如下功能：

（1）一张大图均匀切割为同等大小的小图；

（2）各个小图随机排列；

（3）小图拖动到正确位置才能停止拖动；

（4）能够提示游戏成功。

第6章　日期、时间显示和设置

复习要点：

➤ 鼠标拖动影片剪辑函数 startDrag 的使用方法

➤ 停止鼠标拖动影片剪辑函数 stopDrag 的使用方法

➤ 影片剪辑的属性设置方法

➤ 鼠标跟随的制作方法

➤ 秒针、分针、时针之间的关系

本章要掌握的知识点：

◇ 日期（Date）类对象的创建方法

◇ 从系统获取日期时间年、月、日、时、分、秒、毫秒的函数使用方法

◇ 获取标准国际时间

◇ 时、分、秒的数字与指针角度的关系

◇ 获取指定日期的星期

◇ 设置年、月、日和时间

能实现的功能：

◆ 能获取系统的日期和时间

◆ 能获取标准国际时间

◆ 模拟时钟或手表显示时间

◆ 能获取指定日期是星期几

◆ 能设置当前的日期和时间

6.1　日期时间类

日期时间（Date）类用于检索相对于通用时间（格林尼治平均时，现在叫做通用时间）或相对于运行 Flash Player 的操作系统的日期和时间值。Flash 中内置的 Date 类的成员函数提供了获取或修改日期及时间的功能。

1. 创建 Date 对象

在使用 Date 对象前，先要创建一个新的 Date 对象。而创建 Date 对象的方法有两种，分别是：

实例名＝new Date()

实例名＝new Date（year，month，date，[hour：Number]，[minute：Number]，[second：Number]，[millisecond：Number]）

Date() 构造函数使用最多七个参数。分别可以实例化年、月、日日期，以及时、分、秒、毫秒时间。

下面是创建 Date 对象的几种不同方法示例：

var d1:Date = new Date(); // Date 对象被设置为运行赋值语句的时间或系统时间

var d3:Date = new Date(2012, 0, 1);// 使用传递至 Date 对象的年份、月份和

//日期参数创建 Date 对象，从而生成 GMT 时间 2012 年 1 月 1 日 0:00:00

注意

口期中月份的表示方式：0 代表 1 月份，1 代表 2 月份，依此类推，11 代表 12 月份。

2. 获取日期和时间

当实例化了一个 Date 对象之后，就可以调用其方法和属性，也可以获取日期和时间值。表 6-1 列出一些日期时间函数及解释。

表 6-1　Date 对象常用函数

getFullYear()	按照本地时间返回 4 位数字的年份数。
getMonth()	按照本地时间返回月份数。（0 代表一月，1 代表二月，依次类推）
getDate()	按照本地时间返回某天是当月的第几天
getDay()	按照本地时间返回指定的 Date 对象中表示周几的值（0 代表星期日，1 代表星期一，依此类推）
getHours()	按照本地时间返回小时值
getMinutes()	按照本地时间返回分钟值
getSeconds()	按照本地时间返回秒数

续表

setHours (hour: Number)	按照本地时间设置指定的 Date 对象的小时值，并以毫秒为单位返回新时间
setDate (date: Number)	按照本地时间设置指定的 Date 对象的月份中的日期，并以毫秒为单位返回新时间
setMonth (month: Number, [date: Number])	按照本地时间设置指定的 Date 对象的月份，并以毫秒为单位返回新时间
setYear (year: Number)	按照本地时间设置指定的 Date 对象的年份值，并以毫秒为单位返回新时间

以上函数并不是很难理解，都是获取本地机器上日期及时间或是按照本地时间设置指定的对象。

6.2　定时器类

定时器（Timer）类是 ActionScript 3.0 的内置类，通过 ActionScript 3.0 的事件分发响应机制实现周期触发，实现间隔调用程序。定时器不会像 Event. ENTER ＿ FRAME 事件那样按照 Flash 影片的帧频自动执行，而是按照用户自己制定的间隔时间、执行次数来执行的。Timer 类封装了许多属性、方法和事件。

1. 创建 Timer 对象

Timer 类的构造函数有两个参数，第 1 个是以毫秒为单位的间隔时间数字，第 2 个是重复调用的次数。

使用 Timer 类的构造函数 Timer（delay：Number，repeatCount：int＝0）可以直接创建一个功能完备的定时器。此函数包含两个参数，分别是该类的 delay 属性和 repeatCount 属性。定时器创建后会保持停止，直到使用 start（）方法启动后，才会开始不断发出定时器事件。

创建 Timer 类的实例：

```
var myTimer:Timer = new Timer(1000,5);
```

在构造函数 Timer() 中，间隔时间为 1000 毫秒，重复次数为 5 次，调用从数字 1 开始，向上递增，当次数等于 5 时，停止调用。

2. Timer 常用方法、属性和事件

Timer 常用方法、属性和事件如表 6-2 所示。

表 6-2　Timer 对象常用方法、属性和事件

running 属性	是只读属性，表示调用是否进行，如果处于调用状态，running 的值为 true，否则为 false。boolean 定时器的运行状态。定时器在运行则为 true，定时器停止或未启动则为 false。注意该属性为只读属性，不能通过设置该属性控制定时器状态。对定时器进行操作必须使用它内置的方法
currentCount 属性	是只读属性，表示当前调用的次数。int 统计定时器开始后累计的触发次数。该属性为只读属性，用户不能改变
delay 属性	是读写属性，表示间隔调用的时间。number 为以毫秒为单位的定时器延时周期。两次定时器触发时间之间的间隔。注意，1 秒等于 1000 毫秒
repeatCount 属性	是读写属性，表示重复调用的次数。int 总触发次数，当累计触发次数达到总触发次数后，定时器就会停止
start() 方法	用于启动调用
stop() 方法	用于停止调用
reset() 方法	用于重置调用
TimerEvent. TIMER 事件	当开始调用时会发生 timer 事件
Timer. TIMER _ COMPLETE 事件	调用结束时会发生 timerComplete 事件

3. 使用定时器

当定时器启动后，会每隔 delay 周期发出 TimerEvent. TIMER 事件，必须在代码中设定对此事件的侦听，方可达到定时执行任务的目的。

```
var myTimer:Timer= new Timer(80,100);
myTimer. addEventListener(TimerEvent. TIMER,timerHandle);
myTimer. start();

//事件处理函数
function timerhandler(event:TimerEvent):void{
    //进行用户操作
}
```

【实例 6-1】　倒计时记时器。

● 实例描述：在舞台上显示 10 秒倒记时计时器，效果如图 6-1 所示。

● 设计思路：定义并启动一个定时器，并设置其重复次数为 1000 次和间隔时间为 10 毫秒，那么定时器将在 10 秒后停止工作，在这期间将不断响应定时器事件，并读取其 currentCount 即可得其已过时间数，用 10 秒减去已过时间数即倒计时剩余数。

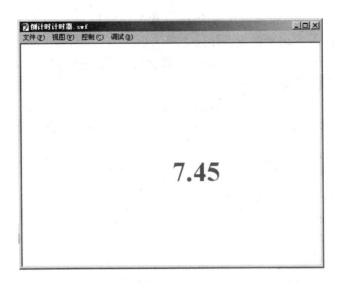

图 6-1　倒计时计时器画面

● 设计制作步骤：

（1）新建一个 fla 文档，添加 as 图层，单击第一帧，打开动作面板创建一个实例名为 time_txt 的动态文本实例。

```
1  var time_txt:TextField = new TextField();
2  this.addChild(time_txt);
3  time_txt.x = stage.stageWidth/2;
4  time_txt.y = stage.stageHeight/2;
```

代码说明：

代码 1～4 行动态生成 1 个文本框并将其居中放置于舞台中央，用来显示倒计时时间。

（2）创建定时器实例，并启动。

```
5   var interval:uint = 10; //定时器触发定时器事件周期
6   var repeat:uint = 1000; //定时器重复触发次数
7
8   //创建定时器实例
9   var myTimer:Timer = new Timer(interval,repeat);
10
11  //注册侦听 TimerEvent.TIMER 事件
12  myTimer.addEventListener(TimerEvent.TIMER,timerHandle);
13
14  //启动计时器
15  myTimer.start();
```

代码说明：

第 5～6 行代码设定了定时器重复触发次数和定时触发周期。

第 9 行代码创建了一个总触发次数为 1000 次的定时器 myTimer。当 myTimer 启动后，每隔 10 毫秒会发出一次定时器触发事件。

第 12 行 myTimer. addEventListener（）函数设定 timer 事件的侦听，并指定自定义函数 timerhandler（）来处理这个事件。

第 15 行代码 myTimer. start（）；启动定时器。

（3）继续输入代码，自定义 timerHandle（）来响应并处理定时器事件。

```
16   //定义事件的接收函数
17   function timerHandle(e:TimerEvent):void{
18       //得到 Timer 类的实例
19       var timer:Timer= e.target as Timer;
20
21       //计算秒数
22       var t:Number = 10- timer.currentCount/100;
23
24       //保留 2 位小数
25       time_txt.htmlText = "< b> "+ t.toFixed(2)+ "< /b> ";
26   }
```

代码说明：

第 19 行代码 var timer：Timer＝e. target as Timer；取得当前定时器实例。

第 22 行代码先取得当前定时器已经触发的次数，由于每 10 毫秒触发一次，即间隔 0.01 秒，把次数除以 100 得到秒数，接着 10 秒减去已过时间描述，则得到倒计时还剩余的秒数。

第 25 行代码将取得的时间在 time _ txt 文本框中显示出来。

（4）按 Ctrl＋Enter 组合键，测试影片。

6.3   实例制作——动感电子时钟

下面通过一个实例来介绍 Date 对象的各种函数使用方法，制作一个动感的电子时钟程序涉及一系列 Date 类和 Timer 类的使用技巧。

● 实例名称：动感电子钟表。

最终效果如图 6-2 所示。

● 设计思路：先设计时钟的外观，设计时针、分针、秒针等影片剪辑。要想时针、分针和秒针持续转动以显示当前时间，就必须实例化 Date 类对象并需要在有规律的间隔调用对象方法返回事件以显示变化的时间。因为通过 Date 类获取的日期是静态的，并不会自动更新。为了获取最新的时间，就要让程序不断地通过 Date 对象获取新的时间取代旧的时间。具体做法是通过定时器类定时通过 Date 对象调用成员函数获取本地系统日期时间，并根据获得的时间设定时针、分针、秒针影片，剪辑相应的旋转角度。

图 6-2　动感电子钟

● 设计制作步骤：

（1）新建立一 Flash 文档，将层 1 改名为：表盘，并在舞台中间绘制出一个不带分针、时针和秒针时钟表盘，如图 6-3 所示。

图 6-3　绘制表盘

（2）绘制指针。按 Ctrl＋F8 组合键新建立一个影片剪辑，起名为：指针，选择绘图工具，在里面垂直绘制出一个图形指针。注意：将线条的下方与影片剪辑的中心点对齐！如图 6-4 所示。

（3）返回主舞台，新建一个层，改名为"秒针"。将刚才制作的指针拖放到表盘的中间，注意要把指针的中心点与表盘的中心点对齐。之后，为这个指针实例起一个名字为"second ＿ mc"，将用它做秒针。如图 6-5 所示。

（4）同理，再新建一个层，并起名为"分针"。将库里的"指针"元件再拖放出来，并改变这个实例的长度和颜色，让它作为分针。实例名命名为"minute ＿ mc"。如图 6-6 所示。

图 6-4　指针的制作

图 6-5　秒针

图 6-6　分针

（5）现在按照上面的方法来制作时针。新建一个层，改名为"时针"。将指针元件拖放到舞台中，与表盘中心对齐，修改这个实例的长度和颜色，并把这个实例起名为"hour _ mc"。如图 6-7 所示。

图 6-7　时针

（6）开始编写程序。为了查看方便，再新建一个层，改名为 as，选中 as 层的第一帧，打开动作面板，开始编写脚本。

```
1   var tm:Timer= new Timer(1000);//声明一个定时器,每隔1000毫秒就触发一次
2   tm. addEventListener(TimerEvent. TIMER,timerHandle);//侦听定时器事件
3   //启动定时器,若不启动定时器,系统就不会触发TimerEvent. TIMER事件
4   tm. start();
```

代码说明：

第 1 行代码的作用是实例化一个定时器对象，并将定时器的 Timer 事件的周期设置为 1000 毫秒，也就是 1 秒。

第 2 行代码的作用是指定 timerHandle()函数来响应定时器 TimerEvent. TIMER 事件。

第 4 行代码的作用是启动定时器，如果不通过 start()函数主动启动，则定时器不会触发定时器事件，自然也就不会执行 timeHandle()函数。

以上四行代码的作用是每经过 1000 毫秒，即 1 秒钟，定时器就会触发 Timer-Event. Timer 事件，系统就会自动调用执行 timerHandle()函数，而在 timerHandle()函数中，需要根据获取到的最新时间来设置时针、分针、秒针的旋转角度。

（7）当 Timer 事件处理器 timerHandle()每一次调用时，将实例化一个用于获取当前时间的 Date 对象。每一次都必须新建一个 Date 对象，因为 Date 类仅保存对象在实例化时的时

间。根据获取到的事件来更新时针、分针、秒针的旋转角度。同时还要设置 time_txt 的 text 属性。

```
5   function timerHandle(e:TimerEvent):void {
6       var dt:Date = new Date();//通过它获取当前的时间
7       var hours:Number = dt.getHours();//获取当前时刻
8       var minutes:Number = dt.getMinutes();//获取当前时分
9       var seconds:Number = dt.getSeconds();//获取当前秒
10      second_mc.rotation = seconds* 6;//秒* 6 度
11      minute_mc.rotation = (minutes+ seconds/60)* 6;
12      hour_mc.rotation = (hours+ minutes/60+ seconds/3600)* 30;
13      time_txt.text = dt.getHours()+ ":"+ dt.getMinutes()+ ":"+ dt.getSeconds();
14  }
```

代码说明：

第 6 行代码 var dt：Date ＝new Date()；的作用是定义 Date 的一个对象，后面调用该对象时间函数获取小时数、分钟数和秒数。

第 7～9 行代码的作用将此时此刻获取到的小时数、分钟数、秒数分别存入变量 hours，minutes 和 seconds 中。

第 10 行代码 second_mc.rotation ＝seconds＊6；的作用是设定秒针的旋转角度，因为秒针旋转一周是 360 度，所以秒针每走一下，就等于走了 6 度。

第 11 行代码（minutes＋seconds/60）＊6 的作用是设定分针的旋转角度，因为分针旋转一周也是 360 度，所以分针每走一下，也等于走了 6 度。

第 12 行代码 hour_mc.rotation ＝（hours＋minutes/60＋seconds/3600）＊30 的作用是设定时针的旋转角度，因为时针走一圈是 12 小时，所以时针每小时旋转 30 度，每分钟旋转 0.5 度。

第 13 行代码的作用是将此时此刻的时间信息以文字的形式在 time_txt 文本框中显示出来。

（8）按 Ctrl＋Enter 组合键测试效果。

日期及时间的 ActionScript 编写并不复杂，这里只简单讲解了获取日期及时间。当然，还可以进行日期及时间的修改设置，使用的函数及方法与获取类似，具体函数如表 6-1 中以 set 开头几个函数，也可以查看 Flash 的帮助系统 Date 类或其他参考书。希望你能通过这个简单的例子掌握基本的日期及时间 ActionScript 的编写方法。

常用英语单词含义如表 6-3 所示。

表 6-3　常用英语单词含义

英　　文	中　　文
date	日期
get	得到
minute	分

英　文	中　文
second	秒
hour	时
timer	定时器
delay	延迟
repeat	重复

课后练习：

1. 在本章实例制作案例的基础上完成如下功能。

（1）添加闹钟的功能。即可以设置闹钟，并在指定的时间进行提示。

（2）添加鼠标隐藏功能。即当鼠标在时钟上时，鼠标指针隐藏。

（3）添加显示周几的功能。即在时钟上能显示出当前是星期几。

（4）添加整点报时功能。

2. 使用定时器控制多个动画影片间隔播放，完成如下功能：

（1）多个动画影片能顺序播放；

（2）播放时间间隔可以通过输入确定；

（3）在实现顺序播放的基础上，进一步实现随机播放的功能。

第7章 声音和背景音乐的控制

复习要点：
➢ 获取日期方法
➢ 定时器使用方法

本章要掌握的知识点：

◇ 学习 getBytesLoaded 函数和 getBytesTotal 函数的功能及使用方法
◇ 学习制作进度条的原理和方法
◇ 学习 Sound 对象的定义和使用
◇ 学习 attachSound 函数添加库中的对象
◇ 声音的播放、停止、暂停、继续播放控制、设置音量等

能实现的功能：

◆ 能设计制作下载进度条、播放音乐的进度条等
◆ 能控制声音的播放、暂停、继续播放、停止，能控制音量的大小
◆ 能为影片剪辑添加各种音效及背景音乐

7.1　声音的控制

在 Flash 制作中往往需要画面和声音的配合来完美地表现出影片的效果，适当使用声音，可以大幅提高用户的体验。所以声音的运用和控制对 Flash 制作者来说，也是非常重要的技术。而在 Flash 中对声音的支持有两种方式，一种是把声音文件导入到元件库，然后将声音放在帧上，播放头播放到那个帧，就会自动播放，另一种是使用 ActionScript 来更加准确地控制声音的音量、播放、暂停、停止等。使用 ActionScript 播放的声音文件可以放在元件库里，也可以放在外部的文件夹内，所以程序的写法也会不同。

这里主要采用 ActionScript 来更加准确地控制声音，主要涉及 Sound、SoundChannel、SoundTransform 和 SoundMixer 类。

Sound 类主要用于把声音加载到 Flash 中并播放，还可以读取 mp3 文件里保存的文本数据。

SoundChannel 类用于停止播放单个声音、控制声音的音量和位置。当声音在 Flash 项目里播放时，它自动被赋予一个 SoundChannel 对象。但如果想访问 SoundChannel 类的方法和属性，需要明确地创建 SoundChannel 实例。

我们可以创建 SoundChannel 类的多个实例，并且可以把特定声音指定到待定的 Sound-Channel 实例中。Flash 项目可以拥有多个单独的声音，并分别在自己的 SoundChannel 实例里同时播放。每个 SoundChannel 实例能够单独被控制。

SoundChannel 类与 SoundTransform 类配合工作，后者可以控制音量和声音的位置。SoundTransform 类的属性能够接受数值来表示音量和位置。

7.1.1　声音的加载和播放

要对 Flash 中声音进行精确控制，就需要用到 Sound 类及其对象和成员函数。Sound 类可以控制影片中的声音，可以在影片播放时从元件库将声音添加到影片中并控制这些声音。如果在新建 Sound 对象时未指定目标，也可以使用 Sound 类的方法来控制整部影片的声音。

Sound 类使用步骤如下。

（1）导入 Sound 类。

```
Import flash.media.Sound;
```

（2）使用构造函数 new Sound() 来创建 Sound 对象。

```
var my_sound:Sound = new Sound();
```

（3）加载外部 mp3 音乐文件（假设有一个 mp3 文件，名为 song.mp3，存放在与源文件相同的目录下）。要想把声音文件加载到 Sound 对象，首先得将 mp3 文件路径封装为 URL-Request 对象。

```
my_sound.load(new URLRequest("song.mp3"));
```

（4）使用 play() 方法开始播放音乐。

```
my_sound.play();
```

如果调用 Sound 对象的 play()方法，没有带任何参数，默认情况下，音乐就会从起始位置开始播放，播放完毕后就停止，也就是从头到尾播放一遍。如果你想跳过声音开头的一部分，从某个位置开始播放，这时，可以传递一个参数给 play()函数，比如从起始位置 10 秒开始播放：

```
my_sound.play(10000);//单位为毫秒
```

另外一种情况是，你想播放声音文件一次以上，这时，可以传递一个播放次数值给 play()函数的第二个参数。比如循环播放声音 3 遍：

```
my_sound.play(0,3);
```

表 7-1 说明 Sound 对象如何定义及常用 Sound 类成员函数的用法。

表 7-1　Sound 类函数及功能

函数名称及用法	功　　能
Sound()	构造声音对象
id3	获取声音对象的 ID3 信息。id3 是 flash.media.ID3Info 类的实例
bytesLoaded	获取声音载入的字节数
bytesTotal	获取声音的总字节数
isBuffering	取得外部声音文件的缓冲状态
length	获取声音的长度，必须在声音对象加载完毕 Event.COMPLETE 事件触发后才能取得
play（开始播放的位置，播放的次数）	开始播放声音。可以指定从何处开始播放及播放的次数
close()	关闭音频数据流，所有已加载的数据将全部清除
load(url: URLRequest)	将 MP3 文件加载到 Sound 对象中。必须将文件路径封装成 URL-Request 类型

如果使用的是 mp3 类型的声音文件，还可以通过 mp3 文件的 ID3 标签获取更多的有关声音的元数据。如唱片标题、艺术家、发行日期、备注、唱片集、类型、曲目号码等。

ID3 标签被存储在 mp3 文件的最开始处。下面列出的是 ID3 标签的一些常用属性（ID3 2.0 版本）。

◆ Sound.id3.COMM（Sound.id3.comment，注释）

◆ Sound.id3.TALB（Sound.id3.album，唱片专辑）

◆ Sound.id3.TCON（Sound.id3.genre，唱片流派）

◆ Sound.id3.TIT2（Sound.id3.songname，标题）

◆ Sound.id3.TPE1（Sound.id3.artist，表演者或独唱者）

◆ Sound.id3.TRCK（Sound.id3.track number，专辑的曲目编号）

◆ Sound.id3.TYER（Sound.id3.year，专辑发行年份）

那么如何读取 ID3 标签呢？必须要等到 Sound 对象发出 ID3 事件，才可以安全地读取 ID3 标签。

下面是使用 ID3 标签的方法。

```
var my_sound:Sound = new Sound();
my_sound.load(new URLRequest("song.mp3"));
my_sound.addEventListener(Event.ID3,ID3Handle);
my_sound.play();
function ID3Handle(e:Event):void {
    //创建文本框,用来显示 ID3 信息
    var id3_txt:TextField = new TextField();
    This.addChild(id3_txt);
    for (var i in my_sound.id3) {
        id3_txt.htmlText + = "< b> "+ i+ "< /b> :"+ my_sound.id3[i]+ "\n";
    }
};
```

注意

Flash 中可导入的声音文件格式包括 mp3、AIFF、WAV，经过压缩的 mp3 格式声音文件会小于 WAV 或 AIFF。

7.1.2　声音的控制

通过使用 Sound 类可以成功地将外部声音文件载入并播放，但是在大多数情况下，还需要在声音播放的过程中对其进行控制，比如调整音量大小、左右声道、跟踪声音播放进度等。声音类主要由 Sound 类控制一般的音乐播放控制与相关信息，在 Flash 开始播放声音之后，就为这个声音创建对应的 SoundChannel 对象（见表 7-2），该对象用于控制单个声音，如果再配合 SoundTransform 类，则可灵活运用来掌控音乐。

表 7-2　SoundChannel 类函数及功能

函数名称及用法	功　　能
SoundChannel()	构造 SoundChannel 对象
position	声音已播放的毫秒数
soundTransform	获取声音变化对象
leftPeak	获取声音的总字节数
rightPeak	取得外部声音文件的缓冲状态

SoundTransform 类用来控制音量和左右声道等。如表 7-3 所示。

表 7-3　SoundTransform 类函数及功能

函数名称及用法	功　　能
SoundTransform()	构造 SoundTransform 对象
volume	取得与设定声音音量的大小，此属性值介于 0～1 之间，0 为静音
pan	取得设定声音在左右声道的播放方式。此属性值介于 −1（左）到 1（右）之间，0 表示平衡两个声道间的声音
leftToLeft	获取或设置左声道输出分配多少给左边的喇叭
leftToRight	获取或设置左声道输出分配多少给右边的喇叭
rightToLeft	获取或设置右声道输出分配多少给左边的喇叭
rightToRight	获取或设置右声道输出分配多少给右边的喇叭

7.2　实例制作——音乐播放器

● 实例名称：音乐播放器。

音乐播放器效果图如图 7-1 所示。

图 7-1　音乐播放器效果图

● 实例描述：本实例是模拟音乐播放器，可以播放、停止、暂停、静音、音量调节等。在播放的时候可以显示播放的进度及演出者和歌曲名称等。高级内容为可以实现快进、快退和音量调节。

● 实例分析：利用 Sound 对象成员函数 play() 可以控制播放的位置，括号中加入参数是开始播放的位置，单位是毫秒。利用 SoundChannel 类的 position 属性，可得到当前声音播放的位置，记录当前播放的位置，可以用于制作暂停效果和快进、快退播放效果。通过 Sound-Transform 类结合 SoundChannel 类实现音量控制和调节功能。

● 设计思路：按照如下思路分阶段地逐步完成音乐播放器的各项功能。在每一阶段都可以测试 Flash 的功能。

（1）建立一个可由 ActionScript 控制的声音对象。

（2）将外部音乐文件加载进入。

（3）用三个按钮开始播放、暂停播放和继续播放来控制音乐。

（4）添加快进，快退按钮的功能。

（5）用小汽车移动来显示音乐的播放进度。

（6）制作一个有放音和消音图标的影片剪辑，用来控制放音和静音。

（7）添加音量调节功能。

（8）添加显示演出者和歌曲名称功能。

● 设计制作步骤：

（1）新建一 Flash 文档，设计如图 7-2 所示背景画面。

图 7-2　背景

（2）设计一辆黄色的小轿车影片剪辑，播放音乐时小轿车行进进度用来显示音乐播放进度。如图 7-3 所示。

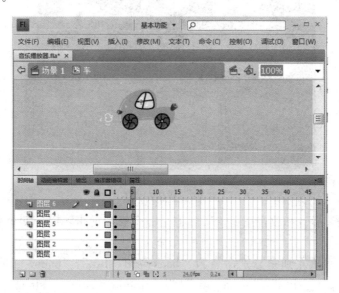

图 7-3　小轿车影片剪辑

（3）设计一盏交通灯影片剪辑，当音乐播放时，显示绿灯；当音乐快进快退时，显示黄灯，当音乐暂停和停止时，显示红灯。该影片剪辑共有三帧，分别显示三种不同颜色的灯，如图 7-4 所示。

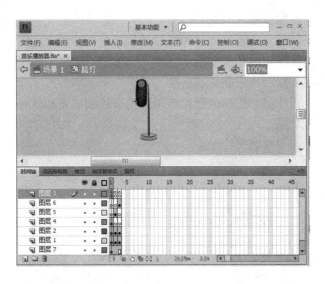

图 7-4　交通灯影片剪辑

（4）设计一排音乐控制按钮，包括播放、暂停、停止、快进、快退、静音与放音、音量调节等。如图 7-5 所示。

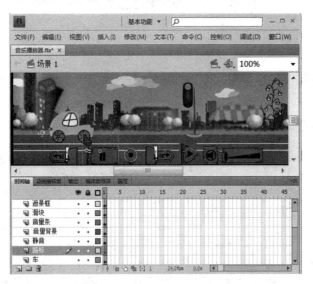

图 7-5　按钮布局图

需要注意的是，静音和放音按钮，实际上是一个影片剪辑，设定两个关键帧，分别为放音开和关标志。

（5）将以上按钮从左到右分别命名为"backward＿btn"，"pause＿btn"，"stop＿btn"，"forward＿btn"，"play＿btn"，"mute＿mc"，"headSlider＿mc"，"slider＿mc"，并将车命名为"hint＿mc"，将交通灯命名为"lamp＿mc"。

（6）在背景右上角放置一动态文本框，并命名为 id3＿txt，用来显示音乐标题等信息，如图 7-6 所示。

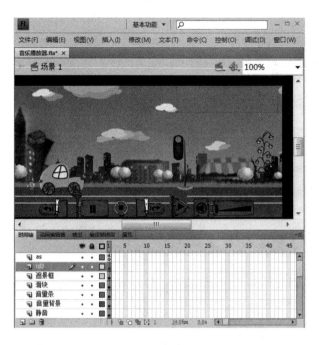

图 7-6　放置文本框

（7）至此，音乐播放器的设计工作已经完成，下面的步骤进行音乐控制。这里准备好一首音乐（Sky City. mp3）放置于本 Flash 文件同一目录下，这样就不需要为音乐文件另外指定路径，以便编写程序。在主时间轴 as 图层的第一帧输入代码如下：

```
1  var snd:Sound = new Sound();
2  var sc:SoundChannel= new SoundChannel();//存放音乐播放的状态
3  snd. load(new URLRequest("Sky City. mp3"));//加载声音
```

代码说明：

第 1 行代码是定义一个 Sound 对象 snd，准备用来加载外部的音乐。

第 2 行代码是声明一个 SoundChannel 对象 sc 用来存放音乐播放的状态。

第 3 行代码是利用声音对象 snd 的 load 方法加载指定的外部声音文件 Sky City. mp3，这样外部的声音文件就读入 snd 对象中。

（8）添加代码，实现开始播放、暂停播放、继续播放功能。代码如下：

```
4  var pp:Number= 0;// 记录音乐暂停的位置
5  play_btn. addEventListener(MouseEvent. CLICK ,playHandle);
6  function playHandle(e:MouseEvent ):void {
7    play_btn. mouseEnabled = false;
8    sc= snd. play(pp);
9    lamp_mc. gotoAndStop(3);
10 }
11
12 stop_btn. addEventListener(MouseEvent. CLICK ,stopHandle);
```

```
13   function stopHandle(e:MouseEvent):void {
14       play_btn.mouseEnabled = true;
15       sc.stop();
16       pp= 0;
17       lamp_mc.gotoAndStop(1);
18   }
19
20   pause_btn.addEventListener(MouseEvent.CLICK,pauseHandle);
21   function pauseHandle(e:MouseEvent):void {
22       play_btn.mouseEnabled = true;
23       pp= sc.position;//将此刻声音暂停的位置的值保存入 pp 变量中
24       sc.stop();
25       lamp_mc.gotoAndStop(1);
26   }
```

代码说明：

第 4 行代码声明了一个变量 pp，用来存储声音暂停位置，以便能从暂停位置继续播放。

第 5～10 行代码的主要作用是实现声音的播放。

第 7 行代码的作用是为避免用户多次单击开始播放按钮导致开启多个声音频道，在这里通过 play_btn.mouseEnabled ＝false 语句实现当单击播放按钮 play_btn 后，该按钮将暂时不可用。

第 8 行代码 sc＝snd.play（pp）的作用是将读取的音乐文件用 play() 方法播放，并将播放状态存入 SoundChannel 对象 sc 中。

第 9 行代码的作用是当音乐播放时，交通灯影片剪辑跳转到其第 3 帧，将显示为绿灯。

第 12～18 行代码的主要作用是实现声音的停止。

第 14 行代码的作用是当停止按钮被单击后，应该恢复播放按钮 play_btn 为可用。

第 15 行代码 sc.stop() 的作用是将正在播放的音乐停止。由于 Sound 对象自身无法停止，因此利用音乐状态控制对象 sc 来对音乐做停止动作。

第 16 行代码的作用是在音乐停止后，以便重新开始播放，需要将暂停位置设为 0。

第 17 行代码的作用是在音乐停止时，交通灯显示为红灯。

第 20～26 行代码的作用是实现音乐的暂停。

第 22 行代码的作用是当暂停按钮被单击后，应该恢复播放按钮 play_btn 为可用。

第 23 行代码 pp＝sc.position 是通过音乐状态对象 sc 获取声音当前播放的位置，单位是毫秒，即当前声音已经播放的毫秒数，并把这个值赋值给变量 pp，以便继续播放时可以从此位置播放。

第 24～25 行代码不再赘述。

此时，按 Ctrl＋Enter 组合键测试，可以通过 "播放"、"暂停"、"继续" 按钮来控制音乐。

（9）继续添加代码，实现快进和快退功能。代码如下：

```
27  forward_btn.addEventListener(MouseEvent.CLICK,forwardHandle);
28  function forwardHandle(e:MouseEvent):void {
29      play_btn.mouseEnabled = false;
30      pp= sc.position;
31      sc.stop();
32      sc= snd.play(pp+ 1000);
33      lamp_mc.gotoAndStop(2);
34  }
35
36  backward_btn.addEventListener(MouseEvent.CLICK,backHandle);
37  function backHandle(e:MouseEvent):void {
38      play_btn.mouseEnabled = false;
39      pp= sc.position;
40      sc.stop();
41      sc= snd.play(pp- 1000);
42      lamp_mc.gotoAndStop(2);
43  }
```

代码说明：

第 27～34 行代码的作用是实现音乐的快进播放功能。快进的原理是每按一下快进按钮后，在目前播放位置的基础上，快速将音乐的播放起始位置跳到后面，这里每次跳 1000 毫秒，即 1 秒。这样音乐就马上会从目前位置之后的 1 秒处开始继续播放。在每次快进播放时，播放按钮 play _ btn 设为不可用，同时交通灯显示为黄灯。

第 36～43 行代码的作用是实现音乐的快退播放功能。其实现方法与上面快进功能类似，在此不再赘述。

（10）继续添加代码，实现进度提示功能。代码如下：

```
44  this.addEventListener(Event.ENTER_FRAME,progressHandle);
45  function progressHandle(e:Event):void {
46      var percent:Number= sc.position/snd.length;
47      hint_mc.x= percent* stage.stageWidth;
48  }
```

代码说明：

当音乐播放时，小车将不断前进，作为显示目前播放的进度。要想跟踪音乐播放的进度，就必须知道两件事：音乐的总长度和当前播放的位置。由于音乐播放的位置有可能不断变化，因此，需要不断获取该值。

第 44 行代码的作用是注册进入帧事件侦听器，即 progressHandle() 函数。

在第 46 行代码中，通过 snd 对象的 length 属性取得音乐的总长度。声音当前播放的位置则可以由 sc 对象的 position 属性取得。知道了这两者的值，那么它们的比值就是声音播放的进度。

第 47 行代码的作用是根据求得的播放进度设定小车应该前进的位置，即进度条总长（这里就是舞台宽度）×播放进度。

此时，按 Ctrl＋Enter 组合键测试，播放音乐时，可以看到小车在不断移动。

（11）继续添加代码，实现静音和放音功能。代码如下：

```
49  var stm:SoundTransform = new SoundTransform();
50  var soundVol:Number;
51  mute_mc.addEventListener(MouseEvent.CLICK,muteHandle);
52  function muteHandle(e:MouseEvent):void {
53      if (mute_mc.currentFrame= = 1) {
54        soundVol= sc.soundTransform.volume;
55        stm.volume= 0;
56        sc.soundTransform= stm;
57        mute_mc.gotoAndStop(2);
58      } else {
59        stm.volume= soundVol;
60        sc.soundTransform= stm;
61        mute_mc.gotoAndStop(1);
62      }
63  }
```

代码说明：

第 49 行代码的作用是声明一个 SoundTransform 对象，用来帮助控制音量。

第 50 行代码的作用是声明一个变量 soundVol，用来存储当前音量大小。

第 51 行代码的作用是为静音放音按钮注册鼠标单击侦听器，即 muteHandle() 函数。

第 52～63 行代码中，if 语句的功能是判断当前影片剪辑是在第一帧还是第二帧，如果是第一帧，则表示当前是播放状态，此时单击按钮应该设置声音为静音，即音量为 0，相应地影片剪辑跳转到第二帧显示静态状态标志，否则，表示当前是静音状态，此时单击按钮应该设置声音为开启，即音量大小为 soundVol，相应地，影片剪辑跳转到第一帧显示放音状态标志。

此时，按 Ctrl＋Enter 组合键测试，单击静音按钮，就实现静音了，同时按钮出现静音状态标志，再次单击按钮，声音开启。

（12）继续添加代码，实现音量控制功能。代码如下。

```
64  headSlider_mc.x = slider_mc.x;
65  headSlider_mc.y = slider_mc.y;
66   headSlider_mc.addEventListener (MouseEvent.MOUSE_DOWN, downHan-
dle);
67  headSlider_mc.stage.addEventListener (MouseEvent.MOUSE_UP, upHan-
dle);
68  function downHandle(e:MouseEvent):void{
```

```
69        headSlider_mc.startDrag(false,
70        new Rectangle(slider_mc.x,slider_mc.y,slider_mc.width,0));
71        headSlider_mc.addEventListener(MouseEvent.MOUSE_MOVE,moveHan-
dle);
72    }
73
74    function upHandle(e:MouseEvent):void{
75        headSlider_mc.stopDrag();
76    }
77
78    function moveHandle(e:MouseEvent):void{
79        var distance:Number = headSlider_mc.x - slider_mc.x;
80        stm.volume = distance/slider_mc.width;//获取音量的大小
81        sc.soundTransform = stm;
82    }
```

代码说明:

第64~65行代码的作用是设置 headSlider_mc 和 slider_mc 初始位置一致。

第66~67行代码的作用是注册 headSlider_mc 上鼠标按下和鼠标弹起侦听器。

第68~72行代码的作用是当鼠标在 headSlider_mc 上按下时，意味着可以拖动其进行音量调节。为了避免随意拖动，通过 MovieClip 对象.startDrag（lockCenter：Boolean＝false，bounds：Rectangle＝null）函数使 MovieClip 对象在影片播放过程中在指定范围内可拖动。参数 lockCenter 是一个布尔值，指定可拖动影片剪辑是锁定到鼠标位置中央（true），还是锁定到用户首次单击该影片剪辑的位置上（false）。参数 bounds：Rectangle 是可选的，设置一个矩形区域，来限制对象的拖动范围。这里使用 headSlider_mc.startDrag（false，new Rectangle（slider_mc.x，slider_mc.y，slider_mc.width，0））设定 headSlider_mc 只能在 slider_mc 上进行水平左右拖动。此时，为了即时跟踪拖动位置，需要进一步侦听鼠标移动事件。

第74~76行代码的作用是，当鼠标松开时，停止拖动 headSlider_mc。

第78~82行代码的作用是即时跟踪鼠标拖动的位置以便实时调节音量大小。

至此，按 Ctrl＋Enter 组合键测试，拖动滑杆就能实时调节音量大小。

（13）继续添加代码，实现显示演唱者和歌曲名称。代码如下：

```
83  snd.addEventListener(Event.ID3,id3Handle);
84
85  function id3Handle(e:Event):void{
86        id3_txt.htmlText = "< font color = '# 669999'> " + snd.id3.artist
+ " "
87                        + snd.id3.songName + "< /font> ";
88  }
```

代码说明：

mp3 音乐文件记录了关于音乐本身的信息，例如演出者、歌曲名称等。这些信息只有在 Sound 对象的 ID3 事件触发处才可以读取。

第 83 行代码注册 ID3 事件侦听器，即 id3Handle（）。

第 85～88 行代码中，将取到的 id3. songName 和 id3. artist 信息在 id3 _ txt 动态文本框中显示出来。

（14）按 Ctrl＋Enter 组合键，测试音乐播放器最终的效果。

注意

SoundMixer. stopAll() 方法会停止目前正在播放的所有声音。

功能扩展：

■ 添加显示频谱功能；

■ 添加鼠标能拖动滑动条功能，即可以在任意点开始播放。

常用英语单词含义如表 7-4 所示。

表 7-4 常用英语单词含义

英　　文	中　　文
sound	声音
load	加载
channel	频道
length	长度
position	位置
transform	转换
volume	音量

课后练习：

1. 在本章实例制作案例的基础上完成如下功能：

（1）完成频谱的显示；

（2）添加多曲目循环播放功能。

2. 在 Flash 游戏或影片中，除了背景音乐外，往往还需要配合一些音效，比如按下按钮、发射子弹、爆炸等，为了整体控制方便，往往将各种音效整合到一个影片剪辑中，在各个关键帧上设定不同的音效，需要完成以下功能：

（1）当触发声音的事件发生时，能跳转到对应的帧上播放相应的音效；

（2）需要避免前一个音效尚未播完，又触发另一个音效，而造成声音重叠。

第8章 数据的交互应用

复习要点：

➢ 日期（Date）类对象的创建方法

➢ 从系统获取日期时间年、月、日、时、分、秒、毫秒的函数使用方法

➢ 能获取标准国际时间

➢ 时、分、秒的数字与指针角度的关系

➢ 获取指定日期的星期

➢ 设置年、月、日和时间

本章要掌握的知识点：

◇ 设置动态文本、输入文本的实例名并引用实例名

◇ 设置动态文本及其属性的方法，给动态文本定义变量

◇ 设置输入文本及其属性的方法，给输入文本定义变量

◇ 区分静态文本、动态文本和输入文本的差异

◇ 为动态文本、输入文本设置特殊的字体——嵌入字符

能实现的功能：

◆ 能实现变量、文本的输入。如输入姓名、密码、搜索的关键字等

◆ 能将程序中变量的值显示出来。如输出游戏结束后的成绩、当前时间等

◆ 能设定动态文本的字体

8.1　数据的输入和输出

数据的输入和输出是交互设计中必不可少的一项重要内容。Flash 中的数据输入和输出是通过文本域来实现的。文本域可以是工具栏上的文本工具拖动到场景中生成，也可以是用代码动态生成的。

Flash 中的文本有三种类型：静态文本、动态文本和输入文本。文本的这三种类型可以通过设置文本的类型来实现。

8.1.1　设置文本的类型

选择工具栏中的文本工具 **T**，打开属性面板，选择文本的类型为"输入文本"，如图 8-1 所示。然后在舞台上单击鼠标，即可创建输入类型的文本域，并可输入内容。

图 8-1　文本属性设置

静态文本、动态文本和输入文本这三种类型有着不同的应用背景。它们在实际使用中的区别如下。

（1）静态文本。指在动画播放中不可改变的显示信息，其内容是在 Flash 编辑时设定的。

（2）动态文本。指在动画播放的过程中，可以通过程序修改的信息。需要在播放过程中更改的文本域，如要从文件、数据库加载文本，则应该使用动态文本。

（3）输入文本。指提供用户输入内容的文本类型。同时输入的内容可以被提取用于显示和传递。

静态文本的属性设置比较简单，这里就不再讲解，下面重点介绍动态文本属性的设置和输入文本属性的设置。

8.1.2　动态文本属性设置

使用文本工具在舞台上创建一个文本，默认情况下，创建的文本是静态文本。使用选择工具，选中舞台上的静态文本，选择"窗口"→"属性"→"属性"，打开属性面板。

如图 8-2 所示，在属性面板中，将文本类型选为"动态文本"，这样就将静态文本改为动态文本了，同时还可以设置动态文本的其他属性项。

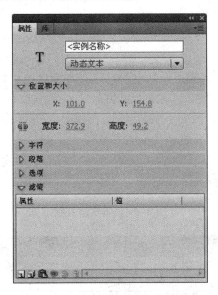

图 8-2　动态文本的属性面板

动态文本有很多的属性，有些是和静态文本的属性相同的，如字体、字号、字符间距、对齐方式等。还有些是动态文本自己所特有的属性，如实例名称、设置变量、设置文本可选、嵌入字体等。下面就分别介绍动态文本的这些独特属性。

1. 定义实例名称

动态文本是一种特殊的元件，它和输入文本都是 TextField 类的实例。舞台上的每一动态文本都是它的一个实例。正如要与某个人联系，就必须先知道他的姓名一样，如果要引用动态文本的属性，就必须设置它的实例名称。

设置动态文本的方法如下。

在舞台上创建一个动态文本。选中该文本，打开属性面板，并在设置文本类型的下面输入窗口中输入动态文本的实例名称，如图 8-3 中横线部分所示。在这里设置的实例名称为 num＿txt。以"＿txt"为后缀是给文本命名实例名称的推荐方法，因为，一方面这样很容易就能知道它是文本变量，另一方面，在编写代码时，后缀"＿txt"可以触发与文本类相关的代码提示。

选中时间轴上的第一帧关键帧，按 F9 键打开"动作"面板。当输入 num＿txt. 后会触发提示代码列表框，如图 8-4 所示，根据提示框可选择需要的相关属性和动作。

在"动作"面板中添加以下代码：

```
num_txt.text= "Flash Action Script";
```

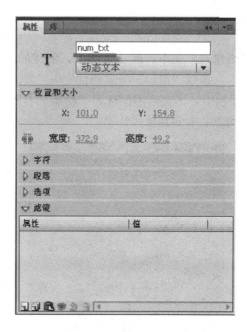

图 8-3　设置实例名称

图 8-4　代码提示

```
num_txt.textColor= 0xee0066;
```

代码说明：

代码中 num_txt 是动态文本的实例名称，点号"."的作用是引用对象的属性或函数，即针对动态文本的属性和可以使用的函数。本例中是引用其文本属性"text"，也就是动态文本的内容设置为"Flash Action Script"；第二行代码是引用动态文本的文本颜色属性"text-Color"设置动态文本的显示颜色。

按 Ctrl＋Enter 组合键测试影片，可看到如图 8-5 所示的效果。

图 8-5　动态文本效果

注意

在 ActionScript 3.0 中，设置动态文本的内容只能通过设置动态文本的实例名称，并利用实例名称来引用其文本属性"text"设置其内容；而在 ActionScript 2.0 中，除了上述方法外，还可以通过设置一个关联变量，通过给关联变量赋值的方式给动态文本设置内容。两种方法效果是一样的，你可以根据自己的爱好习惯来选择使用。在 ActionScript 3.0 中，已经取消了关联变量，故不可使用。

2. 设置文本可选

在文本属性面板中，可启用"可选"功能，如图 8-6 所示，这样用户在文本上按住鼠标左键并拖曳，就可选中文本了，如图 8-7 所示。

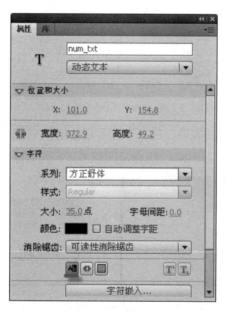

图 8-6　设置文本可选

图 8-7　文本可选效果

3. 将文本呈现为 HTML

如图 8-8 所示可启用"将文本呈现为 HTML"功能，该功能可将文本中带有"＜＞"标记的内容解释为 HTML 标签。

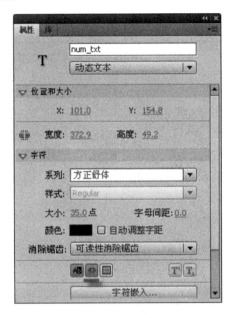

图 8-8　将文本呈现为 HTML

在时间轴的第一帧上添加代码：

```
num_txt.htmlText= "<I> Flash Action Script</I> "
```

按 Ctrl＋Enter 组合键测试效果。图 8-9 所示是使用 text 属性，而没有使用 htmlText 属性的效果；图 8-10 所示是使用 htmlText 属性的效果。

图 8-9　没有使用 htmlText 属性，不呈现为 HTML

图 8-10　呈现为 HTML

4. 嵌入字体

有时候会发生这样的情况：设计制作人员使用了一种字体，但在用户的计算机上没有安装这种字体，这时文本就不能按设计者的要求来显示了。如果是静态文本，那么可以将文字打散。如果是动态文本，就需要设计时将需要的字体嵌入到文档中去。

选中动态文本，然后在"属性"面板中将字体设置为所需的字体，然后单击如图 8-11 所示的横线部分按钮。

图 8-11　嵌入字体

这时会打开如图 8-12 所示的"字符嵌入"对话框。各部分的功能介绍如下。

（1）在列表中选择要嵌入的字符型列表。如图 8-13 所示。

（2）这个文本框用于手工填写需要包含的字符。

（3）单击"自动填充"按钮，可将舞台上动态文本的内容自动添加到"包含这些字符"的文本框中。

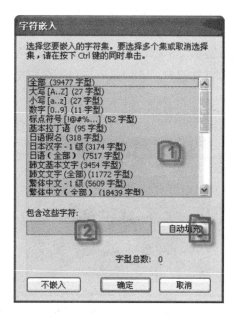

图 8-12　"字符嵌入"对话框

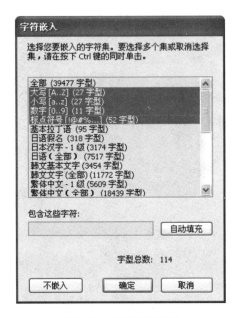

图 8-13　选择所需字符

注意

在生成 swf 文件时，嵌入的字体会绑定其中。如果选中的字符不多，就不会大量增加 swf 文件的大小。但如果选择"全部"选项或大量字符，则导出的 swf 文件将非常庞大。此时，可以在"字符嵌入"对话框中单击"不嵌入"按钮，取消嵌入，然后重新选择。

8.1.3　输入文本属性

输入文本属性与动态文本属性基本一致。只是有下面几处不同：

（1）输入文本默认是可选状态，而且是不可更改的；

（2）输入文本可以用来设置密码输入；

（3）输入文本属性中没有链接文本框，替代它的是"最多字符数"文本框，用于设置输入的字符串的最大长度。如果设置的为"0"，就表示对字符数不加限制。

【实例 8-1】　数字时钟。

数字时钟效果如图 8-14 所示。

图 8-14　数字时钟效果

● 设计思路：用上一章所学的获取时间的函数取得当前时间，用动态文本显示获取的时间。

● 设计制作步骤：

（1）新建一个文档，大小合适；

（2）在舞台上添加三个动态文本框，分别用来显示年月份、时间和星期，并给每个动态文本框命名。这里分别命名为"year _ txt"、"time _ txt"、"day _ txt"，并设置其属性，如图 8-15 所示。

图 8-15　设置动态文本实例名称

（3）新增一层，用来写代码。选中代码层的第一帧，按 F9 键打开动作代码窗口，添加代码如下：

```
1   addEventListener(Event.ENTER_FRAME ,dateFun)
2   function dateFun(e:Event ) {
3   var d:Date = new Date();
4   year_txt.text = d.getFullYear()+ "年"+ (d.getMonth()+ 1)+ "月"+ d.getDate
                                         ()+ "日";
5   time_txt.text = d.getHours()+ ":"+ d.getMinutes()+ ":"+ d.getSeconds
();
6
7   if (d.getDay() = = 1) {
8       day_txt.text = "星期一";
9   }
10  if (d.getDay() = = 2) {
11  day_txt.text = "星期二";
12  }
```

```
13    if (d.getDay() = = 3) {
14        day_txt.text = "星期三";
15    }
16    if (d.getDay() = = 4) {
17        day_txt.text = "星期四";
18    }
19    if (d.getDay() = = 5) {
20        day_txt.text = "星期五";
21    }
22    if (d.getDay() = = 6) {
23        day_txt.text = "星期六";
24    }
25    if (d.getDay() = = 0) {
26        day_txt.text = "星期日";
27    }
28    };
```

代码说明：

因为时间是不断变化的，所以需要时时刻刻获取计算机的时钟，这就要添加一个侦听器，用来侦听进入帧事件 ENTER _ FRAME ，侦听后的响应函数为 dateFun ，代码如下：

addEventListener（Event. ENTER _ FRAME ，dateFun）

第 2 行及以下的代码的作用是定义响应函数为 dateFun。

在函数中编写代码，获取当前时间。

第 3 行代码 var d：Date ＝new Date()；的作用是定义时间类变量 d。

第 4 行代码 year _ txt. text ＝d. getFullYear()＋"年" ＋（d. getMonth()＋1)＋"月"＋ d. getDate()＋"日"；的作用是通过时间变量 d 获取当前 "年"、"月"、"日"（具体解释参看第 6 章表 6-1 Date 对象常用函数），并将获取的值赋给动态文本 "year _ txt" 的 "text" 属性，即动态文本的内容。

第 5 行代码 time _ txt. text ＝d. getHours()＋"："＋d. getMinutes()＋"：" ＋d. getSeconds()；的作用是通过时间变量 d 获取当前 "时"、"分"、"秒"，并对将获取的值赋给动态文本 "time _ txt" 的 "text" 属性，即动态文本的内容。

第 6 行及后面的代码的作用是根据 getDay()的取值显示当前是星期几。getDay()获取的值是 0～6，分别代表星期日、星期一、星期二、星期三、星期四、星期五、星期六。

按 Ctrl＋Enter 组合键测试影片效果。

注意

Date 类的方法 getMonth() 获取的值是 0 到 11 之间的整数，0 代表 1 月，1 代表 2 月，如此类推。所以需要在获取值之后，先加 1，才是当前的月份。

功能扩展：

■ 动态文本转换为影片剪辑，然后将影片剪辑进行变形或添加滤镜效果。

■ 显示农历、节气、节假日、重要日期等。

8.2　数据的类型转换和数值运算

Flash 中数据的转换是非常必要的，先来看一个实例。

创建一个新的文档，保存为"数据类型 .swf"。在舞台上添加一个输入文本框，一个动态文本框，还有相应的静态文本。并分别给其实例命名，输入文本框的实例名为 input，动态文本框的实例名为 output。如图 8-16 所示。

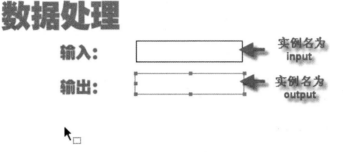

图 8-16　文本数据处理

增加一层，命名为"代码"层，在代码层上添加代码如下：

```
1  addEventListener(Event.ENTER_FRAME ,entFun);
2  function entFun(e:Event) {
3    output.text= input.text+ 2;
4  }
```

这里设想输入后的值加 2 后显示在输出框中，如果输入为 3，则输出应为 5。但测试上面的影片，发现效果如下。输出的并不是 5，而是 32。如果输入的不是数字，则输出的结果是在字符串后加 2。如图 8-17 所示。

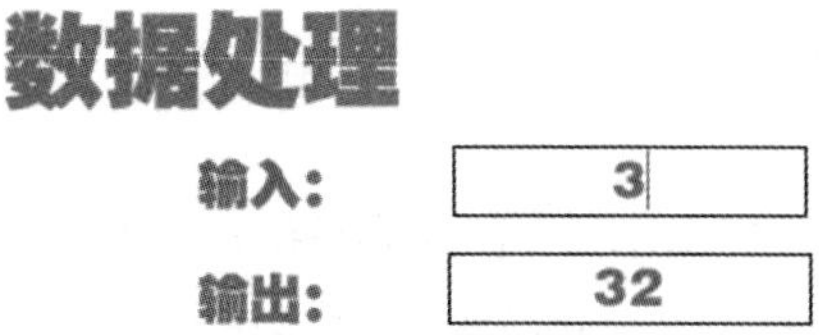

数据处理

输入：　3
输出：　32

图 8-17　数据处理

出现这样的效果主要原因是从输入文本获取的数据都是字符串类型，而不是数值类型。要把它转换为数值类型，Flash 提供了两个全局函数，可以将字符串转换为数字，一个是parseFloat()，将字符串转换为实数；另一个是 parseInt()，将字符串转换为整数。修改本例中的代码层中的代码如下：

```
1  addEventListener(Event.ENTER_FRAME ,entFun);
```

```
2  function entFun(e:Event) {
3    output.text= ""+ (parseInt(input.text)+ 2);
4  }
```

扩展技术要点：

◆ 用 Number 函数替代 parseFloat 或 parseInt 函数也可以实现相同的功能。Number 函数的功能是将其他类型的数据转换为数值类型，然后进行运算处理。修改后的代码如下：

```
1  addEventListener(Event.ENTER_FRAME ,entFun);
2  function entFun(e:Event) {
3      output.text= ""+ (Number(input.text)+ 2);
4  }
```

◆ 用 String 函数可以其他类型的数据转换为字符串类型的数据。

注意

（1）在赋值时，添加了一个""，这是因为 Number（input. text）＋2 计算后的类型是数值型，而 output. text 是字符型，两个类型不一致，添加一个空字符""后，就将数值型转换为字符型了，这种方法简便实用。

（2）数值之间可以通过"＋"号来进行数学运算，字符串之间如果也用"＋"号，则表示是两个字符串之间的连接，即把两个或多个字符串连接成一个字符串。

8.3　使用数组

当数据比较少时，只定义几个变量即可完成所需的要求，但当数据比较多时，或是大量的或不可预期的时，如果还利用变量来实现会使代码量急剧增加，甚至不可实现。这时就需要用到数组。

数组是一组具有相同特性变量的集合。使用数组可以使比较复杂的代码变得简单明了，极大地提高了代码的效率和可读性。数组掌握好了，对编写程序的人来说，很多的工作就变得轻松了。

理论上说，一个数组可以包含无数的变量。数组的名称按照以下规则使用：

数组名［变量序号］

例如：a［0］、a［1］、a［2］……其中 a 为数组名。后边的 0、1、2 是数组的序号。数组不仅可以存储成组的数字，还可以存储成组的字符串，甚至可以是影片剪辑的实例名或者其他 Object 对象名，还可以是成组的数组。实际上，在 Flash 中，数组可以看做是一种数据结构。很多的 Flash 效果都可以用数组来完成。

8.3.1　数组的定义

在 Flash ActionScript 3.0 中，必须先声明变量后使用，数组也必须先声明（或定义）才能使用，声明数组的关键字是 Array。实际上构造一个数组很简单，可以采用以下三种方法。

方法 1. 数组名 1：Array ＝new Array()

这里定义数组不指定任何参数，则创建长度为 0 的数组。

方法 2. 数组名 2：Array ＝new Array（长度）

这里定义数组仅指定长度，则创建元素数等于 length 的数组。但这些元素没有值。

方法 3. 数组名 3：Array ＝new Array（元素 1，元素 2，元素 3，…，元素 n）

这里定义数组使用"元素列表"参数指定值则创建具有特定值的数组。

注意

在 Flash 中，包括变量和数组名都可以使用中文名称。

先看第三种构造数组的用法，它的好处很明显：一句代码就创建了数组并且为数组赋了值。

新建一个 Flash 文档，取名为"数组.fla"，选中第一帧，按 F9 键打开代码输入窗口，输入下面的数组测试代码。定义的这个数组是一个字符串数组。

```
1  var Course_array :Array = new Array("三维动画制作","多媒体技术","界面
                                        设计","英语","体育");
2  trace(Course_array);
3  //输出面版结果:三维动画制作,多媒体技术,界面设计,英语,体育
4  trace(Course_array[0]);         //输出面版结果:三维动画制作
5  trace(Course_array[4]);         //输出面版结果:体育
6  var i= 0
7  for( i= 0;i< 5;i+ + ){  //注意 0 和 5
8      trace("星期四第"+ (i+ 1)+ "节课是 "+ Course_array[i]); //注意 i 的取值
9  }
```

注意

（1）在上例中，数组长度是 5，但是数组的序号是从 0 开始，所以最大序号是 4。数组与循环语句的结合可以使代码变得简洁、高效。

（2）trace 函数的功能是调试时用来跟踪变量、对象等，其结果在输出面板上显示。

代码说明：

利用循环中的循环变量来访问数组中的不同元素，是一种常用的利用数组的方法，也是访问数组中的每一个成员的最有效方法。这种数组与循环相结合的技巧在以后的实例中会随处可见。

按 Ctrl＋Enter 组合键测试结果，可看到输出面板的输出为：

星期四第 1 节课是　三维动画制作

星期四第 2 节课是　多媒体技术

星期四第 3 节课是　界面设计

星期四第 4 节课是　英语

星期四第 5 节课是　体育

其他两种定义数组的用法特点是：创建的时候不给各个元素赋值。下面代码的功能是利用数组得到一组随机数，并计算这些数的平均值。

```
1  var myTest_array= new Array(); //第一种方法创建空数组
```

```
2   var sum= 0; //定义存放和的变量
3   for(i= 0;i< 10;i+ + ){ //数组长度为 10。
4       myTest_array[i]= Math.random()* 100;
5       //设置随机数。与第一个不同。这里存放数字！
6       sum+ = myTest_array[i];        //累加
7       trace("第"+ (i+ 1)+ "个随机数是"+ myTest_array[i]); //显示数组元素
8   }
9   trace("平均数是"+ sum/10); //在输出窗口中显示结果
```

上面的程序中是使用第一种方法创建数组，即创建的是空数组，不能确定数组的长度。请观察下列程序与上边程序的异同。

```
1   var myTest_array= new Array(8); //第一种方法创建空数组
2   var sum= 0; //定义存放和的变量
3   for(i= 0;i< myTest_array.length ;i+ + ){ //数组长度为 10
4       myTest_array[i]= Math.random()* 100;
5       //设置随机数。与第一个不同。这里存放数字！
6       sum+ = myTest_array[i]; //累加
7       trace("第"+ (i+ 1)+ "个随机数是"+ myTest_array[i]); //显示数组元素
8   }
9   trace("平均数是"+ sum/10); //在输出窗口中显示结果
```

在这段代码中，是用第二种方法创建数组，确定了数组的长度，在后面的代码中就可以使用该长度。如循坏变量的范围和求平均值时的除数就用到了数组的长度。两种方法到底哪个好一些呢？要评价哪个方法好，就要知道评价的原则。

说明

（1）好的程序应该是容易读懂，并且便于修改的。相比而言，最后那个程序要好一些。

原因很简单。如果要改变数组长度，只需要改变 myTest＝new Array（8）；里的 8 就可以了。而看看上一个程序，要改变数组长度需要改动 3 个 10。

（2）并不是说在任何情况下都是使用第二种方法创建数组好，在不知道数组长度是多少时，使用第一种方法创建数组更合适。

（3）这里值得学习的是 myTest_array.length 这个属性的用法。再次强调数组也是一个对象，它的长度就是数组的属性。

提示

其实还有更简单的构造数组的方法。方法如下。

var 数组名＝ [ ];

如下代码就分别声明了三个数组：

```
1   var A= [];//构造空数组 a
2   var B= [6];//构造长度为 6 的数组
3   var C= [3,4,5,6,7,8];//构造列表中有 6 个元素的数组
```

你可以使用一下这种方法，在使用时一定要注意［］和（）的区别。建议使用前面的三种方法来声明数组，这样更有利于代码的可读性。

8.3.2　数组的属性和方法

数组属性只有一个，就是数组的长度。

Array.length 指定数组中元素数量，即数组的长度。其值是最小值为 0 的整数。

可以测试数组的长度，例如：

```
1  var myCourse_array:Array = new Array("三维动画制作","多媒体技术","界面设计",
                                         "英语")；
2  trace("我们班共有"+ myCourse.length+ "门课程。")；
3  //输出面版结果:我们班共有4门课程
```

数组的方法比较多，见表8-1数组方法列表。

表8-1　数组方法列表

函数及其用法	功　　能
Array.concat()	连接参数，并将其作为新数组返回
Array.join()	将数组内的所有元素连接为一个字符串
Array.pop()	删除数组中最后一个元素，并返回该元素的值
Array.push()	将一个或多个元素添加到数组的结尾，并返回该数组的新长度
Array.reverse()	倒转数组的方向
Array.shift()	删除数组中第一个元素，并返回该元素的值
Array.slice()	提取数组中的一部分，并将该部分作为新数组返回
Array.sort()	就地对数组进行排序
Array.sortOn()	基于数组中的某个字段对数组进行排序
Array.splice()	在数组中添加元素和删除元素
Array.toString()	返回表示 Array 对象中元素的字符串值
Array.unshift()	将一个或多个元素添加到数组的开头，并返回该数组的新长度

如果你学习过数据结构，就会知道，数组可以作为队列来用，也可以作为堆栈来用。这样看，数组就不仅仅是一个数组了。这里并不打算深入探讨数组的高级应用，只是用一个综合的实例来说明数组的使用方法。

8.4　实例制作——简单的抽奖程序

● 实例名称：简单抽奖程序。

最终效果如图 8-18 所示。

图 8-18　抽奖界面

● 实例描述：本实例是一款简单的抽奖软件。包括三个界面：封面、参数输入界面和抽奖结果界面。其功能有输入名单到抽奖池中，可以多次输入，每输入一次单击一次"添加"按钮，当所有的名单都输入后就可以单击"开始抽奖"按钮，进入到抽奖结果界面。在抽奖结果的界面中，输入框后不断滚动显示抽奖池中的名单，当单击"停止"按钮后，就抽出一名获奖者。

● 实例分析：输入抽奖池中的名单使用输入文本框，声明一个数组用来存放所有名单，由于不知道数组的长度是多少，故在声明时创建空数组，并使用数组的 push() 方法将新输入的名单添加到数组的后面。使用进入帧事件函数可以实现不断滚动显示抽奖池中名单的效果。

● 设计思路：先设计制作三个界面：封面、参数输入界面、抽奖界面，并将三个界面分别放置在第一帧、第二帧、第三帧，给按钮和输入框设置实例名称。具体制作步骤如下。

（1）新建一 Flash 文档，命名为"抽奖.fla"。

（2）新建一按钮，按钮上显示"简单抽奖程序"，并给按钮以实例名称"start_btn"，新建一代码层，在代码层的第一帧上添加以下代码。

```
1  stop();
2  start_btn. addEventListener (MouseEvent. CLICK ,startFun )
3  function startFun(e:MouseEvent ) {
4      gotoAndStop(2);
5  };
```

代码说明：

先将播放头停止在该帧，然后定义一个按钮单击事件的函数，该函数的功能是跳转到第二帧。

（3）新建一按钮，按钮上显示"开始抽奖"，将该按钮拖到舞台上的第二帧上，并给按钮以实例名称"sin_btn"；再新建一按钮，命名为"添加"，并将该按钮拖到舞台的第二帧，给定其实例名称为"add_btn"。并在界面上添加一静态文本框和一输入文本框，输入文本框的实例名称为"content _ txt"。效果如图 8-19 所示。

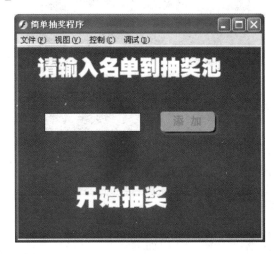

图 8-19　抽奖输入名单

（4）在代码层的第二帧添加代码。具体代码如下：

```
1   var base_array:Array = new Array();
2   add_btn. addEventListener(MouseEvent. CLICK,addFun)
3   function addFun(e:MouseEvent ) :void{
4       base_array. push(content_txt. text);
5       trace(base_array. toString());
6       content_txt. text = "";
7       stage. focus = content_txt
8   };
9   sin_btn. addEventListener(MouseEvent. CLICK,sinFun)
10  function sinFun(e:MouseEvent ) {
11      gotoAndStop(3);
12  };
13  stop();
```

代码说明：

第 1 行代码的作用是创建一空的数组。

第 2 行到第 5 行代码的作用是定义"添加"按钮的鼠标释放事件函数，其中代码 base _ array. push（content _ txt. text）是将实例名称为"content _ txt"的输入框的内容添加到数组"base _ array"后面。代码 content _ txt. text ＝"" 是将输入框中清空，以便下一次输入；

第 7 行代码的作用是设置焦点为输入文本框；

第 9 行至 12 行代码的作用是添加"开始抽奖"按钮的侦听，并定义按钮的鼠标释放事件函数，其功能是单击按钮后就跳转并停止在第三帧。

（5）在舞台上的第三帧放置一停止按钮和一动态文本框。停止按钮的实例名称给定为"stop _ btn"，动态文本框的实例名称为"out _ txt"。具体效果如图 8-20 所示。

图 8-20 抽奖结果

（6）在代码层的第三帧添加代码。代码如下：

```
1    var i = 0;
2    this. addEventListener(Event. ENTER_FRAME ,entFun)
3    function entFun(e:Event) :void{
4        out_txt. text = ""+ base_array[i];
5        i+ + ;
6        if (i> base_array. length- 1) {
7                i = 0;
8        }
9    };
10   stop_btn. addEventListener (MouseEvent. CLICK ,stopFun)
11   function stopFun(e:MouseEvent ):void{
12     this. removeEventListener(Event. ENTER_FRAME ,entFun)
13   }
14   stop();
```

代码说明：

第 1 行代码的作用是定义一变量，用来访问数组的下标。

第 2 到第 8 行代码的作用是添加一个侦听，侦听进入帧事件并定义其响应函数。该函数的功能是在每一帧都让文本框显示数组中的一个元素，以实现滚动效果。if 语句的功能是让显示的内容能循环。

第 10 行到第 12 行代码的作用是添加停止按钮侦听，侦听鼠标单击事件并定义其响应函数，其功能是删除进入帧侦听，即文本框中内容不再滚动，表示抽出结果。

按 Ctrl＋Enter 组合键测试效果。

功能扩展：

■ 设置抽出多名获奖人。

■ 设计一次抽出多名获奖人名单。

■ 最后能显示所有获奖人名单列表。

常用英语单词含义如表 8-2 所示。

表 8-2　常用英文单词含义

英　　文	中　　文
array	数组
join	连接
push	推，压
reverse	翻转
sort	排序
splice	并接
shift	改变，转移

课后练习：

在本章案例的基础上实现以下功能。

（1）设置抽出多名获奖人。

（2）设计一次抽出多名获奖人名单。

（3）能显示所有获奖人名单列表。

第9章 过渡效果和行为

复习要点:

➢ 设置动态文本、输入文本的实例名并引用实例名

➢ 设置动态文本及其属性的方法,给动态文本定义变量

➢ 设置输入文本及其属性的方法,给输入文本定义变量

➢ 区分静态文本、动态文本和输入文本的差异

本章要掌握的知识点:

◇ 遮帘过渡效果的使用方法

◇ 淡化过渡效果的使用方法

◇ 飞行过渡效果的使用方法

◇ 光圈过渡效果的使用方法

◇ 照片过渡效果的使用方法

◇ 像素溶解过渡效果的使用方法

◇ 旋转过渡效果的使用方法

◇ 挤压过渡效果的使用方法

◇ 划入/划出过渡效果的使用方法

◇ 缩放过渡效果的使用方法

◇ 自定义过渡效果的方法

能实现的功能:

◆ 能实现遮帘、淡化、飞行、光圈、像素溶解、旋转、挤压、划入/划出、缩放
等过渡效果

◆ 能实现自定义过渡效果

9.1 过渡效果分类

人们都很熟悉 PowerPoint 中幻灯片的过渡效果，有了这些过渡效果，幻灯片的播放才有了动态效果，更加生动。其实使用 Flash 也可以设计制作幻灯片，其过渡效果当然就更加丰富多彩。表 9-1 是 Flash 已有的过渡效果列表，这些都可以直接使用。使用的方法有两种：一种是通过行为窗口添加过渡效果；另一种是添加过渡效果的代码来实现。

表 9-1 Flash 中已有的过渡效果

过渡	说明及主要参数
遮帘过渡 ActionScript 类名称 fl. transitions. Blinds	使用逐渐消失或逐渐出现的矩形来显示影片剪辑对象。 主要参数：方向、时间、缓动、"遮帘"效果中的遮罩条纹数（建议的范围是 1～50）、遮帘条纹是垂直的（0）还是水平的（1）
淡化过渡 ActionScript 类名称 fl. transitions. Fade	淡入或淡出影片剪辑对象。 主要参数：方向、时间、缓动
飞行过渡 ActionScript 类名称 fl. transitions. Fly	从某一指定方向滑入影片剪辑对象。 主要参数：方向、时间、缓动、起始位置的整数（范围是 1 到 9；左上，1；上中，2；右上，3；左中，4；中心，5；右中，6；左下，7；下中，8；右下，9）
光圈过渡 ActionScript 类名称 fl. transitions. Iris	使用可以缩放的方形或圆形动画遮罩来显示或隐藏影片剪辑对象。 主要参数：方向、时间、缓动、开始点、形状、起始位置的整数（范围是 1 到 9：左上，1；上中，2；右上，3；左中，4；中心，5；右中，6；左下，7；下中，8；右下，9）
照片过渡 ActionScript 类名称 fl. transitions. Photo	使影片剪辑对象像放映照片一样出现或消失。 主要参数：方向、时间、缓动
像素溶解过渡 ActionScript 类名称 fl. transitions. PixelDissolve	使用随机出现或消失的棋盘图案矩形来显示或隐藏影片剪辑对象。 主要参数：方向、时间、缓动、水平轴的遮罩矩形部分的数目（建议的范围是 1 到 50）、垂直轴的遮罩矩形部分的数目（建议的范围是 1 到 50）
旋转过渡 ActionScript 类名称 fl. transitions. Rotate	旋转影片剪辑对象。 主要参数：方向、时间、缓动、旋转方向、旋转度数

续表

过渡	说明及主要参数
挤压过渡 ActionScript 类名称 fl. transitions. Squeeze	水平或垂直缩放影片剪辑对象。 主要参数：方向、时间、缓动、挤压方向
划入/划出过渡 ActionScript 类名称 fl. transitions. Wipe	使用水平移动的动画遮罩形状来显示或隐藏影片剪辑对象。 主要参数：方向、时间、缓动、开始位置（范围是 1 到 4 和 6 到 9：左上，1；上中，2；右上，3；左中，4；右中，6；左下，7；下中，8；右下，9）
缩放过渡 ActionScript 类名称 fl. transitions. Zoom	通过按比例缩放来放大或缩小影片剪辑对象。 主要参数：方向、时间、缓动

9.2　幻灯片的制作

打开 Flash 软件，选择"文件"→"新建"→"Flash 文档"，启动如图 9-1 的对话框。

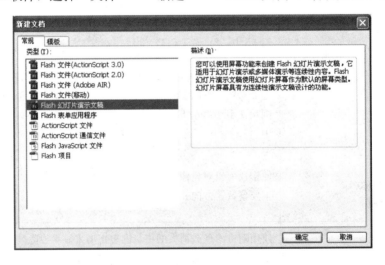

图 9-1　新建文档

选中常规标签中的"Flash 幻灯片的演示文档"选项，单击"确定"按钮就可以进入幻灯片制作窗口。通过单击"＋"可以增加屏幕，单击"－"可以删除相应的屏幕。

按 Shift＋F3 组合键打开行为窗口，如图 9-2 所示。

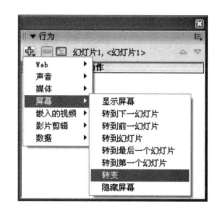

图 9-2 行为窗口 　　　　　　　　图 9-3 屏幕菜单

选中一个屏幕，单击"行为"窗口中的"＋"按钮，选择屏幕，再选中"转变"子命令，如图 9-3 所示，就打开了"转变"对话框。如图 9-4 所示。在这个对话框中，可以选择不同的转变效果，然后在右边的窗口中设置相关的参数。如光圈转变有方向参数、持续时间参数、放松参数、启动位置参数、形状参数等可供设置。

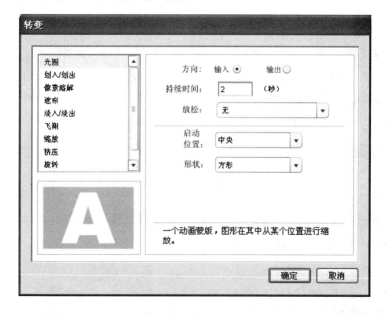

图 9-4 "转变"对话框

选中一个转变效果并设置好相关的参数后，单击"确定"按钮，就在屏幕上添加了相应的行为。即在代码窗口中添加了一段已经写好了的代码片段，可以打开代码窗口查看。

添加行为后的"行为"对话框如图 9-5 所示。可以单击"事件"栏修改触发行为的事件，也可以单击"动作"栏修改执行的动作，这里选择"转变效果"。

其他的行为添加方法类似，这里就不详细讲解。

需要注意的是：如果是针对屏幕添加行为，一定要先选中相关的屏幕，再添加行为。本节示例参见源代码"幻灯片—AS 互动设计 . fla"。

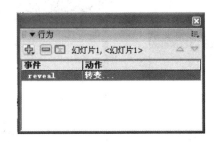

图 9-5　"行为"对话框

9.3　用代码添加过渡效果

针对影片剪辑，不能用行为窗口来添加相关的过渡效果。但实际上，过渡效果不仅仅可以用在幻灯片的屏幕上，还可以用到任何一个影片剪辑上。只不过是用手工添加代码的方式实现的。

下面就影片剪辑上如何使用遮帘过渡为例进行讲解，其他过渡效果的使用方法类似。

1. 遮帘过渡说明

遮帘过渡效果：使用逐渐消失或逐渐出现的矩形来显示或隐藏影片剪辑对象。

在 ActionScript 类中名称为 fl. transitions. Blinds。

2. 主要参数

numStrips，"遮帘"效果中的遮罩条纹数。建议的范围是 1~50。

dimension，一个整数，指示遮帘条纹是垂直的（0）还是水平的（1）。

3. 实例制作

新建一文档或打开已有的一个文档，将要实现过渡效果的目标影片剪辑的实例命名为 eff _ mc，并在代码层中添加以下代码。

```
1   import fl. transitions. * ;
2   import fl. transitions. easing. * ;
3   varmyTransitionManager :TransitionManager= new TransitionManager (eff_mc);
4    myTransitionManager. startTransition ({type: Blinds, direction: Transi-
        tion. IN, duration:2, 5 easing:None. easeNone, numStrips:10, di-
        mension:0});
```

4. 代码说明

以上代码是创建一个 TransitionManager 实例，该实例应用参数 numStrips 为 10、参数 dimension 整数指定为垂直（0）的"遮帘"过渡。过渡的内容目标为影片剪辑 eff _ mc。该 TransitionManager 实例将应用的效果：方向为 fl. transitions. Transition. IN，持续时间为 2 秒，并且没有缓动效果。

按 Ctrl＋Enter 组合键测试，当影片剪辑 eff＿mc 出现在舞台上时，会有一个遮帘效果（参见源代码"过渡效果.fla"）。

使用时将上述三行代码写到代码层上，并修改代码中的 eff＿mc 为自己的影片剪辑实例命名，修改相关的过渡参数。也可以从帮助文档中找到过渡效果的代码，先复制到代码窗口中，然后再修改相关参数。

其他过渡效果的使用方法与此类似。熟练使用这些过渡效果的代码，能使你方便、快捷地添加各种效果，甚至使几种效果的混合使用也变得简单。

5. 功能扩展

■ 设计制作带有立体感的过渡效果，如苹果系统下的 ppt 效果。

■ 在同一个影片剪辑上添加多种效果（参见源代码"过渡效果 1.fla"）。

■ 影片剪辑定时产生过渡效果。

9.4 实例制作——作品展示

作品展示效果图如图 9-6 所示。

图 9-6 作品展示

● 实例名称：作品展示。

● 实例描述：本实例用来展示静态或动态作品，可以通过按钮来实现上一幅和下一幅作品的展示，作品之间的转换有一个过渡效果，并且该过渡效果是随机的；有背景音乐，可以实现关闭和开启背景音乐。

● 实例分析：利用手工添加过渡效果代码的方式实现过渡效果；通过随机函数生成随机数，利用不同的随机数调用不同的过渡效果代码实现随机的过渡效果。

● 设计思路：先建立以下几个元件：作品展示框架的影片剪辑；按钮两个，分别用来播放上一幅和下一幅；背景音乐关闭、开启按钮；要展示的作品影片剪辑（每一幅作品大小一致并都单独制作成影片剪辑）。

设计制作步骤：

（1）新建一文档，在文档中新建展示框架影片剪辑（只有边框部分），按钮两个，一个背景音乐关闭、开启按钮。

（2）新建一影片剪辑，命名为作品，将要展示的作品放在该影片剪辑的不同帧上，并在作品影片剪辑的每一帧上都加上停止代码，如图 9-7 所示。

（3）将框架影片剪辑、按钮、背景音乐关闭开启按钮及作品影片剪辑拖到舞台中放在第一帧不同的层中（按钮的实例名称分别为"b1 _ btn"和"b2 _ btn"），作品影片剪辑的实例命名为"pic _ mc"，调整它们之间的位置，并添加两个动态文本框，分别给定它们的实例名为"nu"和"tnu"，用来显示当前是第几幅作品和总的作品数。

图 9-7　作品影片剪辑

（4）添加一层作为代码层，并在代码层上添加以下代码。

```
1   import fl.transitions.*;
2   import fl.transitions.easing.*;
3   var i= 0;
4   tnu.text= pic_mc.totalFrames;
5   var myTransitionManager :TransitionManager= new TransitionManager(pic_mc);
6       myTransitionManager.startTransition ({type: Fly, direction: Transi-
            tion. IN, duration: 3, easing: Elastic.easeOut, startPoint:
            9});
```

代码说明：

这段代码是为了让影片一开始就有飞行过渡效果。前两行代码的作用是导入过渡效果包路径。第 3 行代码的作用是获取作品影片剪辑的总帧数并赋值给动态文本框的实例名为 tnu 的变量。

（5）在代码层已有的代码最后添加以下代码。

```
7   b2_btn. addEventListener (MouseEvent. CLICK,b2Fun);
8   function b2Fun (e:MouseEvent) :void {
9       nu. text= pic_mc. currentFrame- 1;
10      var myTransitionManager :TransitionManager= new TransitionManager (pic_mc);
11      myTransitionManager. startTransition ({type:Fly, direction:Transi-
            tion. IN, duration:3, easing:Elastic. easeOut, startPoint:
            9});
12      pic_mc. prevFrame ();
13      if (pic_mc. currentFrame= = 1) {
14          b2_btn. visible= false;
15      }
16       b1_btn. visible= true;
17  }
18
19  b1_btn. addEventListener (MouseEvent. CLICK,b1Fun);
20  function b1Fun (e:MouseEvent) :void {
21      nu. text= pic_mc. currentFrame+ 1;
22      var myTransitionManager :TransitionManager= new TransitionManager (pic_mc);
23      myTransitionManager. startTransition ({type:Fly, direction:Transi-
            tion. IN, duration:3, easing:Elastic. easeOut, startPoint:9});
24      pic_mc. nextFrame ();
25      if (pic_mc. currentFrame= = pic_mc. totalFrames) {
26              b1_btn. visible= false;
27      }
28      b2_btn. visible= true;
29  }
```

代码说明：

这两段代码是添加两个按钮侦听及侦听单击按钮事件的响应函数。其功能是获取当前作品数；使影片剪辑有飞行过渡动画效果；跳到下一帧，并根据情况使"b1_btn"和"b1_btn"显示或隐藏。

关闭和开启背景音乐的按钮代码参见第 7 章 7.3 节"静音按钮的制作"，这里就不再写出代码了。

注意

这里针对影片剪辑的过渡效果的设置方法：先导入 TransitionManager 类，然后创建一个新的 TransitionManager 实例，接下来，使用 TransitionManager. startTransition() 方法，在其 type 参数中指定一个过渡效果。

按 Ctrl＋Enter 组合键，单击向前或向后按钮测试效果。

添加自动播放功能：

自动播放功能是利用定时器函数来自动跳转，代码如下。将这段代码添加到代码层中已有代码的后面即可。

```
30  function tw(obj) :void {
31      obj.x= 250
32      obj.y= 27.5
33      var myTransitionManager:TransitionManager= new TransitionManager(obj);
34              myTransitionManager.startTransition      ({   type:
                fl.transitions.Fly,                 direction:
                fl.transitions.Transition.IN, duration: 1, ea-
                sing:
                fl.transitions.easing.None.easeNone, numStrips:
                10,dimension:
                0});
35      if (obj.currentFrame= = obj.totalFrames) {
36      obj.gotoAndStop(1);
37      } else {
38      obj.nextFrame();
39      }
40      nu.text= obj.currentFrame;
41  }
42
43  var sj= 0;
44  sj= setInterval(tw,5000,pic_mc);
```

代码说明：

这段代码定义了一个函数，该函数的功能是实现过渡效果，并使影片跳到下一帧，如果是最后一帧，就跳转到第一帧。后面两行代码是设定一个间隔为 5 秒的定时器。

按 Ctrl＋Enter 组合键，测试影片的效果。应该可以看到影片自动播放，当跳到最后一帧时，又从第一帧开始播放。

注意

定时器 setInterval 中的三个参数的含义：第一个参数是定时调用的函数，第二个参数是间隔的时间，第三个参数是用来传递给定时调用函数的参数，即将这个参数作为函数的传递参数。

功能扩展：

■ 使不同的作品有不同的过渡效果。

■ 使作品的过渡效果能随机产生。

■ 设计制作能根据作品的大小自动调节的展示框架。

■ 使要展示的作品为外部的 jpg 图片，并可以随时增加或减少（该功能要用到第 9 章的内容，可暂时不考虑）。

常用英语单词含义如表 9-2 所示。

表 9-2 常用英语单词含义

英 文	中 文
blinds	遮帘
fade	淡化
fly	飞行
iris	光圈
photo	照片
pixel dissolve	像素溶解
rotate	旋转
squeeze	挤压
wipe	划入/划出
zoom	放大、缩小

课后练习：

1. 利用遮罩技术，自己设计一个过渡效果。

2. 用 Flash 设计制作一幻灯片，尝试用不同的过渡效果来实现不同幻灯片的转换，主题内容自选。

第 10 章　加载外部素材

复习要点：

➢ 过渡效果种类

➢ 常用过渡效果的使用方法

➢ 自定义过渡效果的方法

➢ 幻灯片的制作

本章要掌握的知识点：

◇ Loader 类常用函数的使用方法

◇ LoaderInfo 类常用属性

◇ 加载外部图片的方法

◇ 加载外部 swf 的方法

◇ 卸载外部图片和 swf 的方法

◇ 显示加载进度的方法

能实现的功能：

◆ 能加载外部图片素材

◆ 能加载外部 swf 素材

◆ 能显示加载进度

◆ 能改变加载图片的大小

10.1　Loader 类

在 Flash 中，经常要用到一些图片素材，比如做个图片浏览器，就需要将一些图像素材文件导入到库中，那会使文件变得很大，不利于在网络中传输。更麻烦的是，如果要更换图片素材，又得重新导入，失去了程序的灵活性。ActionScript 3.0 允许加载诸如 GIF、JPEG、PNG 这样的素材到程序中。如果需要更换图片，不需要修改程序，只需在素材库中更换图片即可，极大地增加了灵活性。

ActionScript 3.0 允许加载 swf 文件。在 Flash 项目中，一般都会用一个 swf 作为主框架，然后把各个独立的功能制作成单独的 swf，在需要的时候加载进入主框架。由于每个 swf 模块由各自的 FLA 文档编译，这就使得多个开发者可以并行开发，缩短开发周期。

本章展示了如何使用 Loader 类加载外部素材到程序中。同时，还将学习到如何使用 Loader 类分发的事件侦听这些活动。最后，将讲解如何与外部载入的 swf 文件进行交互，调用它们的方法及设置它们的属性。如表 10-1 所示。

表 10-1　Loader 类常用属性和方法

函　　数	说　　明
Loader()	构造函数，用于构造 Loader 对象
load（素材位置：URLRequest）	用于加载 swf 文件或图像（JPG、PNG 或 GIF）文件
unload()	卸载 load() 方法加载的对象
close()	取消 load 方法目前正在进行的加载动作
contentLoaderInfo	传回在调用 load 方法时自动生成的 LoaderInfo 对象

Loader 类加载外部图片或 swf 文件的步骤如下：

（1）先实例化一个 Loader 对象

var Loader 对象:Loader = new Loader();

（2）定义外部文档的位置地址

var URLRequest 对象:URLRequest = new URLRequest(外部文件地址);

（3）利用 load() 方法进行加载

Loader 对象.load(URLRequest 对象);

（4）利用 addChild() 方法将加载内容显示出来

显示物体对象.addChild(Loader 对象)。

要动态加载外部图片或 swf 文件，可以使用 Loader 对象的 load() 函数。如果要移除 load() 函数动态加载的外部图片或 swf 文件，则可以使用 Loader 对象的 unLoad() 函数。

使用 Loader 对象的 load() 函数所加载的图片或 swf 文件，不会直接显示于动画之中，必须再使用 addChild（）函数将 Loader 对象加入指定的帧，称为其子对象，这样所加载的图片或 swf 才能显示出来。

10.1.1 实例 图片加载

● 实例描述：屏幕上有两个按钮，一个是加载按钮，另一个是卸载按钮，刚开始设置只有加载按钮可用，卸载按钮不可用。当单击加载按钮时，将会把一张图片加载至舞台。如图 10-1 所示。

图 10-1 加载和卸载外部图片

● 设计思路：利用 Loader 类的 load（）方法加载外部图片，加载成功后，加载按钮变得不可用，但卸载按钮可用。单击卸载按钮，利用 Loader 类的 unload（）方法就会把刚刚加载的图片卸载。同时，卸载按钮变得不可用，但加载按钮重新可用。

● 设计制作步骤：

（1）新建 Flash 源文件并保存。

（2）准备一张图片与 Flash 源文件同目录。

（3）制作两个按钮，一个是加载按钮，另一个是卸载按钮，将它们分别置于舞台的左下方和右下方。

（4）新建 as 图层，用于放置代码。代码如下：

```
1  stop();
2  var ldr:Loader= new Loader();
3
4  load_btn.enabled= true;
5  unload_btn.enabled= false;
```

```
 6
 7   load_btn.addEventListener(MouseEvent.CLICK,loadHandle);
 8
 9   function loadHandle(e:MouseEvent):void {
10
11       var req1:URLRequest= new URLRequest("baby.jpg");
12       ldr.load(req1);
13       this.addChild(ldr);
14       unload_btn.enabled= true;
15       load_btn.enabled= false;
16
17   }
18
19   unload_btn.addEventListener(MouseEvent.CLICK,unloadHandle);
20
21   function unloadHandle(e:MouseEvent):void {
22       ldr.unload();
23       load_btn.enabled= true;
24       unload_btn.enabled= false;
25   }
```

代码说明：

第 2 行代码的作用是实例化一个 Loader 对象，准备用来加载外部图片。

第 3～4 行代码的作用是设置加载按钮和卸载按钮的初始状态，前者可用，而后者不可用，目的是防止用户在未加载的情况下单击卸载导致程序出错。

第 7 行代码的作用是加载按钮注册鼠标单击事件侦听器，指定 loadHandle() 函数负责响应并处理鼠标单击事件。

第 9～17 行代码的作用是响应并处理加载按钮鼠标单击事件，主要功能是负责通过 Loader 加载器将利用 URLRequest 封装好地址的外部图片加载进来，并将加载器添加到舞台。加载后，设置加载按钮和卸载的状态，此时为防止重复加载，应设加载按钮不可用，对应的卸载按钮可用。

第 19 行代码的作用是为卸载按钮注册鼠标单击事件侦听器，指定 unloadHandle() 函数负责响应并处理鼠标单击事件。

第 21～25 行段代码的作用是响应并处理卸载按钮鼠标单击事件，主要功能是负责通过 Loader 加载器的 unload() 函数将加载进来的图片卸载。卸载后，设置加载和卸载按钮的装填，此时为防止重复卸载，应设卸载按钮不可用，对应的加载按钮可用。

（5）按 Ctrl＋Enter 组合键测试效果。

10.1.2　实例　球类介绍

● 实例描述：本实例设计四个按钮，当鼠标单击四个按钮时，动作影片中将显示对应角色的一段球类动画。效果如图 10-2 所示。

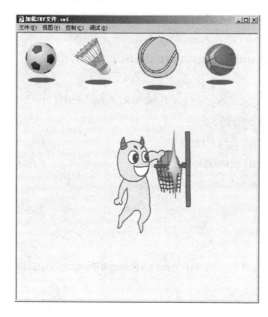

图 10-2　加载外部 SWF 效果图

● 设计思路：分别为四个按钮注册鼠标单击事件侦听器，并在事件处理函数中判断事件目标对象，并利用 Loader 类的 loader() 方法加载对应的 swf 文件。

● 设计制作步骤：

（1）新建 Flash 源文件，并在舞台上分别放置四个按钮作。

（2）将四个按钮分别命名为 "football _ btn"、"badminton _ btn"、"tennis _ btn"、"basketball _ btn"。

（3）新建 as 图层，按 F9 键打开动作面板，输入以下代码：

```
1    var swf_mc:MovieClip = new MovieClip();
2    this.addChild(swf_mc);
3    swf_mc.x = 0;
4    swf_mc.y = 100;
5
6    var ldr:Loader = new Loader();
7    swf_mc.addChild(ldr);
8
9    football_btn.addEventListener(MouseEvent.CLICK,loadSWF);
10   badminton_btn.addEventListener(MouseEvent.CLICK,loadSWF);
11   tennis_btn.addEventListener(MouseEvent.CLICK,loadSWF);
12   basketball_btn.addEventListener(MouseEvent.CLICK,loadSWF);
13
14   function loadSWF(e:MouseEvent):void {
15       switch (e.target.name) {
```

```
16            case "football_btn" :
17              ldr. load (new URLRequest ("football. swf"));
18              break;
19            case "badminton_btn" :
20                ldr. load (new URLRequest ("badminton. swf"));
21                break;
22            case "tennis_btn" :
23                ldr. load (new URLRequest ("tennis. swf"));
24                break;
25            case "basketball_btn" :
26                ldr. load (new URLRequest ("basketball. swf"));
27                break;
28          }
29      ldr. contentLoaderInfo. addEventListener (Event. COMPLETE, completeHandle);.
30      }
```

代码说明：

第 1~4 行代码的作用是先新建一个空白影片剪辑 swf_mc 用来显示加载进来的 swf 文件内容。

第 6 行代码的作用是实例化一个加载器 Loader，准备用来加载外部 swf 文件。

第 7 行代码的作用是将加载器加入 swf_mc 中，准备用来显示加载的 swf 文件内容。

第 9~12 行代码的作用是分别为每个角色按钮注册鼠标单击事件侦听器，目的是当任意一个角色按钮被单击后，能够响应并加载对应的角色动画。

第 14~28 行代码的作用是通过提取按钮名字来判断哪个角色按钮被按下，然后加载对应的 SWF 文件进来，并将加载器添加至空白影片剪辑 swf_mc，用来显示加载的动画。

第 29 行代码注册加载完毕事件侦听器，以便加载完毕后设置加载动画的宽度和高度。

（4）继续添加代码，实现 swf 文件加载完毕事件处理。

```
32      function completeHandle (e:Event) :void{
33          var loaded_mc:MovieClip = e. target. content as MovieClip;
34          loaded_mc. width = 400;
35          loaded_mc. height = 400;
36      }
```

代码说明：

第 33~35 行代码的作用是在加载完成后，设置 swf 动画素材的宽和高。通过 e. target 获得 LoaderInfo 对象实例，而 LoaderInfo 对象拥有一个 content 属性，一旦加载完成，加载进来的 swf 将以 MovieClip 类型的形式存储在 content 属性中。有关 LoaderInfo 类的详细信息将在第 10.2 节中介绍。

（5）按 Ctrl＋Enter 组合键测试影片，尝试单击不同的按钮，看能否将对应的动画加载进来。

10.2　显示加载进度

因为网络的下载速度及素材大小的原因，在网络上下载素材常常伴随着等候的时间长短不一，更有甚者，由于网络中断或者素材地址错误而导致下载失败。此时，若是有一个下载动画或者进度条提示，以解除使用者等候的疑虑或者盲目等待，那就显得比较人性化了。那么这些信息如何取得呢？这就需要依靠 LoaderInfo 类来获取有关下载的信息了。简单地讲，Loader 类只负责加载外部的素材，而 LoaderInfo 类则负责提供加载进度等相关的信息。

LoaderInfo 对象是 Loader 对象的 contentLoaderInfo 属性传递给事件侦听器的一个关于加载的对象信息包。使用事件对象传递的 LoaderInfo 类的属性提供了用于处理在外部素材加载程序的所有信息。表 10-2 列出了 LoaderInfo 类常用的属性和事件类型。

表 10-2　LoaderInfo 类的属性和事件类型

函　　数	说　　明
EVENT. COMPLETE	加载外部素材完毕时系统自动触发
ProgressEvent. PROGRESS	加载过程中系统自动不断触发
EVENT. INIT	已加载的 swf 文件的属性和方法可以访问时系统自动触发
IOErrorEvent. IO _ ERROR	加载过程中出错时系统自动触发
EVENT. UNLOAD	调用 unload() 方法卸载加载内容时系统自动触发
bytesLoaded	素材已加载的字节数
bytesTotal	素材总的字节数
content	素材加载完毕后呈现的内容
heigth	已加载素材的高度
width	已加载素材的宽度

可以配合事件侦听与 Loader 事件的触发，了解下载情形，并采取动画方式来呈现。

在使用 Loader 来加载数据时，添加侦听事件时，注意一定要给 Loader 的 contentLoaderInfo 属性增加事件，而不是给 Loader 对象增加事件。

使用 flash. events. ProgressEvent 类的事件类型 PROGRESS，可以侦听诸如一张图片或者 swf 这样素材的加载进度。从一个 Loader 对象的 contentLoaderInfo 属性中分发 progressEvent 事件。下载素材过程中接收到数据时，会分发 PROGRESS 事件。要监视 Loader 对象的进度，传递给事件侦听器的 ProgressEvent 对象的属性 bytesLoaded 和 bytesTotal 将用来计算已经下载了多少。

为什么要跟踪一个 Loader 对象的下载进度呢？因为这是程序中的功能性要求。也许你会想要在用户等待的时候显示已下载的进度，或者想要在下载完一定量的数据之后执行一些动作。

而 PROGRESS 事件最常用的就是向用户显示加载进度。要在加载过程中显示已下载的百分比，需要进行一些简单的计算。将已下载的字节数除以素材总的字节数，其结果就是已加载的百分比：

已加载字节数（bytesLoaded）/总字节数（bytesTotal）＝已下载的百分比

【实例 10-1】　创建一个苹果创意的预载动画。

● 实例描述：预载告诉用户程序正在运行但是没加载完之前不能显示任何内容，这里模仿一个苹果创意的 Preloader，显示加载的信息。实例运行效果如图 10-3 所示。

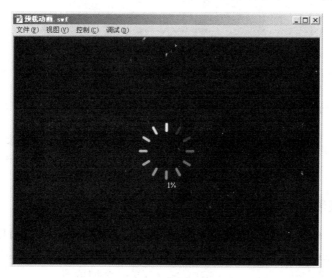

图 10-3　预载动画

● 设计思路：首先制作一个苹果创意的预载动画，然后利用 Loader 类加载外部的一张图片，在加载过程中，显示预载动画及其进度。

● 设计制作步骤：

（1）新建 Flash 文件，按 Ctrl＋F8 组合键，新建一影片剪辑元件，并命名为"预载动画"，制作一段仿苹果创意的预载动画，如图 10-4 所示。

图 10-4　修改透明度

119

（2）将"预载动画"元件导出，创建 Preloader 类，如图 10-5 所示。

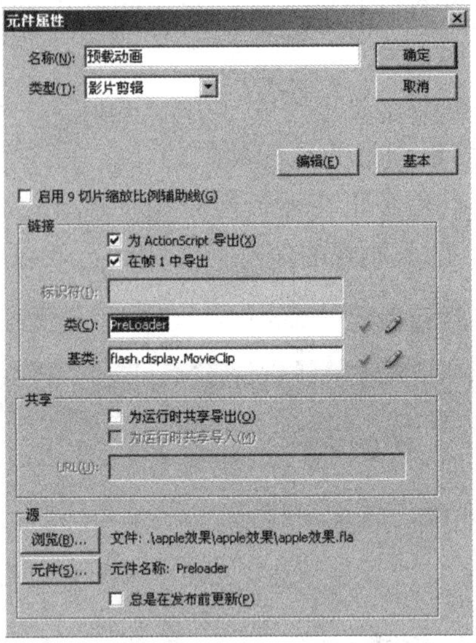

图 10-5　导出 PreLoader 类

（3）新建 as 代码层，按 F9 键打开动作面板，添加如下代码：

```
1  var dataTextField:TextField ;//定义一个用来储存加载信息的文本域变量
2  var preloader:MovieClip; //定义一个动画用来显示
3  var ldr:Loader = new Loader();//定义一个加载器
4  var url:URLRequest= new URLRequest("photo/baby.jpg");
5  ldr.load(url);
```

代码说明：

第 1 行代码的作用是定义一个文本框，用来显示加载进度信息。

第 2 行代码的作用是定义一个影片剪辑，作为预载动画。

第 3～5 行代码的作用是实例化一个加载器并加载指定地址的照片。

（4）添加代码，用来注册三个侦听加载器：开始加载、加载过程、加载结束等事件侦听器。

```
6  ldr.contentLoaderInfo.addEventListener(Event.OPEN,openHandle);
7  ldr.contentLoaderInfo.addEventListener(ProgressEvent.PROGRESS, progressHandle);
8  ldr.contentLoaderInfo.addEventListener(Event.COMPLETE, completeHandle);
```

代码说明：

第 6 行代码的作用是为加载器注册加载开始事件侦听器。

第 7 行代码的作用是为加载器注册加载结束事件侦听器。

第 8 行代码的作用是为加载器注册加载过程的事件侦听器，用来监视加载进度。

（5）继续添加代码，实现加载器加载开始事件处理。当开始加载，让加载信息的文本框及预载动画在舞台上开始显示。

```
9  function openHandle(e:Event):void{
```

```
10      preloader = new PreLoader();
11      this.addChild(preloader);
12      preloader.x = stage.stageWidth/2;
13      preloader.y = stage.stageHeight/2;
14      preloader.width = 100;
15      preloader.height = 100;
16      preloader.play();
17
18      dataTextField = new TextField();
19      this.addChild(dataTextField);
20
21      dataTextField.x = stage.stageWidth/2;
22      dataTextField.y = preloader.y+ 50;
23      dataTextField.textColor = 0xFFFFFF;
24   }
```

代码说明：

第 10~16 行代码的作用是当加载开始后，将预载动画加入舞台，设置其位置，并开始播放预载动画。

第 18~23 行代码的作用是当加载开始后，将显示加载进度的文本框在舞台上显示，根据实际情况，设置它在舞台上的位置及文字显示颜色。

（6）继续添加代码的作用是显示加载进度。

```
25   //加载过程,取得加载信息
26   function progressHandle(e:ProgressEvent):void {
27      var loadedBytes:int= Math.round(e.target.bytesLoaded);//取得已加载字节数
28      var totalBytes:int= Math.round(e.target.bytesTotal);// 取得总的字节数
29      //算出加载的百分比
30      var percent:int= Math.ceil((e.target.bytesLoaded/e.target.
           bytesTotal )* 100);
31      //把加载信息赋值给上面定义的文本域
32      dataTextField.text= percent+ "% ";
33   }
```

代码说明：

第 27~28 行代码的作用是获取加载过程中，目前已加载的字节数及外部素材总的字节数。使用 flash.event.ProgressEvent 类的事件类型 PROGRESS，可以侦听加载进度。从一个 Loader 对象的 contentLoaderInfo 触发 ProgressEvent 事件。加载过程中接收到数据时，就会不断触发 PROGRESS 事件。要监视 Loader 对象的进度，传递给事件侦听器的 ProgressEvent 对象的属性 bytesLoaded 和 bytesTotal 将用来计算已经下载了多少。

第 30~32 行代码的作用是显示加载进度的百分比。要在加载过程中显示已下载的百分比，需要进行一些简单的计算。将已加载的字节数除以素材总字节数，其结果就是百分比。将结果显示在 dataTextField 文本框里。

（7）继续添加代码，加载完成之后清除显示进度的文本框和预载动画。

```
34   function completeHandle(e:Event):void {
35       ldr.contentLoaderInfo.removeEventListener(
36               ProgressEvent.PROGRESS, progressHandle);
37       ldr.contentLoaderInfo.removeEventListener(Event.COMPLETE,
         completeHandle);
38
39       this.removeChild(dataTextField);
40       this.removeChild(preloader);
41
42       var bt:Bitmap = e.target.content as Bitmap;
43       bt.width = 480;
44       bt.height = 320;
45       this.addChild(ldr);
46   }
```

代码说明：

第 35～37 行代码的作用是在加载完成后，移除对加载进度的侦听。

第 39～40 行代码的作用是将显示加载进度百分比的文本字段和预载动画从舞台上删除。

第 42～45 行代码的作用是在加载完成后，设置图片素材的宽和高，并在舞台上显示。通过 e.target 获得 LoaderInfo 对象实例，而 LoaderInfo 对象拥有一个 content 属性，一旦加载完成，加载进来的图片将以 Bitmap 类型的形式存储在 content 属性中。

（8）按 Ctrl＋Enter 组合键测试效果。注意以模拟下载方式查看效果。

10.3　实例制作——照片浏览器

● 实例名称：照片浏览器。

● 实例描述：本实例是用来浏览照片，具有浏览上一张、浏览下一张、对当前浏览的照片进行放大、缩小、增加透明度、降低透明度等功能。除此之外，还设有幻灯片开关，如果打开幻灯片自动播放，则系统自动每隔 5 秒播放一张照片，无须手动控制，每张照片切换的时候伴随着随机的过渡效果出现。作品展示效果如图 10-6 所示。

● 实例分析：照片浏览器要按顺序浏览多张照片，为了减轻 Flash 文件的体积，利用 Loader 加载器进行外部加载；由于是按顺序浏览，也要求按顺序加载，因此需要将照片文件名字按照一定的序号命名，例如 "p1"，"p2" … "p5"。幻灯片浏览功能采用定时器来进行定时加载。

● 设计制作步骤：

（1）新建一 Flash 文档，并创建一个空影片剪辑，将该空影片剪辑拖到舞台上，且给定

图 10-6　照片浏览器

其实例名为 photo＿mc，用来显示从外部加载进来的照片。

（2）设计幻灯片开关按钮，这里通过一个影片剪辑代替按钮功能。该影片剪辑共有两帧，第一帧为开启幻灯片状态，第二帧为关闭幻灯片状态。如图 10-7 和图 10-8 所示。

图 10-7　幻灯片影片剪辑第一帧状态

图 10-8　幻灯片影片剪辑第二帧状态

（3）设计制作放大、缩小、下一张、上一张、透明度增大和减少按钮。

（4）将以上按钮和幻灯片开关放入工具栏图层，如图 10-9 所示。

（5）新建一层用来放置代码。首先需要将过渡效果相关类导入，代码如下：

```
1  import fl.transitions.*;
2  import fl.transitions.easing.*;
```

代码说明：

第 1～2 行代码的作用是将过渡相关类导入，因为程序中浏览的照片进行切换的时候，需

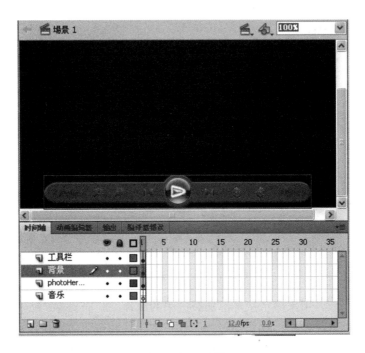

图 10-9　工具栏

要添加过渡效果相关代码，因此，需要将相关类事先导入。

（6）继续添加代码，实现初始化功能，即声明程序中要用到的变量及显示第 1 张照片。

```
3   //声明 imageLoader 为设定载入照片物件
4   var imageLoader:Loader = new Loader();
5   photo_mc.addChild(imageLoader);
6   //设定照片总数及当前照片编号
7   var totalNum:Number= 15;
8   var photoIndex:Number= 1;
9   loadImage(photoIndex);//默认状态下播放第一张照片
```

代码说明：

第 4～5 行代码的作用是实例化一个加载器对象并添加至显示照片的影片剪辑 photoHere_mc 中。

第 7～8 行代码的作用是定义了用于存储照片总数的变量和存储当前浏览照片的序号。由于要加载上一张或者下一张照片，所以必须声明一个 photoIndex 变量用来存储当前加载照片的序号，这样才能知道上一张或下一张照片的序号。同时，用 totalNum 存储照片个数，目的就是为了防止加载超过照片最大序号或加载序号小于 1 的情况出现。每次进行加载都需要判断目前要加载的照片序号是否越界。

第 9 行代码的作用是在程序运行伊始，默认加载序号为 1 的，即第一张照片。

（7）继续添加代码，自定义加载函数，加载指定序号对应的照片。

```
10  //设定播放相片的自定义函数
11  function loadImage(index:Number):void {
```

```
12        imageLoader.unload();//先移除原来的相片
13        //载入制定相片
14        imageLoader.load(new URLRequest("photos/p"+ index+ ".jpg"));
15    }
```

代码说明：

第 11～15 行代码的作用是自定义了 LoadImage() 函数，用来实现加载制定序号的图片。在加载图片之前，先调用 unload() 函数卸载之前加载的内容，接着再将指定序号对应的照片加载进来。

（8）继续添加代码，为加载进来的照片添加过渡效果。

```
16    imageLoader.contentLoaderInfo.addEventListener(Event.COMPLETE,onComplete);
17
18    function onComplete(e:Event):void {
19        var bt:Bitmap = e.target.content as Bitmap;
20        bt.width = stage.stageWidth;
21        bt.height = stage.stageHeight;
22        transitionEffect();
23    }
```

代码说明：

第 16 行代码的作用是为加载器注册加载完毕事件侦听。

第 19～21 行代码的作用是对加载图片显示尺寸进行统一设定。由于加载的照片有可能大小不一，因此加载完毕后在这里统一尺寸，设置为与舞台大小一致。当加载外部素材完成后，加载内容就会赋给加载器对象的 content 属性。而这里加载图片文件（jpg，gif，png等）后，访问 content 属性会得到数据类型是 Bitmap 对象，直接设定 Bitmap 对象的宽和高即可。

第 22 行代码的作用是当某张照片加载完毕后，调用 transitionEffect() 函数，将加载的照片以一种随机过渡效果显示出来。

（9）继续添加代码，实现自定义函数 transitionEffect() 功能。

```
24    function transitionEffect():void {
25        var randomInt:Number= int(Math.random()* 9)+ 1;
26        switch (randomInt) {
27            case 1 :
28                TransitionManager.start(photo_mc, {type:Photo,direction:
29                Transition.IN, duration:1, easing:None.easeNone});
30                break;
31            case 2 :
32                TransitionManager.start(photo_mc, {type:Fade,direction:
33                Transition.IN, duration:1, easing:None.easeNone});
34                break;
```

```
35          case 3 :
36              TransitionManager. start (photo_mc, {type:Blinds, direc-
                    tion:Transition. IN,duration:1, easing:None. easeNone,
37                  numStrips:8, dimension:1});
38              break;
39          case 4 :
40              TransitionManager. start (photo_mc, {type:Iris, direction:
                    Transition. IN,duration:1, easing:Strong. easeOut,
41                  startPoint:5, shape:Iris. SQUARE});
42              break;
43          case 5 :
44              TransitionManager. start (photo_mc, {type:Wipe, direction:
                    Transition. IN,duration:1, easing:None. easeNone,
45                  startPoint:1});
46              break;
47          case 6 :
48              TransitionManager. start(photo_mc,{type:PixelDissolve,
49                  direction:Transition. IN, duration:1,
50                  easing:None. easeNone, xSections:8, ySections:8});
51              break;
52          case 7 :
53              TransitionManager. start(photo_mc, {type:Rotate,
54                  direction:Transition. IN, duration:1,
55                  easing:None. easeNone,ccw:false,degree:360});
56              break;
57          case 8 :
58              TransitionManager. start(photo_mc, {type:Squeeze,
59                  direction:Transition. IN,duration:1,
60                  easing:None. easeNone,dimension:0});
61              break;
62          case 9 :
63              TransitionManager. start(photo_mc, {type:Zoom,
64                  direction:Transition. IN,duration:1,
65                  easing:None. easeNone});
66              break;
67      }
68  }
```

代码说明：

这段代码主要是随机选择一种过渡效果作用于照片容器 photo_mc，过渡效果相关的内容在前面章节有详细讲述，在此不再赘述。

（10）继续添加代码，实现幻灯片定时播放功能。

```
69  var tm:Timer= new Timer(5000);
70  tm.addEventListener(TimerEvent.TIMER,timerHandle);
71
72  function timerHandle(e:TimerEvent):void {
73      if (photoIndex> = totalNum) {
74          photoIndex= 1;
75      } else {
76          photoIndex+ + ;
77      }
78      loadImage(photoIndex);//播放当前照片
79  }
```

代码说明：

第 69～70 行代码的作用是实例化一个定时器 Timer 对象，并设定定时周期为 5000 毫秒，即 5 秒。接着给定时器对象注册 TimerEvent. TIMER 侦听器。

第 73～77 行代码的作用是在定时器函数中，首先判断当前浏览的照片序号是否到达最末端，如果是，则将当前浏览照片序号置为最前端，即 1。

第 78 行代码的作用是调用 loadImage() 函数加载指定序号的照片并浏览。

由于这段代码中没有启动定时器，因此目前以幻灯片的形式浏览照片还没有实现。

（11）继续添加代码，实现幻灯片的开启和关闭功能。

```
80  slide_mc.addEventListener(MouseEvent.CLICK,slideHandle);
81
82  function slideHandle(e:MouseEvent):void{
83      if(slide_mc.currentFrame = = 1){
84          slide_mc.nextFrame();
85          tm.start();
86      }else{
87          slide_mc.prevFrame();
88          tm.stop();
89          tm.reset();
90      }
91
92  }
```

代码说明：

第 80 行代码的作用是为幻灯片开关注册鼠标单击侦听器，一旦单击该按钮，则会开启或关闭幻灯片浏览功能。

第 82～92 行代码具体实现幻灯片的开启和关闭功能。那么如何实现的呢？因为每次单击都会导致开启和关闭功能的切换。因此如果在 slide _ mc 处于第一帧的时候单击，应该启动幻灯片浏览功能，同时 slide _ mc 应该播放第二帧，呈现暂停图标等待你在任意时刻单击它以关闭幻灯片浏览功能。

同理，如果在 slide _ mc 处于第二帧的时候单击，应该关闭幻灯片浏览功能，同时 slide _ nc 应该播放第一帧，呈现开启图标等待你在任意时刻来单击它以开启幻灯片浏览功能。

（12）继续添加代码，实现浏览下一张的功能。

```
93    //当鼠标按下向后播放按钮时,用 nextHandle 函数进行响应
94    next_btn. addEventListener (MouseEvent. CLICK, nextHandle);
95
96    function nextHandle(e:MouseEvent):void {
97        tm. stop();
98        tm. reset();
99        photoIndex+ + ;//当前相片编号加 1
100       if (photoIndex> totalNum) {//相片编号大于相片总数时相片编号设为 1
101           photoIndex= 1;
102       }
103       loadImage(photoIndex);//播放当前照片
104   }
```

代码说明：

第 94 行代码的作用是浏览下一张注册鼠标单击事件侦听器。一旦单击该按钮，则会浏览下一张图片。

第 97～98 行代码的作用是停止和重置定时器。因为单击此按钮属于人工操作浏览，因此首先需要停止和重置定时器，等待下一次被启动。

第 99 行代码的作用是将照片序号自身要加 1，因为将要浏览下一张。

第 100～102 行代码的作用是判断是否达到最末端，如果是，则回到最前段，即第 1 张。

第 103 行代码的作用是根据确定好的下一张照片的序号，直接调用 loadImage() 函数加载并浏览。

（13）继续添加代码，实现浏览上一张的功能。

```
105   //当鼠标按下向前播放按钮时,用 leftHandle 函数进行响应
106   prev_btn. addEventListener (MouseEvent. CLICK, prevHandle);
107
108   function prevHandle(e:MouseEvent):void {
109       tm. stop();
110       tm. reset();
111       photoIndex- - ;//相片编号减 1
112       if (photoIndex< = 0) {//若是相片编号小于 1,将相片编号设为相片总数
113           photoIndex= totalNum;
114       }
```

```
115     loadImage(photoIndex);//播放当前相片
116   }
```

代码说明：

第 106 行代码的作用是浏览上一张注册鼠标单击事件侦听器。一旦单击该按钮，则会浏览上一张图片。

第 109～110 行代码的作用是停止和重置定时器。因为单击此按钮属于人工操作浏览，因此首先需要停止和重置定时器，等待下一次被启动。

第 111 行代码的作用是将照片序号减 1，因为将要浏览上一张。

第 100～102 行代码的作用是判断是否达到最前端，如果是，则回到最后段，即第 totalNum 张。

第 115 行代码根据确定好的上一张照片的序号，直接调用 loadImage() 函数加载并浏览。

（14）继续添加代码，实现照片放大功能。

```
117   zoomIn_btn.addEventListener(MouseEvent.CLICK,zoomInHandle);
118
119   function zoomInHandle(e:MouseEvent):void {
120       var xscale= photo_mc.scaleX+ 0.1;
121       var yscale= photo_mc.scaleY+ 0.1;
122       var m:Matrix= new Matrix();
123       scaleAroundPoint (m, stage.stageWidth/2, stage.stageHeight/2,
                xscale,yscale);
124       photo_mc.transform.matrix= m;
125   }
```

代码说明：

第 117 行代码的作用是放大按钮注册鼠标单击事件侦听器。一旦单击该按钮，则将目前浏览的照片以舞台为中心位置放大 10%。

第 119～125 行代码的作用是实现照片放大功能。由于加载的图片默认的注册点在左上角，如果不进行注册点矩阵变换，将会导致以左上角坐标（0，0）进行放大，这样就会导致效果不佳。由于进行矩阵变换比较复杂和深奥，这里直接自定义了 scaleAroundPoint() 用来实现按照指定的点进行缩放。该函数需要 5 个参数，分别是对象的变换矩阵实例，缩放参照点的 X 坐标，缩放参照点的 Y 坐标，以及 X 轴放大系数和 Y 轴放大系数。该函数具体实现代码如下：

```
126   function scaleAroundPoint(mat:Matrix, px:Number, py:Number,
127       scalex:Number, scaley:Number):void {
128       var point:Point= new Point(px,py);
129       point= mat.transformPoint(point);
130       mat.tx- = point.x;
131       mat.ty- = point.y;
132       mat.scale(scalex,scaley);
```

```
133        mat.tx+ = point.x;
134        mat.ty+ = point.y;
135    }
```

有兴趣的你可以仔细研究一下 scaleAroundPoint() 实现细节。

在这里设定以舞台中央位置进行缩放，以及每次放大 10%，那么，第 123 行代码调用自定义函数，并将相应参数传入就能得到期望的效果。

（15）继续添加代码，实现照片缩小功能。

```
136  zoomOut_btn.addEventListener(MouseEvent.CLICK,zoomOutHandle);
137
138  function zoomOutHandle(e:MouseEvent):void {
139      var xscale= photo_mc.scaleX- 0.1;
140      var yscale= photo_mc.scaleY- 0.1;
141      var m:Matrix= new Matrix();
142      scaleAroundPoint(m,stage.stageWidth/2,stage.stageHeight/2,xscale,yscale);
143      photo_mc.transform.matrix= m;
144  }
```

代码说明：

第 136 行代码的作用是缩小按钮注册鼠标单击事件侦听器。一旦单击该按钮，则将目前浏览的照片以舞台中心位置缩小 10%。

第 138～144 行代码的实现原理和步骤与放大功能类似，在此不再赘述。

（16）继续添加代码，实现顺时针旋转功能。

```
145  clockwise_btn.addEventListener(MouseEvent.CLICK,clockwiseHandle);
146
147  function clockwiseHandle(e:MouseEvent):void {
148      var m:Matrix= new Matrix();
149      rotateAroundPoint(m,stage.stageWidth/2,stage.stageHeight/2,
150          photo_mc.rotation+ 90);
151      photo_mc.transform.matrix= m;
152  }
```

代码说明：

第 145 行代码的作用是为顺时针旋转按钮注册鼠标单击事件侦听器。一旦单击该按钮，则将目前浏览的照片以舞台为中心顺时针旋转 90 度。

第 147～152 行代码的作用是实现照片的顺时针旋转功能。由于加载的图片默认的注册点在左上角，如果不进行注册点矩阵变换，将会导致以左上角坐标（0，0）进行旋转，这样就会导致效果不佳。

由于进行矩阵变换比较复杂和深奥，这里直接自定义了 rotateAroundPoint() 函数用来实现按照指定的点进行旋转。该函数需要 4 个参数，分别是对象的变换矩阵实例，旋转参照点的 X 坐标，旋转参照点的 Y 坐标，以及旋转的度数。该函数具体实现代码如下：

```
153    function rotateAroundPoint(mat:Matrix, px:Number, py:Number,
            degrees:Number):void {
154        var point:Point= new Point(px,py);
155        point= mat.transformPoint(point);
156        mat.tx- = point.x;
157        mat.ty- = point.y;
158        mat.rotate(degrees* (Math.PI/180));
159        mat.tx+ = point.x;
160        mat.ty+ = point.y;
161    }
```

代码说明：

在这里设定以舞台中央位置进行缩放，以及每次顺时针旋转 90 度，那么在第 149 行代码调用自定义函数，并将相应参数传入就能得到期望的效果。

（17）继续添加代码，实现逆时针旋转功能。

```
162    counterclockwise_btn.addEventListener(MouseEvent.CLICK,
            counterclockwiseHandle);
163
164    function counterclockwiseHandle(e:MouseEvent):void {
165        var m:Matrix= new Matrix();
166        rotateAroundPoint(m,stage.stageWidth/2,stage.stageHeight/2,
                imageLoader.rotation- 90);
167        photo_mc.transform.matrix= m;
168    }
```

代码说明：

第 162 行代码的作用是为逆时针旋转按钮注册鼠标单击事件侦听器。一旦单击该按钮，则将目前浏览的照片以舞台为中心逆时针旋转 90 度。

第 164～168 行代码的实现原理和步骤与顺时针旋转功能类似，在此不再赘述。

（18）继续添加代码，实现增加透明度功能。

```
169    alphaUp_btn.addEventListener(MouseEvent.CLICK,alphaUpHandle);
170
171    function alphaUpHandle(e:MouseEvent):void{
172        photo_mc.alpha + = 0.1;
173        if(photo_mc.alpha> = 1){
174            photo_mc.alpha = 1;
175        }
176    }
```

代码说明：

第 169 行代码的作用是为增大透明度按钮注册鼠标单击事件侦听器，一旦被单击则将照片所在的容器的透明度加 0.1。

第 171～176 行代码通过增大照片容器的透明度属性 alpha 达到目的。由于 alpha 范围为 0～1，所以 alpha 最多只能增加到 1。

（19）继续添加代码，实现减少透明度功能。

```
177    alphaDown_btn.addEventListener(MouseEvent.CLICK,alphaDownHandle);
178
179    function alphaDownHandle(e:MouseEvent):void{
180        photo_mc.alpha - = 0.1;
181        if(photo_mc.alpha < = 0){
182            photo_mc.alpha = 0;
183        }
184    }
```

代码说明：

第 177 行代码为减小透明度按钮注册鼠标单击事件侦听器，一旦被单击则将照片所在的容器的透明度减 0.1。

第 179～184 行代码通过减小照片容器的透明度属性 alpha 达到目的。由于 alpha 范围为 0～1，所以 alpha 最多只能减少到 0。

（20）按 Ctrl＋Enter 组合键测试影片，进行放大、缩小，旋转等操作，观察效果。

常用英语单词含义如表 10-3 所示。

表 10-3 常用英语单词含义

英　　文	中　　文
load	加载
unload	卸载
loader	加载器
progress	进展、进度
complete	完成、结束
content	内容
zoom	缩放
matrix	矩阵

课后练习：

1. 在本章实例制作案例的基础上完成如下功能：

（1）多首背景音乐随机播放；

（2）能够开启和关闭背景音乐。

2. 为多个 swf 动画短片制作菜单目录，完成如下功能：

（1）设置多个按钮用于单击播放对应的 SWF 短片；

（2）每个按钮应具有鼠标移入和移出的功能；

（3）进一步完成单击按钮弹出带有关闭按钮的播放窗口，并播放对应的 swf 短片，当关闭窗口时，播放的 swf 短片也一并关闭消失。

第 11 章　使用外部文件

复习要点：

➢ Loader 类常用函数的使用方法

➢ LoaderInfo 类常用属性

➢ 加载外部图片的方法

➢ 加载外部 swf 的方法

➢ 卸载外部图片和 swf 的方法

➢ 显示加载进度的方法

本章要掌握的知识点：

◇ URLLoader 类常用方法

◇ URLLoader 类常用事件

◇ 加载外部文本文件的方法

◇ 加载外部 XML 文件的方法

◇ 定义和使用 XML 对象

◇ 解析 XML 对象内容的方法

能实现的功能：

◆ 能加载外部纯文本文件

◆ 能加载外部 HTML 文本块

◆ 能读取外部文本变量信息

◆ 能加载外部 XML 文件

◆ 能解析加载的 XML 文件内容

11.1　URLLoader 类

ActionScript API 允许 URLLoader 类对象动态加载外部数据到 Flash 项目中，这样就可以更新外部数据来改变 Flash 页面上显示的文字。这些外部数据包括文本文件、XML 文件、二进制数据或外部的变量值等。使用以下 ActionScript 代码创建一个 URLLoader 对象：

```
var urlLoader:URLLoder = new URLLoader();
```

在将外部文件加载进 URLLoader 对象之前，需要先创建一个 URLRequest 对象处理 HTTP 请求，将外部文件地址封装成为标准化的 URLRequest 类型对象。

```
var urlRequest:URLRequest = new URLRequest("外部文件地址");
```

URLLoader 使用该类的 load 方法加载文件，load()方法需要一个参数，即所加载文件的 URLRequest 地址，使用下列代码可以加载外部文本文件：

```
var urlLoader:URLLoader = new URLLoader();
var urlRequest:URLRequest = new URLRequest("外部文件地址");
urlLoader.load(urlRequest);
```

在加载前，请确认 URLLoader 所需要的外部文件资源都是有效的。URLLoader 的内置事件能够在加载外部数据的过程中提供反馈，使用这些事件可以监控加载的状态，例如加载完成、加载出错、加载进度等。表 11-1 列出了 URLLoader 类的常用属性、方法和事件。

表 11-1　URLLoader 类常用属性、方法和事件

函　　数	说　　明
URLLoader()	构造函数，用于构造 URLLoader 对象
load（素材位置：URLRequest）	用于加载外部文本文件
close()	取消 load 方法目前正在进行的加载动作
data	成功加载完毕后加载的数据
dataFormat	加载数据的格式，有纯文本、二进制和变量集合三种
EVENT.COMPLETE	加载完毕后并将数据存于 URLLoader 对象的 data 属性之后触发此事件
ProgressEvent.PROGRESS	加载过程中收到数据时不断触发此事件
EVENT.OPEN	在调用 URLLoader.load() 方法之后开始加载时触发此事件
EVENT.IO_ERROR	在调用 URLLoader.load() 方法之后导致错误并因此终止了加载，则触发此事件

当请求的数据载入完成后，就会触发 EVENT.COMPLETE 事件。记住，在提取加载数据之前，应该利用 EVENT.COMPLETE 事件来检查载入的数据是否有效。载入的这些数据

会被赋值为 URLLoader 对象的 data 属性。总而言之，在外部的文本文件、二进制数据或外部的变量值数据载入完成后（即 EVENT. COMPLETE 事件发生时），才可以使用 URLLoader 对象的 data 属性。

事实上，当数据完成下载时，URLLoader 不区分数据完成下载还是已被处理和解码。系统只会广播 complete 事件，而由 dataFormat 属性决定要如何解读下载的数据。即 dataFormat 属性决定在得到数据时要对数据进行的操作。默认情况下，URLLoader 实例把下载的数据当成文本处理。但是如果确定数据是其他格式，可以将这个属性声明为指定格式，Flash 也会根据指定的格式处理数据。

如果把 dataFormat 属性设置成 DataFormat. TEXT，则把数据解读成纯文本，得到的就是一个字符串，里面包含加载文件的文本。

如果把 dataFormat 属性设置成 DataFormat. VARIABLES，则把数据解读成 URL 编码数据，得到的就是一个 URLVariables 对象，里面包含编码后的 URL 变量。

如果把 dataFormat 属性设置成 DataFormat. BINARY，则把数据解读成二进制数据，得到的将是一个 ByteArray 对象，里面包含原始的二进制数据。

11.2　加载外部文本文件

【实例 11-1】　从外部文本文件加载纯文本。

● 实例描述：在动画影片执行阶段动态载入外部文本文件纯文本内容，并显示在舞台上的文本框里。实例执行效果如图 11-1 所示。

图 11-1　加载外部文本文件

● 设计思路：利用 URLLoader 类对象的 load() 方法加载文件中的纯文本内容，由于加载完毕后，加载的内容存于 URLLoader 对象的 data 属性中，因此将 URLLoader 对象的 data 属性值在舞台上的动态文本框中显示。

● 设计制作步骤：

（1）打开 Windows 的记事本，编写文本文件的内容，将其保存为"baby.txt"。文本中的这些内容将在 Flash 影片执行的时候被读取，文本内容如图 11-2 所示。

图 11-2　外部文本文件内容

（2）文本保存后，选择"文件"→"另存为"，指定文件保存类型为文本文件，特别要注意，编码选择 UTF—8。然后单击"保存"按钮，将其存放在与 .swf 影片相同的文件夹中。如图 11-3 所示。

图 11-3　设置文本文件编码格式

（3）新建 Flash 文件，在舞台上设计一个背景画面和放置一个文本框，如图 11-4 所示。

（4）在 as 代码层添加代码，用来加载外部文本文件。

```
1   var urlLoader:URLLoader = new URLLoader();
2   var url:URLRequest = new URLRequest("baby.txt");
3   urlLoader.load(url);
```

代码说明：

第 1~3 行代码的作用是建立 URLLoader 实例化对象，利用其 load()方法载入外部 baby.txt 的文件内容。

图 11-4　放置文本框

（5）继续添加代码，用来解析加载的文本内容。

```
4  urlLoader.addEventListener(Event.COMPLETE, completeHandle);
5  function completeHandle(e:Event){
6      website_txt.text = urlLoader.data;
7  }
```

代码说明：

第 4 行代码的作用是注册 URLLoader 加载完毕事件侦听器，它会在数据加载完毕后自动触发，一旦加载完成就可以读取加载数据。

第 7 行代码的作用是解析 URLLoader 对象的 data 属性。加载回来的数据就存在于 URL-Loader 的 data 属性中，将其值指定在对应的文本框中显示。

（6）按 Ctrl＋Enter 组合键测试影片，观察外部文本文件内容是否加载进来。

【实例 11-2】　从外部文本文件加载 HTML 标签文本。

●实例描述：从外部文本文件加载一段含有 HTML 标签的文字，通过舞台上的动态文本框来显示经过 HTML 标签编译后的内容。本实例执行效果如图 11-5 所示。

●设计思路：除了利用 URLLoader 对象从外部文本文件加载纯文本内容之外，还可以从外部文本中加载一段含有 HTML 标签的文字，并将加载的内容赋值给动态文本框的 html-Text 属性，这样就能顺利显示经过 HTML 标签编译后的内容。如果需要动态更新 Flash 显示的 HTML 标签内容，只需修改文本文件中的 HTML 标签内容，并让 Flash 影片在执行时将外部的 HTML 标签文本动态加载进来，这样就可以避免修改 Flash 源文件。

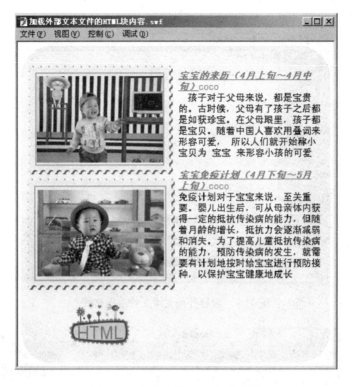

图 11-5　加载外部 HTML 文本块

● 设计制作步骤：

（1）打开 Windows 的记事本，编写文本文件的内容，将其保存为"child. txt"。文本中的这些内容将在 Flash 影片执行的时候被读取，文本内容如图 11-6 所示。

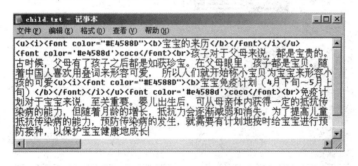

图 11-6　外部 HTML 文本块内容

（2）文本保存后，选择"文件"→"另存为"，指定文件保存类型为文本文件，特别要注意，编码选择 UTF-8。然后单击"保存"按钮，将其存放在与 .swf 影片相同的文件夹中。如图 11-7 所示。

（3）新建 Flash 文件，在舞台上设计一个背景画面、放置一个文本框和一个按钮，如图 11-8 所示。

（4）将按钮命名为"html＿btn"，将文本框命名为"content＿txt"。

（5）在 as 代码层添加代码，用来加载外部文本文件。

图 11-7　设置外部文本文件编码格式

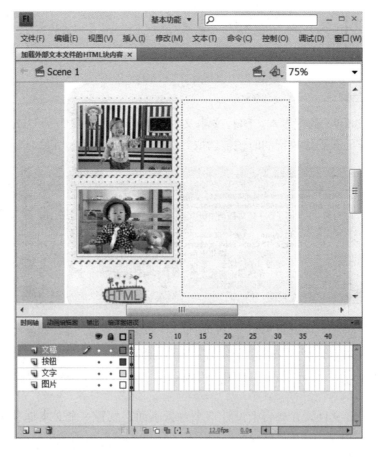

图 11-8　场景布局图

```
1  var urlLoader:URLLoader = new URLLoader();
```

```
2  var url:URLRequest = new URLRequest("child.txt");
3  urlLoader.load(url);
```

代码说明：

第 1～3 行代码建立 URLLoader 实例化对象，利用其 load( ) 方法载入外部 child.txt 的文件内容。

（6）继续添加代码，指定文本内容格式为纯文本。

```
4  urlLoader.dataFormat= URLLoaderDataFormat.TEXT;
```

代码说明：

第 4 行代码设置加载数据的 dataFormat 属性，把载入的数据视为变量集合。

（7）继续添加代码，解析文本内容，并将其显示在 content _ txt 文本框里。

```
5  html_btn.addEventListener(MouseEvent.CLICK,showHTML);
6  function showHTML(e:MouseEvent){
7      content_txt.htmlText = urlLoader.data;
8  }
```

代码说明：

第 5 行代码用来注册 URLLoader 加载完毕事件侦听器，它会在数据加载完毕后自动触发，一旦加载完成就可以读取加载数据。

第 7 行代码用来解析 URLLoader 对象的 data 属性。加载回来的数据就存在于 URL-Loader 的 data 属性中，将其值指定在对应的文本框中显示。但是，需要注意的是，这里是将内容指定给文本框的 htmlText 属性，以显示编译 HTML 后的外部文本内容。

（8）按 Ctrl＋Enter 组合键测试影片，看能否将编译后的外部 HTML 标签块加载到文本框里。

【实例11-3】　从外部文本文件中加载变量。

●实例描述：将活动主题、活动日期、活动奖品、活动内容等内容以变量的形式存储在外部文本文件中，在影片播放时加载、读取并显示其中的变量数据。实例执行效果如图 11-9 所示。

图 11-9　加载外部文件变量

● 设计思路：除了加载文本文件内容之外，还可以加载 URLVariables。但是要求外部文本文件内容以键值对形式存在。如下：

name= jerome&gender= male&age= 32

这些"名称-值组合"称为 URLVariables，即变量集合。每个键值通过"&"符号相连。如果传入 Flash 的文本数据是 URLVariables，则文本内容必须是"变量＝值"配对的格式。

可以把经常会变动的变量数据写在外部文本文件中，让影片在播放时加载并读取其中的变量数据。日后，若要修改 Flash 影片中的某些参数值，只需修改文本文件，而不用再修改 Flash 源文件。

● 设计制作步骤：

（1）打开 Window 记事本，新建文本文件，编写文本文件的内容（键值对），将其保存为 activity. txt，文本内容如图 11-10 所示。

图 11-10　外部文本文件内容

（2）文本文件保存后，选择"文件"→"另存为"，指定文件保存类型为文本文件，特别要注意，编码选择 UTF-8。然后单击"保存"按钮，将其存放在与 . swf 影片相同的文件夹中。如图 11-11 所示。

图 11-11　设置外部文件编码格式

（3）新建 Flash 文件，在舞台上设计一个人物形象并放置多个文本框，如图 11-12 所示。

图 11-12　场景布局图

（4）将文本框从上到下依次命名为："subject _ txt"、"period _ txt"、"award _ txt"、"rule _ txt"。

（5）选择 as 代码层，添加如下代码，加载外部文件。

```
1  var urlLoader:URLLoader = new URLLoader();
2  var url:URLRequest = new URLRequest("activity.txt");
3  urlLoader.load(url);
```

代码说明：

第 1～3 行代码的作用是建立 URLLoader 实例化对象，利用其 load() 方法载入外部 activity.txt 的文件内容。

（6）继续添加代码，指定文本内容格式为外部变量集合。

```
4  urlLoader.dataFormat = URLLoaderDataFormat.VARIABLES;
```

代码说明：

第 4 行代码设置加载数据的 dataFormat 属性，把载入的数据视为变量集合。

（7）继续添加代码，解析文本内容中的键值对，并将其显示在对应的文本框里。

```
5  urlLoader.addEventListener(Event.COMPLETE,getData);
6  function getData(e:Event):void {
7      var urlVar:URLVariables = urlLoader.data;
8      subject_txt.text = urlVar.subject;
```

```
9        award_txt.text = urlVar.award;
10       period_txt.text = urlVar.period;
11       rule_txt.text = urlVar.rule;
12   }
```

代码说明：

第 5 行代码用来注册 URLLoader 加载完毕事件侦听器，它会在数据加载完毕后自动触发，一旦加载完成就可以读取加载数据。

第 6～12 行代码用来解析 URLLoader 对象的 data 属性。加载回来的数据就存在于 URL-Loader 的 data 属性中，而由于加载回来的数据的是一个 URLVariables 对象，因此就必须将接收的数据按照"名称-值"的方式处理。这里通过变量名取得 URLVariables 对象中与变量名称对应的值，并指定在对应的文本框中显示。

（8）按 Ctrl＋Enter 组合键测试影片，看能否将对应的变量值加载到文本框里。

注意

Flash 并没有强制外部数据格式一定是 UTF-8 编码，如果加载的数据不是 UTF-8 编码，可以在影片的第一帧的第一行输入以下语句，让 Flash 采用本机系统的编码。

```
System.useCodePage = true;
```

11.3 加载外部 XML 文件

XML 指可扩展标记语言（eXtensible Markup Language），被设计用来结构化、传输和存储数据。XML 设计得简单而有弹性，使其易于在任何应用程序中读写数据。由于其可移植性，XML 成为数据交换的唯一公共语言，很快发展成为 W3C 的推荐标准。

与 HTML 类似，XML 也是一种标记语言，不同的是 HTML 的标签是预先制定好的，用来设定网页和数据的外观，HTML 文档只使用在 HTML 标准中定义过的标签（比如 <p> 、<table> 等）。而 XML 是一种用来描述结构化信息的标记语言，标签没有被预定义，需要自行定义标签来描述信息。

通过 XML，数据能够存储在独立的 XML 文件中。这样就可以在 Flash 中专注于数据的处理和显示，确保修改 XML 中的数据时不需要对 Flash 文件进行任何的修改。

下面定义的是一个典型的 XML 文件，用以描述某个菜单栏下的菜单。

```
< ? xml version= "1.0" encoding= "utf- 8" ? >
< menubar>
    < menu label= "文件" />
        < menuitem label= "打开">
        < menuitem label= "保存" />
        < menuitem label= "另存为" />
        < menuitem label= "退出" />
    < / menu >
```

```
< menu label= "编辑" />
    < menuitem label= "剪切">
    < menuitem label= "复制" />
    < menuitem label= "粘贴" />
    < menuitem label= "查找" />
< / menu >
< menu label= "视图" />
    < menuitem label= "放大">
    < menuitem label= "缩小" />
    < menuitem label= "标尺" />
    < menuitem label= "网格" />
< / menu >
< /menubar>
```

　　上面的标签没有在任何 XML 标准中定义过（比如 ＜menu＞ 和 ＜menuitem＞）。这些标签都是由自己定义的。这些标签具有一定的自我描述性，同时也具有一定的结构性，形成了一种树结构，它从"根部"开始（menubar），然后扩展到"枝叶"（menu 和 menuitem）。描述了菜单栏、菜单和菜单项之间的结构关系和储蓄的菜单标题信息。本例中，＜menubar＞为根标签，那么＜menu＞标签相对于＜menubar＞就是它的子标签。同理，＜menu＞标签为＜menuitem＞标签的父标签，而＜menuitem＞则为＜menu＞标签的子标签。

　　每个 XML 文件必须要包含一个唯一的根元素，XML 标签一定要成对使用，即必须有匹配的开标签和闭标签，如＜menu＞ ＜/menu＞。

　　XML 本身是记录数据的，它是一种数据的格式。在 Flash 中，可以使用"XML"对象来处理 XML 文档的数据。由于 XML 是基于标签并且结构化的，因此如何读写 XML 和解析 XML 不会太难。具体步骤如下。

　　（1）创建 XML 对象。

```
var myXML :XML = new XML();//定义 xml 对象
```

　　（2）加载 XML 文件，建立 URLLoader 实例，以从 URL 加载数据。

```
var xmlLoader:URLLoader = new URLLoader();
xmlLoader. load(new URLRequest("menu. xml"));
```

　　（3）解析 XML 文件，替 Event. COMPLETE 事件准备事件处理器，把外部 XML 文本转换成 XML 实例，取得 XML 数据。

```
xmlLoader. addEventListener(Event. COMPLETE, xmlLoaded);
var my_xml:XML;
function xmlLoaded(event:Event):void {
    my_xml= XML(event. target. data);
    //进一步处理
    }
```

XML 文件加载进来之后，关键就是如何进一步处理其中的数据。利用 XML 和 XML-List 对象的运算符和方法可以轻松遍历 XML 数据的结构。使用点（.）运算符可以访问 XML 对象的子标签。假如 my_xml 读取进来的数据就是上例 XML 文件的内容。

my_xml. menu 返回的是一个 XMLList 对象，它包含所有名为 menu 的标签。XML-List，顾名思义，就是包含多个 XML 的对象列表，可以理解为满足特定条件的 XML 对象的数组集合。因此，my_xml. menu［0］得到的将是 "<menu label＝"文件" /><menuitem label＝"打开" ><menuitem label＝"保存" /><menuitem label＝"另存为" /><menuitem label＝"退出" /></ menu >"，依次类推，my_xml. menu［3］得到的将是视图菜单信息 "<menu label＝"视图" /><menuitem label＝"放大" ><menuitem label＝"缩小" /><menuitem label＝"标尺" /><menuitem label＝"网格" /></ menu >"。

XML 这里通过 my_xml. children() 也可以获得所有 menu 标签。

那么，如何得到网格菜单<menuitem label＝"网格" />呢？通过"."运算符逐层访问，由于网格菜单为视图菜单的第 4 个子标签，因此，通过 my_xml. menu［3］. menuitem［3］即可访问到。

如果要深入了解 XML，请参看 XML 的相关书籍。

11.4　实例制作——动感相册

● 实例名称：动感相册。

● 实例描述：本实例用来展示动态相片，场景下边是 4 张缩略图，当鼠标单击任意一张缩略图时，场景上面显示对应的大图。由于可能不止有 4 张缩略图，缩略图需要进行前后浏览。在下边左右分别设置了两个隐形按钮，用于向前和向后浏览更多缩略图。当鼠标移入和移除缩略图时，缩略图的透明度会变小和变大。作品展示效果图如图 11-13 所示。

● 实例分析：在外部 XML 中存储缩略图和大图的位置，利用 URLLoader 类的 load() 函数来加载外部 XML 文件；加载完毕后解析 XML 文件内容并将其大图位置和缩略图位置分别置于两个数组。从以上两个数组读取图的位置，利用 Loader 类的 load() 函数分别将其加载并加入舞台。

● 设计制作步骤：

（1）新建 Flash 源文件并保存。

（2）准备多张大图和缩略图，分别存放于 Flash 源文件所在目录下的 images 和 thumbs 文件夹下。

（3）新建一 XML 文件，命名为 imgList. xml，并存于 Flash 源文件所在目录，并按照大图和缩略图存储信息编辑 XML 内容。

```
< ? xml version= "1.0" encoding= "utf- 8"? >
< imgList>
    < img source= "images/1.jpg" thumb= "thumbs/1.jpg" />
    < img source= "images/2.jpg" thumb= "thumbs/2.jpg" />
    < img source= "images/3.jpg" thumb= "thumbs/3.jpg" />
```

图 11-13　动感相册效果图

```
< img source= "images/4. jpg" thumb= "thumbs/4. jpg" />
< img source= "images/5. jpg" thumb= "thumbs/5. jpg" />
< img source= "images/6. jpg" thumb= "thumbs/6. jpg" />
< img source= "images/7. jpg" thumb= "thumbs/7. jpg" />
< img source= "images/8. jpg" thumb= "thumbs/8. jpg" />
< img source= "images/9. jpg" thumb= "thumbs/9. jpg" />
< img source= "images/10. jpg" thumb= "thumbs/10. jpg" />
< img source= "images/11. jpg" thumb= "thumbs/11. jpg" />
< img source= "images/12. jpg" thumb= "thumbs/12. jpg" />
< img source= "images/13. jpg" thumb= "thumbs/13. jpg" />
< img source= "images/14. jpg" thumb= "thumbs/14. jpg" />
< img source= "images/15. jpg" thumb= "thumbs/15. jpg" />
< /imgList>
```

（4）新建两个按钮，放置于舞台下边左右两旁，并分别将实例名取名为"prev＿btn"和"next＿btn"，如图 11-14 所示。

图 11-14　按钮放置位置

（5）按 F9 键打开动作面板，在第一帧上添加代码，进行一些初始化工作。

```
1    import fl.transitions.Tween;
2    import fl.transitions.easing.*;
3    import fl.transitions.*;
4
5    var source_mc:MovieClip = new MovieClip();
6    this.addChild(source_mc);
7    var thumb_mc:MovieClip = new MovieClip();
8    this.addChild(thumb_mc);
9    thumb_mc.y= stage.stageHeight- 150;
10   var photo_xml:XML;;
11   var photo_xmlList:XMLList;
```

代码说明：

第 1～3 行代码的作用是导入制作缓动效果的类库。

第 5～6 行代码的作用是新建一个空白影片剪辑，用来显示大图。

第 7～8 行代码的作用是新建一个空白影片剪辑，用来显示缩略图。

第 9 行代码的作用是指定了缩略图的摆放位置。

第 10 行代码的作用是声明了一个 XML 对象，在提取外部 XML 时存储其内容。

第 11 行代码的作用是声明了一个 XMLList 对象，在提取外部 XML 时存储其部分内容。

（6）继续添加代码，实现解析外部 XML 文件的功能。

```
12   var thumb_array:Array = new Array();
13   var source_array:Array = new Array();
14   var currentIndex:uint= 0;
```

```
15   var totalIndex:uint;
16
17   var imageLoader:Loader = new Loader();
18   source_mc.addChild(imageLoader);
19   var xmlLoader:URLLoader = new URLLoader();
20   xmlLoader.load(new URLRequest("imgList.xml"));
21   xmlLoader.addEventListener(Event.COMPLETE, xmlLoaded);;
22
23   function xmlLoaded(event:Event):void {
24       photo_xml= XML(event.target.data);
25       photo_xmlList= photo_xml.children();
26       totalIndex= photo_xmlList.length();
27
28       for (var i:uint = 0; i< totalIndex; i+ + ) {
29           thumb_array.push(photo_xmlList[i].attribute("thumb"));
30           source_array.push(photo_xmlList[i].attribute("source"));
31       }
32       loadImage(currentIndex);
33   }
```

代码说明：

第 12～13 行代码的作用是定义两个数组，分别用来存储每张大图和缩略图的存储路径，以便加载。

第 14～15 行代码的作用是定义 currentIndex 变量，用于存储当前浏览图片的序号，以便向前和向后浏览前一张和后一张图。同时也定义了 totalIndex 变量，用于存储大图和缩略图的总个数。

第 17～18 行代码的作用是定义了一个 Loader 加载器，并将其加入 source_mc，用于加载大图。

第 19～21 行代码的作用是加载外部 imgList.xml 文件，并注册侦听加载完毕事件。只有在加载完毕后，才能读取加载的内容，否则会出错。

第 23～33 行代码的作用是解析所加载的外部 XML 文件内容。

第 24 行代码的作用是通过 e.target.data 取得外部 XML 文件内容，并将其内容存储于 XML 对象。当外部文件成功加载完毕后，所加载的内容会存储；URLLoader 加载器的 data 属性中。

第 25 行代码的作用是读取 XML 文件根标签的所有孩子。在本例中，即读取了以下内容：

```
< img source= "images/1.jpg" thumb= "thumbs/1.jpg" />
< img source= "images/2.jpg" thumb= "thumbs/2.jpg" />
< img source= "images/3.jpg" thumb= "thumbs/3.jpg" />
```

```
< img source= "images/4. jpg" thumb= "thumbs/4. jpg" />
< img source= "images/5. jpg" thumb= "thumbs/5. jpg" />
< img source= "images/6. jpg" thumb= "thumbs/6. jpg" />
< img source= "images/7. jpg" thumb= "thumbs/7. jpg" />
< img source= "images/8. jpg" thumb= "thumbs/8. jpg" />
< img source= "images/9. jpg" thumb= "thumbs/9. jpg" />
< img source= "images/10. jpg" thumb= "thumbs/10. jpg" />
< img source= "images/11. jpg" thumb= "thumbs/11. jpg" />
< img source= "images/12. jpg" thumb= "thumbs/12. jpg" />
< img source= "images/13. jpg" thumb= "thumbs/13. jpg" />
< img source= "images/14. jpg" thumb= "thumbs/14. jpg" />
< img source= "images/15. jpg" thumb= "thumbs/15. jpg" />
```

第 26 行代码的作用是获取了照片的总个数。

第 28～31 行代码的作用是通过 for 循环读取每张照片的大图和缩略图的存储路径并分别存入 source _ array 和 thumb _ array 数组中。在解析每个标签的属性时，采取标签名.attribute（"属性名"）读取标签中的指定属性名对应的属性值。

第 32 行代码的作用是调用自定义函数 loadImage（currentIndex），在舞台上显示初始的四张照片。

（7）继续添加代码，实现自定义 loadImage() 函数功能。

```
34    function loadImage(startIndex:uint):void {
35        while (thumb_mc. numChildren> 0) {
36            thumb_mc. removeChildAt(0);
37        }
38        var endIndex:uint= startIndex+ 4;
39        for (var i:uint = startIndex; i< endIndex; i+ + ) {
40            var thumbLoader:Loader = new Loader();
41            thumb_mc. addChild(thumbLoader);
42            thumbLoader. load(new URLRequest(thumb_array[i]));
43            thumbLoader. x= 200* (i- startIndex);
44            thumbLoader. y= 0;
45            thumbLoader. name= source_array[i];
46            thumbLoader. addEventListener(MouseEvent. CLICK, showPicture);
47            thumbLoader. addEventListener(MouseEvent. MOUSE_OVER,overHandle);
48            thumbLoader. addEventListener(MouseEvent. MOUSE_OUT,outHandle);
49        }
50    }
```

代码说明：

本函数的主要功能，显示从指定序号开始的 4 张缩略图。

第 35～37 行代码的作用是，在加载新的 4 张缩略图之前，需先将 thumb＿mc 影片剪辑容器中的内容清除。

第 38 行代码的作用是计算加载缩略图的结束序号。

第 39～49 行代码的作用是循环加载每张缩略图，并设定其在 thumb＿mc 影片剪辑容器中的位置，各个缩略图依次水平按顺序排好。同时为每个缩略图注册鼠标单击、鼠标移入、鼠标移除事件侦听器。当单击每张缩略图时，需加载显示对应的大图。加载大图最关键的因素是其路径，在这里将缩略图对应的大图路径赋值给缩略图加载器 thumbLoader 的 name 属性，以便在加载大图的时候再读取出来。

（8）继续添加代码，实现显示大图的功能。

```
51   function showPicture(event:MouseEvent):void {
52       imageLoader.load(new URLRequest(event.target.name));
53       imageLoader.contentLoaderInfo.addEventListener(
54           Event.COMPLETE,completeHandle);
55   }
```

代码说明：

本函数主要功能是当单击缩略图之后，加载显示相应大图的功能。

第 52 行代码的作用是加载对应大图。通过 e.target.name 获取缩略图对应的大图的路径，主要是因为在上面代码中将每张缩略图的路径事先存入到每个缩略图加载的 name 属性中。

第 53～54 行代码的作用是注册大图加载完毕事件，以便对加载进来的大图做进一步处理，比如其宽度、高度和透明度等。

（9）继续添加代码，实现处理加载后大图的功能。

```
56   function completeHandle(e:Event):void {
57       transitionEffect();
58       var bm:Bitmap= e.target.content as Bitmap;
59       bm.width= stage.stageWidth;
60       bm.height= stage.stageHeight- 150;
61   }
```

代码说明：

第 57 行代码的作用是调用自定义函数 transitionEffect()实现照片切换过渡效果。某张照片一旦加载完毕，就会以一种随机过渡效果显示出来。

第 58～60 行代码的作用是将加载的大图的宽度和高度设定为指定的值。

（10）继续添加代码，实现自定义函数 transitionEffect()功能。

```
62   function transitionEffect():void {
63       var randomInt:Number= int(Math.random()* 9)+ 1;
64       switch (randomInt) {
65           case 1 :
```

```
66          TransitionManager. start(source_mc, {type:Photo,direction:
67          Transition. IN, duration:1, easing:None. easeNone});
68          break;
69      case 2 :
70          TransitionManager. start(source_mc, {type:Fade,direction:
71          Transition. IN, duration:1, easing:None. easeNone});
72          break;
73      case 3 :
74           TransitionManager. start (source_mc, {type: Blinds, direction:
                 Transition. IN,duration:1, easing:None. easeNone, numStrips:
75               8, dimension:1});
76          break;
77      case 4 :
78          TransitionManager. start(source_mc, {type:Iris, direction:Tran-
                 sition. IN,duration:1, easing:Strong. easeOut, startPoint:
79               5, shape:Iris. SQUARE});
80          break;
81      case 5 :
82          TransitionManager. start(source_mc, {type:Wipe, direction:Tran-
                 sition. IN,duration:1, easing:None. easeNone,
83               startPoint:1});
84          break;
85      case 6 :
86          TransitionManager. start(source_mc,{type:PixelDissolve,
87               direction:Transition. IN, duration:1,easing:None. easeNone,
88               xSections:8, ySections:8});
89          break;
90      case 7 :
91          TransitionManager. start(source_mc, {type:Rotate,direction:
92               Transition. IN, duration:1,easing:None. easeNone,ccw:
93               false,degree:360});
94          break;
95      case 8 :
96          TransitionManager. start(source_mc, {type:Squeeze,direction:
97               Transition. IN,duration:1, easing:None. easeNone,
98               dimension:0});
99          break;
100     case 9 :
101          TransitionManager. start(source_mc, {type:Zoom,
```

```
102              direction:Transition. IN,duration:1, easing:
103              None. easeNone});
104          break;
105       }
106  }
```

代码说明：

这段代码的作用是随机选择一种过渡效果作用于大图容器 source _ mc，过渡效果相关的内容在前面章节有详细讲述，在此不再赘述。

（11）继续添加代码，实现鼠标移入和移出缩略图的效果。

```
107  function overHandle(e:MouseEvent):void {
108      e. target. alpha= 0. 8;
109  }
110  function outHandle(e:MouseEvent):void {
111      e. target. alpha= 1;
112  }
```

代码说明：

这段代码非常容易理解，不再赘述。

（12）继续添加代码，实现缩略图前后浏览的功能。

```
113  prev_btn. x = 100;
114  next_btn. x = stage. stageWidth- 100;
115  prev_btn. y= stage. stageHeight- 80;
116  next_btn. y= stage. stageHeight- 80;
117
118  prev_btn. addEventListener(MouseEvent. CLICK,prevHandle);
119  next_btn. addEventListener(MouseEvent. CLICK,nextHandle);
120
121  function prevHandle(e:MouseEvent):void {
122      if(currentIndex< = 0){
123          currentIndex = 0 ;
124      }else{
125          currentIndex- = 1;
126      }
127      loadImage(currentIndex);
128  }
129
130  function nextHandle(e:MouseEvent):void {
131      if(currentIndex> = totalIndex- 4){
132          currentIndex = totalIndex- 4;
```

```
133        }else{
134            currentIndex+ = 1;
135        }
136        loadImage(currentIndex);
137  }
```

代码说明：

第 113～116 行代码的作用是设置向前浏览和向后浏览按钮的精确位置。

第 118～119 行代码的作用是分别为向前浏览和向后浏览按钮注册鼠标单击侦听器。

第 121～128 行代码的作用是实现了向前浏览的功能。在代码中需要判断是否浏览到第 1 张，如果是则不能再向前浏览，否则将目前浏览照片序号 currentIndex 减 1，然后调用 loadImage（currentIndex）函数更新 4 张缩略图。

第 130～137 行代码的作用是实现了向后浏览的功能，在代码中需要判断是否浏览到最后一张，如果是则不能再向后浏览，否则将目前浏览照片序号 currentIndex 加 1，然后调用 loadImage（currentIndex）函数更新 4 张缩略图。

（13）继续添加代码，改变 thumb_mc 的深度值，将其放在最底层。

```
138  this.setChildIndex(thumb_mc,0);
```

代码说明：

第 138 行代码的作用是将缩略图所在的容器 thumb_mc 设置在第底层，目的是让向前浏览和向后浏览置于它的上面。否则这两个按钮会被 thumb_mc 容器遮蔽。

（14）按 Ctrl＋Enter 组合键，测试效果。

功能扩展：

■ 添加每张照片的描述信息。

■ 为缩略图添加缓动效果。

常用英语单词含义如表 11-2 所示。

表 11-2　常用英语单词含义

英　文	中　文
html	超文本标记语言
xml	扩展标记语言
data	数据
format	格式
variable	变量
text	文本

课后练习：

1. 在本章实例制作案例的基础上完成以下功能：

（1）添加音效；

（2）添加每张照片的描述信息；

（3）为缩略图的左右移动添加缓动效果；

（4）完成自动按查找顺序浏览照片功能。

2. 在第 7 章音乐播放器实例制作案例的基础上完成以下功能：

（1）使用 XML 存储歌曲列表；

（2）能够浏览歌曲列表并选择能够随机或者顺序播放歌曲列表中的歌曲。

第 12 章　键盘交互

复习要点：

➢ URLLoader 类常用方法

➢ 加载外部文本文件的方法

➢ 加载外部 XML 文件的方法

➢ 解析 XML 对象内容的方法

本章要掌握的知识点：

◇ KeyboardEvent 类的属性和方法

◇ Keyboard 类常量的使用方法

◇ 键盘的侦听方法

◇ 键盘控制

◇ 判断输入字符的方法

能实现的功能：

◆ 能用键盘控制影片剪辑播放（包括组合键）

◆ 能实现键盘的侦听

◆ 能控制元件的移动方向

◆ 能结合碰撞检测方法开发游戏

12.1　KeyboardEvent 类

KeyboardEvent，顾名思义，就是按下某个按键时触发的事件。在 ActionScript 3.0 中，任何对象都可以通过侦听器的设置来监控对于对象的键盘操作，与键盘相关的操作事件都属于 KeyboardEvent 类。

键盘事件共分为两种：KeyboardEvent. KEY _ DOWN 和 KeyboardEvent. KEY _ UP，在 ActionScript 3.0 中的键盘事件使用中以直接使用 stage 作为侦听对象为宜。键盘事件常用的属性、方法和事件如表 12-1 所示。

表 12-1　KeyboardEvent 常用属性、方法和事件

方法、属性和事件	说　明
KeyboardEvent. KEY _ DOWN 事件	当按下任一按键时，若按着不放将会被连续触发
KeyboardEvent. KEY _ UP 事件	当放开任一按键时，将会被触发
charCode 属性	ASCII 码的十进制表示法，可表示大小写字母
keyCode 属性	键盘码值，特殊按键，如方向键等需要以 keyCode 表示
ctrlKey 属性	是否按住 Ctrl 键
altKey 属性	是否按住 Alt 键
shiftKey 属性	是否按住 Shift 键
updateAfterEvent() 方法	指示 Flash Player 在此事件处理完毕后重新渲染场景

Flash Player 会传送 KeyboardEvent 对象来回应使用者的键盘输入。

1. 键盘控制程序一般写法

一般撰写键盘控制代码分为以下三步。

（1）导入 KeyboardEvent 类，即

```
import flash. events. KeyboardEvent;
```

（2）侦听舞台，并指定键盘事件处理函数，即

```
stage. addEventListener(键盘事件,键盘事件处理函数);
```

（3）自定义键盘事件处理函数

```
function 键盘事件处理函数名称(KeyboardEvent 对象:KeyboardEvent):void{

    //处理键盘事件代码

}
```

上述代码只是检测键盘是否被按下或弹起，没有指定是哪个键被按下或弹起。下面就解决这个问题。

2. 检测按键代码

要确定是哪一个键被按下或弹起，就要获取按键的编码，KeyboardEvent 定义了两个属性用于取得按键编码。一个是 keyCode 属性，用于返回用户按下的键。还有一个类似属性 charCode，它包含被按下或释放的键的字符代码值。可以使用 keyCode 和 charCode 属性找到哪个键被按下。

charCode 属性是获取按键的 ASCII 码。ASCII 码是目前计算机中使用最广泛的字符集及其编码，它是一项国际标准。该标准规定每个字符集都对应一个 ASCII 码，如空格对应的 ASCII 码是 32，大写的"A"对应的 ASCII 码是 65，而小写的"a"对应的 ASCII 码则是 97。实际上，只有字母、数字、标点符号、空格才有 ASCII 码值，方向键、功能键、文档键不存在 ASCII 码值。

而 keyCode 属性是一个代表键盘上某个键的数值。如键盘上大写"A"和小写"a"键控代码都是 65，但 charCode 得到的是两个不同的值。也就是说，charCode 是区分大小写的，而 keyCode 是不区分大小写的。这就它们的区别。

一般而言，若为字母按键，可由 charCode 取得其 ASCII 码，可表示大小写字母；若为方向键或控制键等，可由 keyCode 代码来表示这些键的键盘代码。非常庆幸的是，你不用知道也不必去记住键控代码代表哪个键。Keyboard 类包含了一些使用起来非常方便的常数来表示键控代码，如空格键其表示写法为 Keyboard. SPACE。常用的按键常量及其代码。

Keyboard 类有 18 个常量，如表 12-2 所示。

表 12-2　Keyboard 类常量

分组	常量	Code 值	说　　明
方向键	Kcyboard. LEFT	37	方向键通常用来移动对象
	Keyboard. UP	38	
	Keyboard. RIGHT	39	
	Keyboard. DOWN	40	
功能键	Keyboard. SHIFT	16	表示 Shift 键
	Keyboard. CONTROL	17	表示 Ctrl 键
	Keyboard. CAPSLOCK	20	大小写切换
	Keyboard. ESCAPE	27	Escape 的按键码值
文档键	Keyboard. PAGE _ UP	33	这些键的作用是为文本字段导航文本页及多个行
	Keyboard. PAGE _ DOWN	34	
	Keyboard. END	35	
	Keyboard. HOME	36	
	Keyboard. INSERT	45	
	Keyboard. DELETEKEY	46	

续表

分组	常量	Code 值	说　　明
空格键	Keyboard. BACKSPACE	8	退格键的按键码值
	Keyboard. TAB	9	Tab 键的按键码值
	Keyboard. ENTER	13	Enter 键可以用来"发送"或"提交"动作
	Keyboard. SPACE	32	空格键的按键码值

下面的代码检测是否按下方向键中的右键，对其他的键被按下与否没有反应。

```
import flash. events. KeyboardEvent;
stage. addEventListener(KeyboardEvent. KEY_DOWN,downHandle);
function downHandle(e:KeyboardEvent):void{
    if(e. keyCode = = Keyboard. RIGHT){
        trace("you pressed right ");
    }
}
```

检测字母或数字通常采用读取 charCode 属性值。下面的代码检测被按下的键是否为大写的"A"。

```
import flash. events. KeyboardEvent;
import flash. ui. Keyboard;
stage. addEventListener(KeyboardEvent. KEY_DOWN,downHandle);

function downHandle(e:KeyboardEvent):void {
        if (e. charCode= = 65) {
                trace("you pressed A ");
        }
    }
```

判断键盘上两个按钮同时按下即是否使用了组合键。

KeyboardEvent 类提供了普通键盘上三个控制键（Ctrl，Shift 和 Alt）是否处在活动状态的判断，通过这个判断来确定用户是否按下了组合键。

但是，组合键的判断不能写在 KEY_DOWN 事件里，应该写在 KEY_UP 事件中才能获取。

下面的代码是检测 Ctrl 和 V 是否同时按下。

```
stage. addEventListener(KeyboardEvent. KEY_UP, keyUpHandler);

function keyUpHandler(e:KeyboardEvent):void {
```

```
        if (e.keyCode= = 86&&e.ctrlKey) {
                trace("您按下了 Ctrl+ V");
        }
    }
```

注意

键盘事件的处理与鼠标事件的处理有所不同。在鼠标事件的处理中，可直接将事件侦听器应用于事件目标对象。但对于键盘事件的处理而言，则将侦听器应用到整个舞台，即 stage 对象。

12.2   键盘控制

【**实例 12-1**】   键盘控制小猫移动。

● 实例描述：可以通过上下左右四个方向键控制效果的移动，产生小猫移动的互动效果。实例运行效果如图 12-1 所示。

图 12-1   键盘控制小猫移动效果图

● 设计思路：首先注册对舞台的键盘按下事件侦听，当键盘被按下时，按照键盘事件对象的 keyCode 属性值决定小猫移动方向，若为上下左右四个方向键，则设定效果分别为向上、向下、向左、向右移动 5 个像素。

● 设计制作步骤：

（1）在舞台上放置一个小猫影片剪辑，并在属性面板中将其命名为 cat _ mc，如图 12-2 所示。

（2）新建一个图层 as，选择第一帧，按 F9 键打开动作面板，输入以下代码：

```
1   import flash.events.KeyboardEvent;
2   import flash.ui.Keyboard;
3
4
5   stage.addEventListener(KeyboardEvent.KEY_DOWN,downHandle);
6
```

图 12-2　场景布局图

```
7    function downHandle(e:KeyboardEvent):void {
8        switch (e.keyCode) {
9            case Keyboard.LEFT :
10               cat_mc.x- = 5;
11               break;
12           case Keyboard.RIGHT :
13               cat_mc.x+ = 5;
14
15               break;
16           case Keyboard.UP :
17               cat_mc.y- = 5;
18               break;
19           case Keyboard.DOWN :
20               cat_mc.y+ = 5;
21               break;
22
23       }
24       e.updateAfterEvent();
25   }
```

代码说明：

第 5 行代码的作用是用舞台侦听键盘事件。

第 7～23 行代码的作用是在自定义函数中处理键盘事件，根据键盘事件对象的 keyCode

属性值判断是否按下的是上下左右四个方向键，并分别对小猫影片剪辑做位移处理。

第 24 行代码主要作用是即时渲染显示场景，让画面更加顺畅和平滑。

（3）按下 Ctrl＋Enter 组合键测试影片，请按上、下、左、右键，请观察小猫的移动方向。

当使用按键事件时，按下键盘不释放，物体开始运动一下，然后在短时间的停滞后物体才开始运动，这是因为 keyDown 事件只适合用于只按下一次的情况。如果要让按键来实现物体的连续运动，可以结合 ENTER＿FRAMQ 事件来制作效果。代码如下：

```
import flash. events. KeyboardEvent;
import flash. ui. Keyboard;
//定义四个布尔类型的变量,用来标识四个方向键是否被按下
var isLeft:Boolean= false;
var isRight:Boolean= false;
var isUp:Boolean= false;
var isDown:Boolean= false;
stage. addEventListener(KeyboardEvent. KEY_DOWN,keyDownHandle);
stage. addEventListener(KeyboardEvent. KEY_UP,keyUpHandle);
//判断按下的是哪个方向键,并将其按下状态存入对应的布尔变量中
function keyDownHandle(e) {
    if (e. keyCode= = Keyboard. LEFT) {
        isLeft= true;
    }
    if (e. keyCode= = Keyboard. UP) {
        isUp= true;
    }
    if (e. keyCode= = Keyboard. RIGHT) {
        isRight= true;
    }
    if (e. keyCode= = Keyboard. DOWN) {
        isDown= true;
    }
}

//按键弹起,则将布尔变量恢复原值
function keyUpHandle(e) {
    isRight= isLeft= isUp= isDown= false;
}

//侦听进入帧事件,并指定 enterFrameHandle 函数来响应并处理
cat_mc. addEventListener(Event. ENTER_FRAME,enterFrameHandle);
```

```
function enterFrameHandle(e:Event) {
    if (isLeft) {
        cat_mc.x- = 5;
        if (cat_mc.x<= cat_mc.width/2) {
            //注意<= 和= = 的区别，当前位置不一定是 mc.x 的整数倍，下同
            cat_mc.x= cat_mc.width/2;
        }
    }
    if (isUp) {
        cat_mc.y- = 5;
        if (cat_mc.y<= cat_mc.height/2) {
            cat_mc.y=cat_mc.height/2;
        }
    }
    if (isRight) {
        cat_mc.x+ = 5;
        if (cat_mc.x>= 550- cat_mc.width/2) {
            cat_mc.x= 550- cat_mc.width/2;
        }
    }
    if (isDown) {
        cat_mc.y+= 5;
        if (cat_mc.y>= 400- cat_mc.height/2) {
            cat_mc.y= 400- cat_mc.height/2;
        }
    }
}
```

（4）按 Ctrl＋Enter 组合键测试影片，请按上、下、左、右键，请观察小猫的移动方向，是不是感觉更灵敏一些？

12.3　实例制作——打字练习

● 实例名称：打字练习。

● 实例描述：本实例是用来练习英文字母打字的，随机出现英文字母会从上往下掉，出现的位置也是随机的，用键盘输入相应的字母，则字母就会爆炸，同时成绩会增加 10 分。打字练习效果图如图 12-3 所示。

图 12-3　打字练习效果图

● 实例分析：随机出现字母的功能可以通过随机函数实现，字母的下落可以通过不断响应自身的进入帧事件来改变自身的 Y 坐标位置，键盘输入则采用键盘侦听来实现，在侦听处理过程中需要逐一判断 4 个字母元件是否与键盘输入的字母一致。

● 设计制作步骤：

（1）制作爆炸效果的元件，并将其最后一帧设置为空，且添加 stop( )代码，并将其导出为"Bomb"类，如图 12-4 所示。

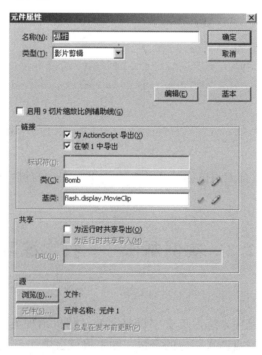

图 12-4　爆炸元件导出为"Bomb"类

（2）制作字母元件。在每一帧上单独放一个字母的字母影片剪辑，第一帧上放字母 a，第二帧上放字母 b，依次类推，26 个字母分别放置在不同的帧上。并在第一帧上添加如下代码，使得能随机选取字母。

```
stop(); //停止
this.visible = true; //开始显示
//由于有 26 个字母分别依次放置在 26 帧上，因此随机产生的帧编号范围应该在 1~ 26.
var ran:Number = Math.ceil(Math.random()* 26);
this.gotoAndStop(ran); //跳转到相应的帧
```

字母元件制作图如图 12-5 所示。

图 12-5 　字母元件制作图

（3）将制作好的字母元件也拖到舞台上，重复四次，分别将其实例名称为"a1 _ mc"，"a2 _ mc"，"a3 _ mc"，"a4 _ mc"，在舞台上添加一动态文本框，将其实例名命名为"score _ txt"，用来记录并显示成绩。

（4）在代码层的第一帧上添加以下的代码，在屏幕上同时出现位置随机的四个字母不断下落，用键盘输入相应的字母，则字母就会爆炸，同时成绩会增加 10 分。

```
1  stop();
2  for (var i:uint = 1; i< = 4; i+ + ) {
3      this["a"+ i+ "_mc"].x= Math.random()* stage.stageWidth;
4      this["a"+ i+ "_mc"].addEventListener(Event.ENTER_FRAME,enterFrameHandle);
5  }
```

```
6
7   function enterFrameHandle(e:Event):void {
8       var a_mc:MovieClip= e. target as MovieClip;
9       if (a_mc. y< stage. stageHeight- 5) {
10          a_mc. y+ = 10;
11      } else {
12          a_mc. gotoAndPlay(1);
13          a_mc. x= Math. random()* stage. stageWidth;
14          a_mc. y= 0;
15      }
16  }
17
18  stage. addEventListener(KeyboardEvent. KEY_DOWN,downHandle);
19
20  var score:Number= 0;
21
22  function downHandle(e:KeyboardEvent):void {
23      for (var i:uint = 1; i< = 4; i+ + ) {
24          if (e. charCode= = this["a"+ i+ "_mc"]. currentFrame+ 96) {
25              var bomb_mc:Bomb = new Bomb();
26              this. addChild(bomb_mc);
27              bomb_mc. x= this["a"+ i+ "_mc"]. x;
28              bomb_mc. y= this["a"+ i+ "_mc"]. y;
29              bomb_mc. gotoAndplay(1);
30              this["a"+ i+ "_mc"]. visible= false;
31              score+ = 1;
32              score_txt. text= score+ "";
33          }
34      }
35  }
```

代码说明：

第 2～5 行代码的作用是通过 for 循环依次为四个字母影片剪辑设定随机的 X 坐标，由于四个字母影片剪辑要不断地往下落，这个降落的过程可以在响应进入帧事件函数中实现，因此在这里给四个影片剪辑注册了进入帧事件侦听，并指定由 enterFrameHandle() 函数来处理。

第 7～16 行代码的作用是自定义 enterFrameHandle() 函数，由于四个字母影片剪辑的进入帧事件处理函数都指定为此函数，因此，在本函数中，一开始就需要知道事件源对象，然后针对事件源对象实现其不断地从舞台上端往下落。在下落的过程中，需要判断字母影片剪辑是否达到舞台底端，如果到达舞台底端，则重新让其回到舞台顶端，同时让字母影片剪辑运行第一帧，随机跳转到某一帧，这样再次往下落的过程中，就可以呈现与上一次不一样的字母。对用户而言，会看到不断有新的字母出现，而对程序而言，是在反复处理四个字母影片剪辑，这样对程序性能来讲是非常有益的。

第 18 行代码的作用是注册舞台侦听键盘事件。

第 22～35 行代码的作用是判断当四个字母影片剪辑在下落的过程中，键盘上按下的键是否与字母相同，如果相同，则让爆炸影片剪辑出现在字母影片剪辑位置处，并播放爆炸效果，同时字母影片剪辑隐藏，并回到舞台顶端，准备再次落下。

第 31～32 行代码的作用是将最新的成绩在 score_txt 文本框中显示出来。

（5）按 Ctrl＋Enter 组合键，根据出现的字母输入相应的字母，测试爆炸和成绩增加的功能。

功能扩展：

■ 添加限时功能。

■ 增加一次出现多个字母。

■ 添加背景音乐和音效。

■ 添加游戏结束成绩显示和重新开始按钮。

■ 添加其他字母的练习功能。

■ 添加记录错误信息的功能，并能根据此信息，调整字母出现的频率。

■ 添加计算打字速度的显示功能。

■ 设定打字的难度，初级为字母练习、中级为单词练习、高级为一段文章的练习。

常用英语单词含义如表 12-3 所示。

表 12-3　常用英语单词含义

英　文	中　文
keyboard	键盘
left	左
right	右
up	上
down	下
add	增加
listener	侦听
math	数学
string	字符串

课后练习：

1. 在本章实例制作案例的基础上完成以下功能：

（1）添加限时功能；

（2）添加背景音乐和音效；

（3）增加一次出现多个字母功能；

（4）添加游戏结束成绩显示和重新开始按钮；

（5）添加其他字母的练习功能。

2. 设计制作一个影片剪辑，用以模拟弹钢琴，要求具有以下功能：

（1）钢琴键盘黑白相间；

（2）需要为钢琴上的每个按键对应计算机键盘上的一个按键；

（3）当按下计算机上的某个按键时，对应的钢琴上的按键将显示被按下的效果，同时播放对应的音效。

第 13 章　碰撞检测

复习要点：

➢ KeyboardEvent 类的属性和方法

➢ Keyboard 类常量使用方法

➢ 键盘的侦听方法

➢ 键盘控制

本章要掌握的知识点：

◇ 检测函数 hitTestPoint() 的使用

◇ 检测函数 hitTestObject() 的使用

◇ 像素级碰撞检测函数的使用

能实现的功能：

◆ 能检测两个影片剪辑是否碰撞、交叉等

◆ 能检测影片剪辑与某点是否碰撞

◆ 与 if 语句结合可以设计各种碰撞事件效果

◆ 能设计定时检测执行某个指定的动作或指定的函数

13. 1　Flash 现成的碰撞检测方法

在 Flash 互动设计中，特别是在 Flash 游戏设计制作中，需要知道两个或多个影片剪辑是否重叠或相交，如运动的炮弹碰到物体发生爆炸，两辆汽车发生碰撞产生翻车效果，蜡烛碰到火光就点燃等。要想创建这些类型的交互对象，首先需要使用一种方法，来判断一个对象是否与另一个对象接触，这种方法叫做碰撞检测。尽管 Flash 不会自动提示是否发生碰撞，但是在 Flash ActionScript 3.0 中有两种现成的、非常简单的碰撞检测方法。

13. 1. 1　hitTestObject 方法

hitTestObject 方法可以用来检测任意两个显示对象 DisplayObject 是否发生碰撞。判断两个显示对象 DisplayObject 是否碰撞也许是最简单的碰撞检测方法。格式如下：

```
public function hitTestObject(obj:DisplayObject):Boolean
```

计算显示对象的边框，以确定它是否与 obj 显示对象的边框重叠或相交。

参数

obj：DisplayObject：要测试的显示对象。

返回

Boolean：如果显示对象的边框相交，则为 true；否则为 false。

调用这个函数作为影片剪辑的方法，将另一个影片剪辑的引用作为参数传入。注意，虽然说的是影片剪辑，但这两种方法都是 DisplayObject 类的成员，对于所有继承自显示对象类的子类，Bitmap，Video，TextField、Sprite 等都可以使用。例如：

```
sprite1.hitTestObject(sprite2:flash.display:DisplayObject)
```

通常于在 if 语句中使用：

```
if(sprite1.hitTestObject(sprite2)) {
    // 碰撞后的动作
}
```

如果 sprite1 和 sprite2 发生了碰撞，则返回 true，并执行 if 语句块的内容。以后会经常在 if 条件语句中使用 hitTestObject 方法。

13. 1. 2　hitTestPoint 方法

判断某个点与显示对象间是否发生了碰撞，可用显示对象 DisplayObject 的 hitTestPoint 方法。格式如下：

public function hitTestPoint（x：Number，y：Number，shapeFlag：Boolean ＝ false）：Boolean

计算显示对象，以确定它是否与 x 和 y 参数指定的点重叠或相交。x 和 y 参数指定舞台的坐标空间中的点，而不是包含显示对象的显示对象容器中的点（除非显示对象容器是舞台）。

参数

x：Number：要测试的此对象的 X 坐标。

y：Number：要测试的此对象的 Y 坐标。

shapeFlag：Boolean（default＝false）：是检查对象（true）的实际像素，还是检查边框（false）的实际像素。

返回

Boolean：如果显示对象与指定的点重叠或相交，则为 true；否则为 false。

【**实例 13**-**1**】 碰花游戏。

● 实例描述：当鼠标碰触到舞台中随机分布的五彩花朵，花朵会立即"躲开"到别处。运行截图如图 13-1 所示。

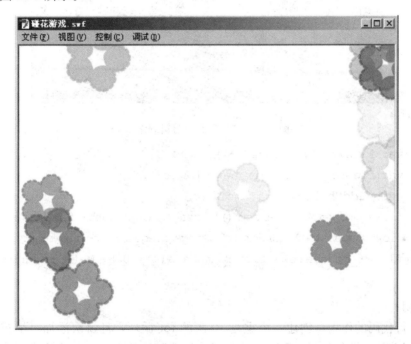

图 13-1 碰花游戏效果图

● 设计思路：通过复制库的花元件在舞台显示多只花，并且需要为舞台注册侦听鼠标移动事件，在鼠标移动事件处理函数中逐一判断舞台上的花是否与鼠标光标发生碰撞，如果是，则改变此朵花的颜色和位置。

● 设计制作步骤：

（1）新建一 Flash 文档，按 Ctrl＋F8 组合键新建一影片剪辑，命名为"花"。制作一段花儿旋转的补间动画，如图 13-2 所示。

（2）将元件库中"花"影片剪辑导出为"Flower"类型。

（3）在主时间轴上新建一层作为写代码的代码层。按 F9 键打开动作窗口添加以下代码，初始化 10 朵花，并添加到舞台。

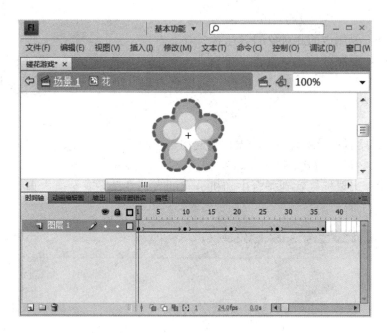

图 13-2 "花"影片剪辑制作图

```
1   for(var i:unit= 0;i< 10;i+ + ){
2       var flower_mc:Flower= new Flower();
3       this.addChild(flower_mc);
4       flower_mc.x= Math.random ()* (stage.stageWidth- flower_mc.width/2);
5       flower_mc.y= Math.random ()* (stage.stageHeight- flower_mc.height/2);
6       flower_mc.scaleX= flower_mc.scaleY= 0.5+ Math.random()* 0.5;
7   }
```

代码说明：

第 1~7 行代码的作用是创建一个重复 10 次的 for 循环，且每次添加一个花朵实例。并且进一步设置花的属性，包括设置随机的位置、设置随机的缩放。需要注意的是，要使花朵的各个边都等比例地缩小和放大，影片剪辑中的注册点就要放在元件的中心位置。

（4）继续添加代码，判断鼠标在移动过程中是否与花朵发生碰撞。

```
8   stage.addEventListener(MouseEvent.MOUSE_MOVE ,moveHandle);
9
10  function moveHandle(e:MouseEvent) {
11      for (var j:unit= 0; j< 10;j+ + ) {
12          if (this.getChildAt(j).hitTestPoint (this.mouseX,this.mouseY)) {
13              this.getChildAt(j).x= Math.random()* stage.stageWidth;
14              this.getChildAt(j).y= Math.random()* stage.stageHeight;
15              var ctm:ColorTransform= new ColorTransform();
16              ctm.color= Math.random()* 0xFFFFFF;
17              this.getChildAt(j).transform.colorTransform= ctm;
```

```
18                  this.getChildAt(j).alpha= Math.random();
19              this.getChildAt (j).scaleX = this.getChildAt (j)
                  .scaleY= Math.random();
20          }
21      j= j+ 1;
21  }
22 }
```

代码说明：

第 8 行代码的作用是为注册鼠标移动事件，因为鼠标在舞台上移动的过程中，需要判断是否与 10 朵花发生碰撞。

第 10～22 行代码的作用是具体进行判断鼠标光标是否与花发生碰撞，如果发生碰撞，被碰撞的花朵要即时进行"躲闪"，并且还要随机变色进行伪装。

（5）按 Ctrl＋Enter 组合键测试。

【实例 13-2】　射箭游戏。

● 实例描述：用鼠标来控制箭的移动，当松开鼠标的时候，将箭发射出去，如果发出的箭刺中花朵，则播放一段花朵被刺中的动画，箭不管刺中花朵与否，最终都会减速飞出舞台上方。实例执行效果如图 13-3 所示。

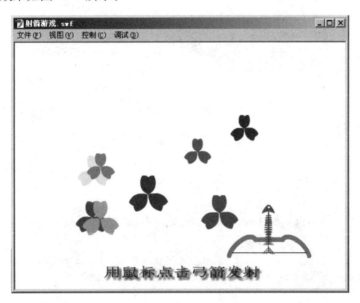

图 13-3　射箭游戏运行图

● 设计思路：通过复制库的花元件在舞台显示多只花，并且这些花的位置、大小和颜色都是随机的。鼠标按下弓箭时，生成一只箭的影片剪辑实例，这只箭在响应自身的进入帧事件时不断减小 Y 轴坐标，同时逐一判断是否与舞台上的花进行了碰撞。

● 设计制作步骤：

（1）新建一 Flash 文档，按 Ctrl＋F8 组合键新建一影片剪辑，命名为"花箭"，如图 13-4 所示。

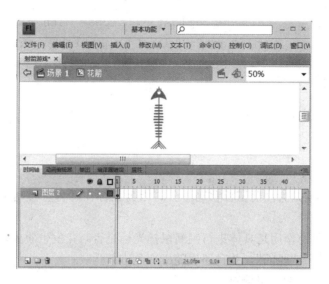

图 13-4　"花箭"影片剪辑制作图

（2）按 Ctrl＋F8 组合键新建一影片剪辑，命名为"弓箭"，制作一段补间动画模拟弓箭发射动作。将该影片剪辑从库中拖动到主场景中，给其命名实例名称为"bow＿mc"。这个 bow＿mc 就是一个可以控制在屏幕中移动的目标对象。弓箭影片剪辑如图 13-5 所示。

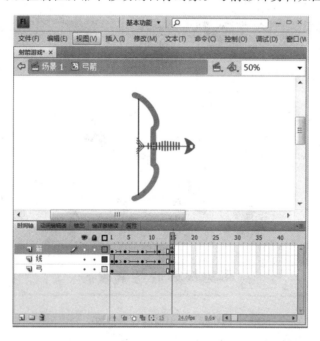

图 13-5　"弓箭"影片剪辑图

（3）建立一个花朵旋转的动画补间影片剪辑，命名为"花"，在第一帧上添加代码 stop()。花朵就是与所控制的对象 bow＿mc 交互的对象。花朵影片剪辑如图 13-6 所示。

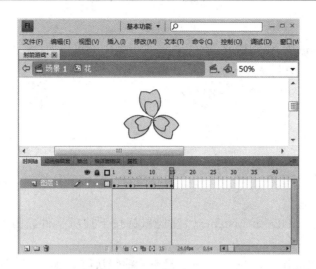

图 13-6　"花朵"影片剪辑制作图

（4）分别将"花箭"和"花"影片剪辑元件导出为"Arrow"类型和"Flower"类型。

（5）按 F9 键打开动作窗口添加以下代码，初始化生成 10 朵花。

```
1   for (var i:uint= 0; i< 10; i+ + ) {//初始化生成 10 朵花
2       var f_mc:Flower= new Flower();
3       this.addChild(f_mc);
4       f_mc.x= Math.random()* (this.stage.stageWidth- f_mc.width)+ f_mc.width/2;
5       f_mc.y= Math.random()* (this.stage.stageHeight- f_mc.height)+ f_
            mc.height/2;
6       f_mc.scaleX= f_mc.scaleY= Math.random()* 0.1+ 0.2;
7       var ctm:ColorTransform= new ColorTransform();
8       ctm.color= Math.random()* 0xFF0000;
9       f_mc.transform.colorTransform= ctm;
10      f_mc.name= "flow_"+ i;
11  }
```

代码说明：

第 1～11 行代码的作用是创建一个重复 10 次的 for 循环，且每次添加一个花朵实例。并且进一步设置花朵的属性，包括设置随机的位置、设置随机的缩放、随机的颜色及给花朵命名。需要注意的是，要使花朵的各个边都等比例地缩小和放大，影片剪辑中的注册点就要放在元件的中心位置。

（6）继续添加代码，实现弓箭的拉弓功能。

```
12  bow_mc.stop();//弓箭影片剪辑停止
13  bow_mc.startDrag(true);//弓箭可以被拖动
14
15  //添加鼠标侦听事件,如果弓箭被按下,就将箭发射出去
16  bow_mc.addEventListener(MouseEvent.MOUSE_DOWN,playAllow);
```

```
17
18    //如果弓箭被按下,则播放 bow_mc 影片剪辑中的拉弓动作
19    function playAllow(e) {
20        bow_mc.gotoAndPlay(1);
21    }
```

代码说明：

第 12 行代码的作用是指示 bow _ mc 弓箭影片剪辑定格在第一帧，即未拉弓状态。

第 13 行代码的作用是通过 startDrag()函数设定弓箭被鼠标拖动，即可以用鼠标来控制弓箭的移动。

第 16 行代码通过 addEventListener()注册鼠标按下侦听事件，因为一旦弓箭被鼠标按下，就显示拉弓动作。

第 19～21 行代码的作用是 bow _ mc 弓箭影片剪辑从第一帧播放一段拉弓的动画。

（7）继续添加代码，实现弓箭的放箭功能。

```
22    bow_mc.addEventListener(MouseEvent.MOUSE_UP,createAllow);
23
24    //鼠标释放之后,生成一个箭头
25    function createAllow(e:MouseEvent) {
26        var arrow_mc:Arrow = new Arrow();
27        arrow_mc.scaleX= 0.3;
28        arrow_mc.scaleY= 0.3;
29        arrow_mc.x= this.mouseX;
30        arrow_mc.y= this.mouseY;
31        arrow_mc.flySpeed= 12;//设定弓箭的初始速度
32        this.addChild(arrow_mc);
33        arrow_mc.addEventListener(Event.ENTER_FRAME,flyAllow);
34    }
```

代码说明：

第 22 行代码的作用是为 bow _ mc 弓箭影片剪辑注册鼠标弹起事件，因为鼠标一旦弹起，就应该放箭，弓箭也应该从拉弓动作恢复到正常状态。

第 26～32 行代码的作用是生成一支新的箭并加到舞台，并设置箭的相关属性，包括缩放比例、位置等。为了控制箭的飞行速度，给每个发射出去的箭都设置了飞行初始速度 flySpeed。这个 flySpeed 并不是 MovieClip 类的内置属性，它是针对本程序而创建的，专门用于满足本程序的需要。可以为 MovieClip 及其继承类（如 Arrow 类）的实例动态创建和添加属性与方法，动态创建的属性和方法可以在创建之后和内置属性和方法一样使用。

第 33 行代码的作用是为了实现发出的箭能够顺利地在一段时间内（即为出舞台边界之前）持续飞行，并判断是否与花朵碰撞。为此，需要利用注册侦听 Event. ENTER _ FRAME 事件，让响应函数在每一帧都重复执行，从而实现这个功能。

（8）继续添加代码，实现箭的飞行功能，即判断弓箭飞行途中是否与花朵碰撞并进行相

应的处理。

```
35   function flyAllow(e:Event):void {//箭的飞行控制
36       var moveArrow:Arrow= e.target as Arrow;
37       //由于地球引力的缘故,飞行速度逐渐减慢
38       moveArrow.flySpeed= moveArrow.flySpeed* 0.98;
39       moveArrow.y- = moveArrow.flySpeed;
40
41       for (var j:uint= 0; j< Count; j+ + ) {
42           if (this.getChildByName("flow_"+ j).hitTestObject(moveArrow)) {
43               this.getChildByName("flow_"+ j).x= - this.getChild-
                     ByName("flow_"+ j).width;
44               this.getChildByName("flow_"+ j).y= - this.getChild-
                     ByName("flow_"+ j).height;
45           }
46           break;
47       }
48
49       if (moveArrow.y< = - moveArrow.height) {
50           moveArrow.removeEventListener(Event.ENTER_FRAME,flyAllow);
51           this.removeChild(moveArrow);
52       }
53   }
```

代码说明:

这段代码的主要作用是判断箭在飞行途中能否碰撞到花朵。

第 36 行代码的作用是从系统生成的事件对象中通过 target 属性找出事件源,即正在飞行的箭。

第 37～39 行代码的作用是让正在向上飞行中的箭逐渐以 98% 的速度减速,这主要是模拟在自然状况下,箭在向上飞的过程中,速度是逐渐下降的。

第 41～46 行代码利用 hitTestObject() 方法来实现逐一判断每只花朵是否与正在飞行中的箭发生碰撞,它可以检测每朵花的边界是否与箭的边界相交。如果某朵花与箭发生了碰撞,这朵花播放一段刺中的动画并消失。

第 49～52 行代码的作用是不管箭是否射中花朵,当它飞行出舞台的边界后就应该停止侦听 Event.ENTER_FRAME,并将其从舞台中移除。

(9) 按 Ctrl+Enter 组合键测试效果。

13.2　像素级碰撞检测方法

Flash 现成的碰撞检测方法虽然简单,但是精确度比较低,因为这种检测方法,是以影

片的矩形边界来判断的，而不是以影片内图形的实际可见像素来判断的，误差比较大，应用起来有一定的局限性。在游戏、用户界面和很多应用程序类型中，时常需要精度更高的像素级别的碰撞检测，检测的精确度越高，则实现起来就越复杂。Flash 没有提供这种像素级别的检测方法，这就需要自定义函数来实现像素级别的碰撞检测方法。基本思路就是将要检测的显示对象 DisplayObject 转化为 BitmapData，然后用其内置的 hitTest 方法检测是否发生碰撞。以下是一个自定义的第三方像素级碰撞检测方法 hitTestPixel（shape1：DisplayObject，shape2：DisplayObject），该方法用于检测两个显示对象是否发生像素级碰撞，如果发生碰撞则返回 true，否则返回 false。函数实现代码如下：

```
function hitTestPixel(shape1:DisplayObject,shape2:DisplayObject):Boolean {
var s1x:Number= shape1.getRect(shape1).x;
var s1y:Number= shape1.getRect(shape1).y;
var s2x:Number= shape2.getRect(shape2).x;
var s2y:Number= shape2.getRect(shape2).y;
var s1w:Number= shape1.width;
var s1h:Number= shape1.height;
var s2w:Number= shape2.width;
var s2h:Number= shape2.height;

s1w= s1w< 1? 1:s1w;
s1h= s1h< 1? 1:s1h;
s2w= s2w< 1? 1:s2w;
s2h= s2h< 1? 1:s2h;

var BmpData1:BitmapData= new BitmapData(s1w,s1h,true,0x00000000);
var BmpData2:BitmapData= new BitmapData(s2w,s2h,true,0x00000000);
BmpData1.draw(shape1,new Matrix(1,0,0,1,- s1x,- s1y));
BmpData2.draw(shape2,new Matrix(1,0,0,1,- s2x,- s2y));

var gp1:Point= shape1.localToGlobal(new Point(s1x,s1y));
var gp2:Point= shape2.localToGlobal(new Point(s2x,s2y));
var isHited:Boolean= BmpData1.hitTest(gp1,0x05,BmpData2,gp2,0x05);
BmpData1.dispose();
BmpData2.dispose();

return isHited;
}
```

函数中代码的具体含义在此不再赘述，只需调用这个方法即可。有了这个自定义的第三方像素级别的碰撞检测方法，就可以对碰撞做更高精度的检测了。

【实例 13-3】　形状认知游戏。

● 实例描述：舞台下方放置的物体形状与灰色的物体形状之间一一对应，如果用鼠标拖动下的物体形状与对应的灰色物体形状发生了碰撞，则它们会吸附在一起，且大小一致。否则拖动的物体形状返回原处。实例执行效果如图 13-7 所示。

图 13-7　形状认知游戏效果图

● 设计思路：利用鼠标拖曳对象功能和碰撞检测实现形状认知游戏，当鼠标按下的时候，让影片剪辑可以被拖曳，当鼠标被放开的时候，让影片剪辑停止被拖曳，如果此时拖曳的影片剪辑对象与特定拖动目标进行了像素级碰撞，则自动将拖曳的影片剪辑吸附重叠在一起。否则被拖曳的对象自动返回原处。

● 设计制作步骤：

（1）新建一 Flash 文档，设计制作场景如图 13-8 所示。

（2）分别为下方的每个将被拖动的影片剪辑命名为 "t1 _ mc "，" t2 _ mc "，依次类推。

（3）分别为上方灰色的每个特定目标影片剪辑命名为 "t1bg _ mc "，" t2bg _ mc "，依次类推。

（4）在代码层的第一帧上添加下面的代码，给 8 个即将拖动的影片剪辑注册鼠标按下和弹起事件侦听。

```
1   for (var i:uint= 1; i< = 8; i+ + ) {
2       var picture_mc:MovieClip= this.getChildByName("t"+ i+ "_mc")as MovieClip;
3       //侦听鼠标按下事件
4       picture_mc.addEventListener(MouseEvent.MOUSE_DOWN,downHandle);
5       //侦听鼠标放开事件
6       picture_mc.addEventListener(MouseEvent.MOUSE_UP,upHandle);
7   }
```

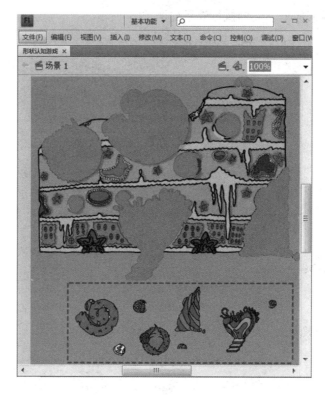

图 13-8　场景布局图

代码说明：

这段代码的作用是通过 for 循环为每个待拖动的影片剪辑注册鼠标按下事件和鼠标弹起事件。

（5）继续添加 AS 代码，实现鼠标按下的目标时，被按下的目标可以被拖曳。

```
8   function downHandle(e:MouseEvent):void {
9     //记录下原始位置以便匹配不成功时可以返回去
10     e.target.startX= e.target.x;
11     e.target.startY= e.target.y;
12     e.target.startDrag(true);
13  }
```

代码说明：

这段代码的作用是通过解析事件对象中的 target 属性，确定鼠标按下的对象。被拖动的对象在停止拖动的时候如果未能与特定目标对象发生碰撞，则要返回原处。因此每个被拖动的对象在拖动开始前都需要记录初始位置以防不测。这里为了存储每个被拖动对象的初始位置而给它们每个都设置了 startX 和 startY 两个动态属性。

第 12 行代码的作用是目标对象可以被鼠标拖动。

（6）继续添加代码，实现鼠标在拖曳对象上弹起时，判断是否与特定对象发生了碰撞。

```
14   function upHandle(e:MouseEvent):void {
15       var target_mc:MovieClip= e.target as MovieClip;
16       target_mc.stopDrag();
17       var name_str:String= target_mc.name;//拾取相同序列号的影片
18       var index:String= name_str.substr(1,1);
19       if (hitTestPixel(target_mc,this.getChildByName("t"+ index+ "bg_mc"))) {
20           target_mc.x= this.getChildByName("t"+ index+ "bg_mc").x;
21           target_mc.y= this.getChildByName("t"+ index+ "bg_mc").y;
22           target_mc.scaleX= e.target.scaleY= 2;//放大 2 倍
23           //放对位置后取消侦听防止移动
24           target_mc.removeEventListener(
25           MouseEvent.MOUSE_DOWN,downHandle);
26           //放对位置后取消侦听防止移动
27           target_mc.removeEventListener(MouseEvent.MOUSE_UP,upHandle);
28       } else {
29           target_mc.x= target_mc.startX;//放错地方就回原位
30           target_mc.y= target_mc.startY;
31       }
32   }
```

代码说明：

这段代码的作用是当鼠标在影片剪辑上松开时，利用事件对象的 target 属性确定被松开影片剪辑的名字。由于之前在给每个影片剪辑命名时，将特定目标影片剪辑的命名（如 t1bg_mc）与需要拖动的影片剪辑（如 t1bg_mc）进行了一一对应。因此，在第 18 行代码中，将被拖动的影片剪辑名字中编号抽取出来，这样通过它们之间的一一对应关系就能确定特定目标对象的名字。通过 String 类的 substr（start：uint，length：uint）方法实现字符串的截取，本函数将字符串的第 start 位起的字符串取出 length 个字符。若 start 为负数，则从字符串尾端算起。若可省略的参数 length 存在，但为负数，则表示取到倒数第 length 个字符。这里截取目标对象的第 2 个字符，因此 substr（）的两个参数分别为 1，1。

在第 19~32 行代码中，利用第三方自定义函数 histTestPixel（）来判断被释放的影片剪辑是否与它特定目标对象发生了碰撞，如果发生了碰撞，则将它吸附到特定目标上（即将它们的位置设为相同），由于刚才拖动的影片剪辑与它对应的特定目标之间匹配成功，因此，取消拖动的影片剪辑的鼠标按下和释放侦听。如果未匹配成功，则将刚才拖动的影片剪辑返回到初始位置。

（7）按 Ctrl＋Enter 组合键测试效果。

注意

（1）在自定义函数时，需先使用 function 关键字来声明函数。

（2）必须指定函数的名称，并在需要使用该函数时调用该函数名。

13.3 实例制作——迷你炮弹

● 实例名称：迷你炮弹。

● 实例描述：这是一个炮弹射击小鸟的游戏，由浏览者用鼠标控制炮弹射击目标，需要模拟一个大炮不断发射炮弹射击舞台上飞越的多只小鸟。当鼠标左键弹起时，则大炮发射的炮弹飞往鼠标光标位置，如果在飞行过程中击中一只小鸟，则得 10 分，如果在 30 秒内未能击中 25 只小鸟，则游戏失败。图 13-9 和图 13-10 分别为游戏开始画面和游戏进行中画面。

图 13-9　游戏开始画面

● 设计思路：界面设计美观；大炮发射的动画；有炮弹击中小鸟的动画；有得分显示；有倒计时显示。

● 实例分析：每次大炮发射时，产生一个新的炮弹影片剪辑；通过数学相关函数控制炮弹的飞行轨迹；爆炸效果可以用一个影片剪辑实现，哪里出现爆炸，则爆炸效果影片就出现在哪里；炮弹是否击中小鸟用碰撞函数 hitTestObject 进行判断。

● 设计制作步骤：

（1）新建一 Flash 文档，按 Ctrl＋F8 组合键将新建影片剪辑命名为"鸟"，制作一个补间动画实现鸟能不断扇动翅膀。如图 13-11 所示。

（2）新建一影片剪辑命名为"炮塔"，制作一个补间动画模拟炮塔发射炮弹时的情形，如图 13-12 所示。

图 13-10　游戏效果图

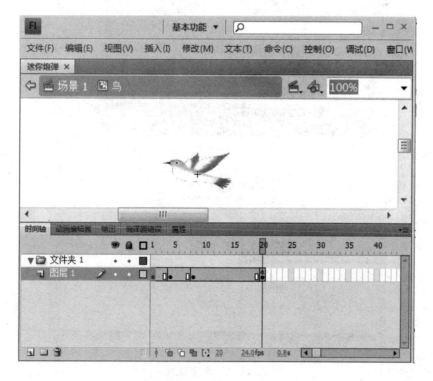

图 13-11　鸟影片剪辑制作图

（3）新建"炮弹"影片剪辑，如图 13-13 所示。

（4）新建"爆炸"效果影片剪辑，制作一段爆炸逐渐消失的动画。并将该元件导出为"Bomb"类，如图 13-14 所示。

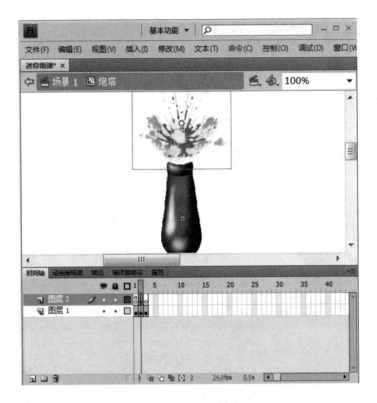

图 13-12　炮塔发射动画

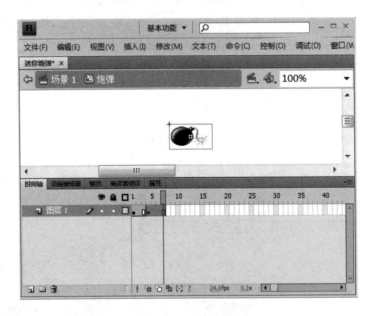

图 13-13　炮弹动画

（5）分别将"炮弹"元件和"炮塔"元件导出为"Missile"类别和"Cannon"类别。

（6）分别将"鸟"元件和"爆炸效果"元件导出为"Bird"类别和"Explosion"类别。

（7）在代码层的第一帧上添加代码，用来进行一些初始化工作。

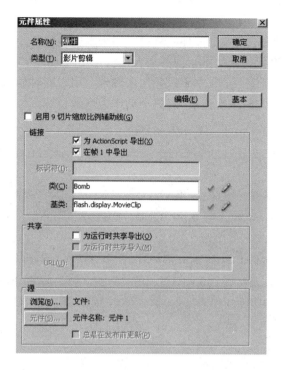

图 13-14 爆炸效果到处为 Bomb 类

```
1   stop();
2
3   var cannon_mc:Cannon= new Cannon();
4   this.addChild(cannon_mc);
5   cannon_mc.x= 100;
6   cannon_mc.y= stage.stageHeight- 100;
7
8   var score:Number= 0;
9   var score_txt:TextField= new TextField();
10  this.addChild(score_txt);
11  score_txt.textColor= 0xff0000;
12  score_txt.x= stage.stageWidth- 30;
13  score_txt.y= 20;
14
15  var countdown_txt:TextField= new TextField();
16  this.addChild(countdown_txt);
17  countdown_txt.x= stage.stageWidth- 150;
18  countdown_txt.y= 20;
```

代码说明：

在开始游戏前，需要进行一些初始化的工作，例如在舞台上显示大炮、倒计时文本、所得分数文本等。

第 2～6 行代码实例化一个大炮并加入舞台，用来发射炮弹。

第 8～13 行代码实例化一个文本字段并加入舞台，用来即时显示游戏中所得分数。

第 15～18 行代码实例化一个文本字段并加入舞台，用来即时显示游戏中所剩时间。

（8）继续添加代码，定时依次生成 30 只小鸟作为炮弹目标。

```
19   var tm:Timer= new Timer(1000,30);
20   tm.addEventListener(TimerEvent.TIMER,timerHandle);
21   tm.start();
22   function timerHandle(e:TimerEvent):void {
23       var bird_mc:Bird= new Bird();
24       this.addChild(bird_mc);
25       bird_mc.x= stage.stageWidth+ bird_mc.width/2;
26       bird_mc.y= Math.random()* (stage.stageHeight- 200)+ bird_mc.height;
27       bird_mc.addEventListener(Event.ENTER_FRAME,flyHandle);
28
29       if(tm.currentCount = = 30){
30           tm.removeEventListener(TimerEvent.TIMER,timerHandle);
31       }
32   }
```

代码说明：

游戏伊始，为了避免所有的小鸟一下子全部出现在舞台上，这里每隔 1 秒生成 1 只小鸟，从舞台右方随机的位置开始，按照随机的速度从舞台右方向左方飞行。

第 19～21 行代码实例化一个定时器，并设置相关参数。

第 23～27 行代码具体定义了如何生成一只小鸟，设定生成的小鸟从舞台右方的位置开始准备飞行。由于小鸟飞行是一个持续的动作，这里注册侦听 Event.ENTER _ FRAME 事件，这样定义一个 flyHandle() 专门用来实现一只小鸟飞行的功能。

第 29～30 行代码的作用是当定时器达到了触发次数，即时移除对 TimerEvent.TIMER 的侦听。

（9）继续添加代码，实现每只小鸟飞行的功能。

```
33   function flyHandle(e:Event):void {
34       var bird:Bird= e.target as Bird;
35       bird.x- = (Math.random()* 2+ 1);
36       if (Math.random()> 0.5) {
37           bird.y+ = Math.random()* 2;
38       } else {
39           bird.y- = Math.random()* 2;
40       }
41       if(bird.x< - bird.width){
```

```
42              bird. x= stage. stageWidth+ bird. width/2;
43              bird. y= Math. random()* (stage. stageHeight- 200)+ bird. height;
44          }
45      }
```

代码说明：

第 34～40 行的作用是用来实现小鸟飞跃舞台，每次横向从右到左飞行 1～3 个像素，为了避免一直在一条水平线上飞行，这里让其沿着初始位置所在的水平线在竖直方向上随机上下浮动 0～2 像素。

第 41～44 行代码用来判断小鸟是否飞过了舞台左边界，如果是，则需要让其重新回到舞台右边界，Y 轴位置随机。这样这只小鸟重新飞跃舞台，如此反复，直到被炮弹射中。

（10）继续添加代码，实现大炮发射炮弹功能。

```
46  stage. addEventListener(MouseEvent. MOUSE_UP,upHandle);
47
48  function upHandle(e:MouseEvent):void {
49      var missile_mc:MovieClip= new Missile();
50      this. addChild(missile_mc);
51      missile_mc. x= cannon_mc. x;
52      missile_mc. y= cannon_mc. y;
53
54      cannon_mc. play();
55      missile_mc. goalX= this. mouseX;
56      missile_mc. goalY= this. mouseY;
57      var dx:Number= this. mouseX- missile_mc. x;
58      var dy:Number= this. mouseY- missile_mc. y;
59      missile_mc. degree= Math. atan2(dy,dx);
60      cannon_mc. rotation= 90+ missile_mc. degree* 180/Math. PI;
61      missile_mc. rotation= missile_mc. degree* 180/Math. PI;
62      missile_mc. addEventListener(Event. ENTER_FRAME,enterFrameHandle);
63      missile_mc. isDrop= false;
64      missile_mc. dropSpeed= 5;
65  }
```

代码说明：

这段代码的作用是每当鼠标在舞台上松开的时候，发射一枚炮弹。

第 49～53 行代码的作用是生成一个颗新的炮弹，其初始位置在大炮注册点。

第 54 行代码的作用是播放炮弹在出膛的一瞬间的动画片段。

第 55～61 行代码的作用是设定炮弹的飞行目的地及飞行初始状态。刚开始的目的地是鼠标光标位置，这样通过反正切函数很容易求出目的地与初始位置形成的直线与 X 轴的角度。因为这个角度就应该是大炮的发射角度及炮弹的飞行角度，因此大炮和炮弹都要进行旋转与此角度吻合。在数学三角函数中，从某个 x 坐标值，y 坐标值，求取相对于原点（0，0）的角度 α，tan（α）＝y/x，，也即角度 α＝Math.atan2（y，x）；那么鼠标光标相对某个点（x，y）的角度应该就是 Math.atan2（mouseY－y，mouseX－x）。

第 62～64 行代码的作用是设定大炮的飞行状态及相关动态属性。如果大炮在到达目的地，即鼠标光标位置处都未能击中任何目标，则接着应该做下落运动。因此大炮在飞行过程中有可能经历两种飞行状态。因此，这里为每个炮弹添加两个动态属性，一个是 isDrop，用来标志是否处于下落飞行状态，一个是 dropSpeed，用来存储下落的速度。

（11）继续添加代码，实现炮弹飞行功能，负责处理飞行中判断是否中击小鸟及后续处理。

```
66    function enterFrameHandle(e:Event):void {
67        var missile_mc:MovieClip= e.target as MovieClip;
68        //trace(missile_mc.isDrop);
69        var dx= missile_mc.goalX- missile_mc.x;
70        if(missile_mc.isDrop = = false){
71            missile_mc.x= missile_mc.x+ dx* 0.2;
72            missile_mc.y= dx* 0.2* Math.tan(missile_mc.degree)+ missile_mc.y;
73
74            if (Math.abs(missile_mc.goalX- missile_mc.x)< 0.5 ) {
75                missile_mc.x= missile_mc.goalX;
76                missile_mc.y= missile_mc.goalY;
77                missile_mc.isDrop= true;
78                }
79        }else{
80            missile_mc.dropSpeed= missile_mc.dropSpeed* (1+ 0.98);
81            missile_mc.y + = missile_mc.dropSpeed;
82        }
83
84
85
86        if(missile_mc.y > stage.stageHeight+ missile_mc.height){
87            missile_mc.removeEventListener(Event.ENTER_FRAME,enterFrameHandle);
88            this.removeChild(missile_mc);
89        }
90
91        for (var j:uint= 0; j< = this.numChildren- 1; j+ + ) {
92
93            if ((this.getChildAt(j) is Bird) && (missile_mc.hitTestOb-
                    ject(this.getChildAt(j)))) {
94
95                var hitBird:Bird= this.getChildAt(j) as Bird;
```

```
96              hitBird.removeEventListener(Event.ENTER_FRAME,flyHandle);
97

98               missile_mc.removeEventListener (Event.ENTER_FRAME,
                 enterFrameHandle);
99              this.removeChild(missile_mc);
100             var explosion_mc:Explosion= new Explosion();
101

102             explosion_mc.x= hitBird.x;
103             explosion_mc.y= hitBird.y;
104             explosion_mc.play();
105             this.removeChild(hitBird);
106

107             this.addChild(explosion_mc);
108             score+ = 10;
109             score_txt.text= score+ "分";
110

111             break;
112          }
113      }
114  }
```

代码说明：

这段代码的作用是实现炮弹在飞行过程中是否击中小鸟及相关的后续处理。

炮弹刚开始按照鼠标光标与炮台之间的角度所形成的直线轨迹进行飞行。

如果在未达到鼠标光标所在位置时击中某只小鸟，则炮弹与鸟同时炮炸消失。如果飞行至鼠标光标的过程中未击中任何一只小鸟，则炮弹从鼠标光标处接着做下落运动，直至飞出舞台下方。

第 67～82 行代码的作用是判断当前炮弹的飞行阶段，如果是在飞向鼠标光标的路途中，即炮弹的 isDrop 属性为 false，则按照上面求出的角度飞行不断减速迫近目标点，当迫近的距离小于 0.5 像素时，则直接达到目标点。如果直到目标点，也没有与小鸟发生碰撞，则开始做下落运动，此时将炮弹的 isDrop 属性设为 true。

第 86～89 行代码的作用是如果炮弹做下落运动到舞台下端，则将炮弹移出舞台。

第 91～114 行代码的作用是采用 for 循环遍历所有的小鸟，看是否在飞过舞台的过程中与炮弹发生碰撞。如果发生了碰撞，则即时从舞台中将炮弹与小鸟删除，同时将爆炸效果影片剪辑添加到碰撞位置并播放效果。此时，还同时要更新所得分数。

（12）继续添加代码，实现倒计时功能。

```
115  var countdown_tm:Timer= new Timer(1000,30);
116  countdown_tm.addEventListener(TimerEvent.TIMER,countdownHandle);
117  countdown_tm.start();
```

```
118
119    function countdownHandle(e:TimerEvent):void{
120        if(countdown_tm.currentCount= = 30 && score< 250){
121            countdown_txt.text= "到时间了!"
122            clearStage()
123            this.gotoAndStop(48);
124
125        }
126        if(countdown_tm.currentCount< = 30&& score> = 250){
127            clearStage()
128            this.gotoAndStop(47);
129        }
130        countdown_txt.text= "还剩下"+ (30- countdown_tm.currentCount);
131
132    }
```

代码说明：

由于此游戏的规则是在 30 秒内，需要射中 30 只小鸟，因此这里需要利用一个定时器进行倒计时。这里定义 countdownHandle 函数对定时器事件不断响应，因此 countdownHandle 每隔 1 秒执行一次，那么每次都在函数里更新倒计时时间。

如果在 30 秒内所得分数未能达到 250 分，则失败。系统跳转到失败页面，如图 13-15 所示。

图 13-15　游戏失败画面

如果在 30 秒内所得分数达到了 250 分，则跳转到成功页面。

（13）继续添加代码，实现游戏结束时清除舞台显示对象功能。

```
133    function clearStage():void{
134        do{
```

```
135        this.removeChildAt(0);
136     }while(this.numChildren> 0)
137     countdown_tm.removeEventListener(TimerEvent.TIMER,countdownHandle);
138     stage.removeEventListener(MouseEvent.MOUSE_UP,upHandle);
139  }
```

代码说明：

这段代码的作用是游戏结束后清除舞台上的所有可见元素。这里利用 do-while 循环，结合深度函数 getChildAt() 来不断移除深度值为 0 的元素。因为深度值是从 0－numChildren-1 不间断连续分布的，因此当删除深度值为 0 的元素时，上面的元素深度值会依次递减下来，原来深度值为 1 的元素填充刚删除的深度值为 0 的元素，原来深度值为 2 的元素填充深度值为 1 的元素，依次类推。

（14）按 Ctrl＋Enter 组合键测试，观察效果。

常用英语单词含义如表 13-1 所示。

表 13-1　常用英语单词含义

英　　文	中　　文
hit	碰撞
test	测试、检测
object	对象
point	点
piexel	像素
interval	间隔
clear	清除
count	计数

课后练习：

1. 设计制作一款小女孩用篮子在桃树下接桃子的游戏，要求具有以下功能：

（1）桃树上能随机掉下桃子；

（2）能用键盘控制小女孩的移动；

（3）能检测到篮子是否接住了掉下的桃子；

（4）能够显示所接的桃子个数；

（5）添加结束游戏的倒计时。

2. 设计制作一款电流急急棒游戏，拖动电流急急棒中的小球，整个过程中不可以让小球碰触到棒，成功拖出则成功，否则失败。要求具有以下功能：

（1）小球可以被拖动；

（2）判断小球是否抵达终点；

（3）能检测到小球是否碰到电流急急棒；

（4）添加结束游戏的倒计时。

第 14 章　视频及麦克风应用

复习要点：

➢ 检测函数 hitTestPoint( ) 的使用

➢ 检测函数 hitTestObject( ) 的使用

➢ 像素级碰撞检测函数的使用

本章要掌握的知识点：

◇ 创建 FLV 文件的方法

◇ 影片中访问 FLV 的方法

◇ 用脚本加载 FLV 的方法

◇ 获取实时视频的方法

◇ 设定并检测视频移动量，根据移动量播放影片剪辑相应的动画

能实现的功能：

◆ 能将 asf，avi，dv，stream，QuickTime，MPEG，MPEG-4，Windows Media 等视频格式转换为 FLV 格式文件

◆ 能动态加载并控制 FLV 文件

◆ 能获取实时的摄像头视频

◆ 能根据摄像头视频移动量的大小播放不同的影片剪辑动画，完成实时视频游戏

14.1　FLV 应用

随着网络技术的发展，网络上视频应用越来越多。FLV 格式以其转换方便，画面清晰，文件小，能边下载边播放，真正的流文件等众多优点得到了广泛的支持和应用。

14.1.1　创建 FLV 文件

如果使用的是 Flash 的专业版，那么在安装时就已经安装了 Flash 视频编码器（Flash Video Encoder）。这时在开始栏菜单中，可以看到 Flash Video Encoder 命令。使用这个附加软件可以将 asf，avi，dv，stream，QuickTime，MPEG，MPEG-4，Windows Media 等视频格式转换为 FLV 格式文件。在 Flash 集成开发环境中，导入外部视频时也可以启动 Flash 视频编码器将导入的视频文件转换为 FLV 格式的文件。下面看一个 avi 文件转换为 FLV 的实例。

打开 Flash 集成开发环境，新建一文档，选择主菜单中的"文件"→"导入"→"导入视频"命令，启动如图 14-1 所示的"导入视频"对话框。

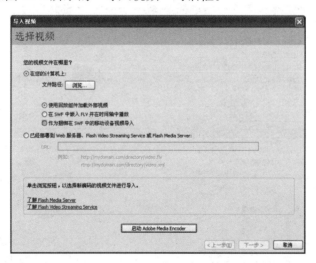

图 14-1　"导入视频"对话框

根据视频文件的存放位置选取相应的文件路径。本例中就选择在本地的视频文件，单击"浏览"按钮找到相应的视频文件。然后单击"下一步"按钮，如图 14-2 所示。

选择默认设置，即"从 web 服务器渐进式下载"，单击"下一步"按钮，打开如图 14-3 所示的对话框。

在本对话框中，可以选择播放器的版本和视频质量，还可以设置视频编码、帧频、关键帧位置、画面品质、调整视频大小，甚至添加字幕、裁剪和修饰视频等参数。选定好相关的参数后，单击"下一步"按钮，进入到如图 14-4 所示的视频外观对话框。

图 14-2　导入视频部署对话框

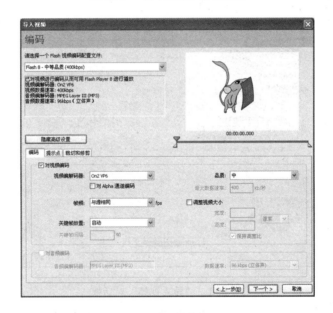

图 14-3　导入视频编码对话框

　　在本对话框中，可以设置视频播放控件的外观和位置。在"外观"下拉列表中，Flash 为开发者提供了 30 多种播放控件的外观及位置可供选择，使视频的播放和控制变得方便和快捷。如果要创建自己的播放控件外观，可选择"自定义"，然后在 URL 字段中输入外观 swf 的相对路径。单击"下一步"按钮，进入到如图 14-5 所示的对话框。

图 14-4　视频外观

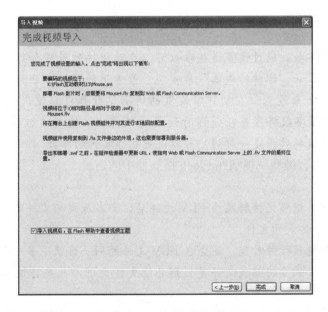

图 14-5　完成视频导入

　　单击"完成"按钮，完成视频的转换和导入。视频导入完成后，在舞台上会添加一个视频组件，按 Alt＋F7 组合键打开组件检查器，单击"参数"标签，可以查看组件的相关参数设置。如图 14-6 所示。本例中使用的是"FLVPlayback"组件，其中最重要的参数是"contentPath"，其值是要播放的 FLV 文件路径及文件名称。本例中的文件名称为"Mouse.flv"。

图 14-6　组件检查器

提示

每个组件都带有参数，通过设置这些参数可以更改组件的外观和行为。要查看或设置参数可通过组件"属性"和"组件检查器"来实现。最常用的属性显示为创作参数，其他参数必须使用 ActionScript 来设置。在创作时设置的所有参数都可以使用 ActionScript 来设置。使用 ActionScript 设置参数将覆盖在创作时设置的任何值。使用"组件"检查器或"属性"检查器（使用两个面板的作用是一样的）可以设置组件实例的参数。

按 Ctrl＋Enter 组合键测试视频在 Flash 播放器中的播放。

注意

（1）默认情况下，视频文件转换为 FLV 文件后，会在原视频文件的相同文件夹下生成一个相同文件名的 FLV 格式的文件。

（2）如果选取了播放控件外观，还会在 FLV 文件的同一目录下多一个 swf 的播放控件文件，请保留该文件，如果要将播放文件复制到其他文件夹下，也要将该 swf 播放控件文件一并复制。

（3）在导出和部署 swf 之前，要在组件检查器中更新 URL，使其指向 web 或 Flash Communication Server 上的 .flv 最终文件。如图 14-6 所示。

说明

Flash Video（FLV）文件最初是为 Macromedia 公司的 Flash Communication Server 技术而设计的，用来被实时流化。而在 Flash Player 7 或以后的版本使得 Flash 影片能够在运行时，在一个标准的 HTTP 连接上直接加载 FLV 文件。

14.1.2　影片加载 FLV 和控制 FLV

"FLVPlayback"组件不能通过代码的方式来添加。如果要使用它，必须先将它拖到库中或舞台上，在库中就生成了一个视频元件，然后再将视频元件的实例添加到舞台上。也可以通过从库菜单中选择"新建视频"选项来将一个视频元件添加到库中。

　　一旦向库中添加了视频元件，就可以在舞台上添加一个实例了。方法是从库中将一个实例拖到舞台中，就如同一个影片剪辑，可在属性检查器中设置一个 Video 对象，即"FLV-Playback"组件的实例名称。给定了"FLVPlayback"组件的实例名称后，可以通过代码来设置"FLVPlayback"组件的各种参数。下面是用代码的方式设置舞台上实例名称为 my_FLVPlybk 的"FLVPlayback"组件的"contentPath"属性和"autoPlay"属性。

```
import mx.video.*;
var my_FLVPlybk:FLVPlayback
my_FLVPlybk.contentPath= "Mouse.flv";
my_FLVPlybk.autoPlay= false;
```

　　在上述代码中，实际上前两行代码可以不用写，效果也是一样的。写上它们只不过是为了能让开发环境提示组件（实际上是 FLVPlayback 类）的相关属性和方法而已。

　　FLVPlayback 类的方法、属性及事件较多，这里就不一一讲解。如果需使用，请参看表 14-1 到表 14-4 或相关的帮助。

表 14-1　FLVPlayback 类的常用方法

方　　法	说　　明
FLVPlayback. addEventListener()	为指定的事件创建侦听器
FLVPlayback. getVideoPlayer()	获取由 *index* 参数指定的视频播放器
FLVPlayback. load()	开始加载 autoPlay 属性设置为 false 的 FLV 文件
FLVPlayback. pause()	暂停播放视频流
FLVPlayback. play()	开始播放视频流，并可加载和播放新的 FLV 文件
FLVPlayback. removeEventListener()	删除事件侦听器
FLVPlayback. seek()	在文件中搜索到给定时间，用秒表示，精确到毫秒
FLVPlayback. seekPercent()	在文件中定位到某个百分比
FLVPlayback. seekSeconds()	与 FLVPlayback. seek() 相同
FLVPlayback. setScale()	同时设置 scaleX 和 scaleY
FLVPlayback. setSize()	同时设置 width 和 height
FLVPlayback. stop()	停止播放视频流

表 14-2　FLVPlayback 类常用属性（只读常数）

属　　性	值	说　　明
FLVPlayback. BUFFERING	"buffering"	一个用于测试 state 属性的值
FLVPlayback. CONNECTION_ERROR	"connectionError"	一个用于测试 state 属性的值
FLVPlayback. DISCONNECTED	"disconnected"	一个用于测试 state 属性的值

续表

属　　性	值	说　　明
FLVPlayback. LOADING	"loading"	一个用于测试 state 属性的值
FLVPlayback. PAUSED	"paused"	一个用于测试 state 属性的值
FLVPlayback. PLAYING	"playing"	一个用于测试 state 属性的值
FLVPlayback. REWINDING	"rewinding"	一个用于测试 state 属性的值
FLVPlayback. SEEKING	"seeking"	一个用于测试 state 属性的值
FLVPlayback. STOPPED	"stopped"	一个用于测试 state 属性的值

表 14-3　实例常用属性

属　　性	说　　明
FLVPlayback. autoPlay	一个布尔值，如果为 true，则指定组件在加载 FLV 文件后立即播放它。默认值为 true
FLVPlayback. autoRewind	一个布尔值，如果为 true，则在停止播放时，使 FLV 文件后退到第一帧
FLVPlayback. autoSize	一个布尔值，如果为 true，则视频大小将自动调整为源尺寸
FLVPlayback. backButton	作为 BackButton 控件的 MovieClip 对象
FLVPlayback. buffering	一个布尔值，如果视频处于缓冲状态，则为 true。只读
FLVPlayback. BUFFERTIME	一个数字，指定开始回放视频流前要在内存中缓冲的秒数
FLVPlayback. bytesLoaded	一个数字，指示 HTTP 下载的卜载程度，以字节数表示。只读
FLVPlayback. contentPath	一个字符串，指定要加载的 FLV 文件的 URL
FLVPlayback. forwardButton	作为 ForwardButton 控件的 MovieClip 对象
FLVPlayback. height	一个数字，指定视频的高度，以像素为单位
FLVPlayback. isLive	一个布尔值，如果是实时视频流，则为 true
FLVPlayback. muteButton	作为 MuteButton 控件的 MovieClip 对象
FLVPlayback. pauseButton	作为 PauseButton 控件的 MovieClip 对象
FLVPlayback. paused	一个布尔值，如果 FLV 文件处于暂停状态，则为 true。只读
FLVPlayback. playButton	作为 PlayButton 控件的 MovieClip 对象
FLVPlayback. playheadTime	一个数字，表示当前播放头的时间或位置（以秒为单位计算），可以是小数值
FLVPlayback. playing	一个布尔值，如果 FLV 文件正在播放，则为 true。只读
FLVPlayback. preferredHeight	一个数字，指定源 FLV 文件的高度
FLVPlayback. preferredWidth	一个数字，指定源 FLV 文件的宽度
FLVPlayback. scaleX	一个数字，指定水平缩放

续表

属　性	说　明
FLVPlayback. scaleY	一个数字，指定垂直缩放
FLVPlayback. skin	一个字符串，指定外观 SWF 文件的名称
FLVPlayback. stopButton	作为 StopButton 控件的 MovieClip 对象
FLVPlayback. totalTime	一个数字，表示视频的总播放时间，以秒为单位
FLVPlayback. visible	一个布尔值，如果为 true，则 FLVPlayback 组件可见
FLVPlayback. volume	一个数字，介于 0～100 的范围内，指示音量控制设置
FLVPlayback. volumeBar	作为 VolumeBar 控件的 MovieClip 对象
FLVPlayback. width	一个数字，指定组件实例的宽度，以像素为单位
FLVPlayback. x	一个数字，指定视频播放器的水平位置，以像素为单位
FLVPlayback. y	一个数字，指定视频播放器的垂直位置，以像素为单位

表 14-4　FLVPlayback 类的常用事件

事　件	说　明
FLVPlayback. buffering	在进入缓冲状态时调度
FLVPlayback. close	通过超时或通过调用 close() 方法关闭 NetConnection 时调度
FLVPlayback. complete	播放完成（到达 FLV 文件的末端）时调度
FLVPlayback. fastForward	通过调用 seek() 方法向前移动播放头的位置时调度
FLVPlayback. metadata	第一次到达 FLV 文件元数据时调度
FLVPlayback. paused	在进入暂停状态时调度
FLVPlayback. playing	在进入播放状态时调度
FLVPlayback. progress	每隔 0.25 秒调度一次，从调用 load() 方法时开始，到所有字节加载结束或者出现网络错误时结束。可以使用 progressInterval 属性指定频率
FLVPlayback. ready	加载 FLV 文件并可以显示它时调度
FLVPlayback. resize	调整视频大小时调度
FLVPlayback. seek	通过调用 seek() 或者通过使用相应控件更改了播放头位置时调度
FLVPlayback. stopped	在进入停止状态时调度
FLVPlayback. Volumeupdate	通过 volume 属性更改音量时调度

14.2　获取摄像视频

在 Flash 中不仅可以播放视频，而且还可以获取摄像视频。下面的实例是获取摄像视频。

新建一 Flash 文档，保存为 cam.fla，在该文档库中，右击鼠标，在库菜单中选择"新建视频"选项来将一个视频元件添加到库中。然后将视频元件拖到舞台上，并设置视频元件的实例名称，以便能用代码附加摄像视频。本例中的实例名称为"my_video"。新建一层作为代码层，并在代码层的第一帧上添加以下的代码。

```
1       //获取摄像
2       var cam:Camera= Camera.getCamera();
3       var my_video:Video;
4       my_video.attachCamera(cam);
5       stop();
```

代码说明：

先定义一个 Camera 类的对象，并将获取的摄像赋值给该对象。然后定义一个与舞台上实例名称相同的 Video 对象，接着指定将在舞台上的 Video 对象的边界内显示为摄像头获取的视频流，这样摄像头获取的视频就能在舞台上实时播放。

安装好摄像头驱动程序及连接线，按 Ctrl＋Enter 组合键，测试舞台上的实时视频（源代码参见/camer1.fla）。

说明

Flash CS4 定义了 Camera 类，它是用来处理摄像视频的。使用 Camera 类可以捕获来自连接到运行 Flash Player 的计算机的视频摄像头的视频。例如，监视来自连接到本地系统的 Web 摄像头的视频输入。

注意

当 swf 文件尝试访问 Camera.getCamera() 返回的摄像头时，Flash Player 显示"隐私"对话框，用户可从中选择是允许还是拒绝对摄像头的访问。

技术扩展：

要深入学习 Camera 类的应用，如设计制作实时视频互动游戏，就要了解其属性及相关的方法（函数）。表 14-5 到表 14-7 列出了 Camera 对象的属性、对象事件和方法。

表 14-5　Camera 对象属性

属　　　性	说　　　明
activityLevel：Number［只读］	数值，指定摄像头检测的运动量
bandwidth：Number［只读］	整数，指定当前输出视频输入信号可以使用的最大带宽，以字节为单位
currentFps：Number［只读］	摄像头捕获数据的速率，以每秒帧数为单位
fps：Number［只读］	希望摄像头在捕获数据时达到的最大速率，以每秒帧数为单位

续表

属　　性	说　　明
height：Number［只读］	当前捕获高度，以像素为单位
index：Number［只读］	从零开始的整数，指定由 Camera. names 返回的数组中所反映的摄像头的索引
isSupported：Boolean［静态］［只读］	如果当前平台支持 Camera 类，则 isSupported 属性设置为 true，否则设置为 false
keyFrameInterval：int［只读］	完整传输而没有使用视频压缩算法进行插值处理的视频帧（称为关键帧）数
loopback：Boolean［只读］	指示在本地查看摄像头所捕获的图像时是进行压缩和解压缩（true），就像使用 Flash Media Server 进行实时传输一样，还是不进行压缩（false）
motionLevel：Number［只读］	数值，指定调用 Camera. onActivity（true）所需的移动量，在 0 到 100 之间
motionTimeOut：Number［只读］	摄像头停止检测运动的时刻和调用 Camera. onActivity（false）的时刻之间相差的毫秒数
muted：Boolean［只读］	布尔值，指定用户在 Flash Player 的"隐私设置"面板中是拒绝对摄像头的访问（true）还是允许访问（false）
name：String［只读］	字符串，指定由摄像头硬件返回的当前摄像头的名称
names：Array［只读］	检索一个字符串数组，该数组反映所有可用摄像头名称而不显示 Flash Player 的"隐私设置"面板
quality：Number［只读］	整数，指定所需的画面质量级别，该级别由应用于每一视频帧的压缩量确定
width：Number［只读］	当前捕获宽度，以像素为单位

表 14-6　Camera 对象事件

事　　件	说　　明
active	在摄像头开始或停止检测运动时调度
status	在摄像头报告其状态时调度。

表 14-7　Camera 对象方法

方　　法	说　　明
getCamera（name：String＝null）：Camera［静态］	返回对用于捕获视频的 Camera 对象的引用
setKeyFrameInterval（keyFrameInterval：int）：void	指定进行完整传输而不由视频压缩算法进行插值处理的视频帧（称为关键帧）

续表

方　法	说　明
setLoopback（compress：Boolean＝false）：void	指定在本地查看摄像头时是否使用压缩视频流
setMode（width：int，height：int，fps：Number，favorArea：Boolean＝true）：void	将摄像头的捕获模式设置为最符合指定要求的本机模式
setMotionLevel（motionLevel：int，timeout：int＝2000）：void	指定调度 activity 事件所需的运动量
setQuality（bandwidth：int，quality：int）：void	设置每秒的最大带宽或当前输出视频输入信号所需的画面质量

14.3　实例制作——视频互动游戏

● 实例名称：视频互动游戏。

视频互动游戏效果图如图 14-7 所示。

图 14-7　视频互动游戏

● 实例描述：在以森林作背景的舞台上有一群鸟，当你在摄像头前挥动手或其他物体时，鸟就会飞开去，当你停止挥动时，鸟又会飞回来。

● 实例分析：本实例利用 Camera 对象 getCamera（）函数获取摄像视频；利用 ActivityEvent 类的 ACTIVITY 事件，可以控制鸟是停止还是飞走；利用影片剪辑的导出类来创建鸟的多个实例；利用 Math 类的 random 函数来实现随机位置和播放动画的不同步；利用视频元件来指定视频流；利用 Camera 类的 setMotionLevel 函数指定触发 ACTIVITY 事件所需的移动量，即视频变化的大小。

按照以下思路分阶段地逐步完成视频互动游戏的各项功能。

(1) 建立一个 Camera 对象，并用该对象获取摄像视频。

(2) 在库中新建一个视频元件，并拖到舞台上，设定其实例名称。

(3) 用 Camer 对象的 attachCamera 将视频元件与摄像连接上。

(4) 通过添加侦听 ActivityEvent 类的 ACTIVITY 事件及其响应函数来实现对鸟的控制。

(5) 设定检测移动量的阀值，即视频在变量的什么阀值时有响应。

● 设计制作步骤：

(1) 新建一 Flash 文档，新建一个影片剪辑"鸟"，第一帧是鸟静止的图案，并在第一帧上添加停止代码，从第二帧开始是（原地）鸟飞的动画。（源代码参见/cameras. fla）

(2) 打开库模板，将影片剪辑"鸟"导出为"Cbird"类。

(3) 在文档的库中添加视频元件，并将该元件拖到舞台上，给定实例名称为 my_video，并将其高和宽属性分别设定为 1 像素，目的是在舞台上看不到该元件。

(4) 在背景层加入一森林图片。

(5) 在主时间轴上添加一代码层，并添加以下代码。

```
1   //定义循环变量 i
2   var i;
3   for (i= 0; i< 40; i+ + ) {
4       var b:Cbird= new Cbird();
5       b. x= Math. random()* 550;
6       b. y= Math. random ()* 400;
7       b. scaleX= 0.2;
8       b. scaleY= 0.2;
9       addChild(b);
10      var k:int;
11      k= Math. random()* 8;
12      b. b. gotoAndPlay(k);
13  }
14  var my_cam:Camera= Camera. getCamera();
15  var my_video:Video;
16  my_video. attachCamera(my_cam);
17  my_cam. addEventListener(ActivityEvent. ACTIVITY,AactFun);
18  function AactFun(isActive:ActivityEvent) {
19      if (isActive. activating) {
20          for (k= 0; k< 40; k+ + ) {
21              getChildAt(k+ 3). gotoAndPlay(2);
22          }
23      }
24  }
25
```

```
26
27    my_cam.setMotionLevel(20,500);
```

代码说明：

第 2 到 12 行代码中，for 循环是复制鸟的多个影片剪辑，并通过随机函数来实现出现在舞台的不同位置。

第 14 行代码的作用是定义一个 Camera 对象，并获取摄像机。

第 15、16 行代码的作用是定义 Video 对象，并显示来自摄像头的视频流。

第 17 行代码的作用是添加 Camera 对象侦听 ACTIVITY 事件及其响应函数。

第 18 至 24 行代码的作用是定义 ACTIVITY 事件的响应函数，即当 ACTIVITY 事件触发时，让影片剪辑开始播放（播放时不同步）。

第 27 行代码的作用是设定检测移动量的阈值 20 和间隔时间 500 毫秒。

按 Ctrl＋Enter 组合键测试，用手在摄像头前挥动，看看鸟是否飞走（源代码参见 /camera5.fla）。

功能扩展：

■ 设定不同的移动量，测试鸟对不同幅度的动作的响应。

■ 让不同的鸟往不同的方向飞。

■ 让不同的鸟起飞的时间不同。

14.4 获取麦克风输入

在 Flash 中不仅可以播放视频，获取摄像视频，当然也可以获取麦克风的输入。下面的实例是获取麦克风。

新建一 Flash 文档，保存为 Microphone.fla。新建一影片剪辑命名为"circle"，在影片剪辑中绘制一圆，然后将影片剪辑拖到舞台上，并设置该影片的实例名称，以便能用代码控制该实例。本例中的实例名称为"circle"。新建一层作为代码层，并在代码层的第一帧上添加以下的代码。

```
1    //获取麦克风
2    var mic:Microphone= Microphone.getMicrophone();
3    mic.setLoopBack();
4    this.addEventListener(Event.ENTER_FRAME ,entFun);
5    function entFun(e:Event ) {
6        circle.scaleX= circle.scaleY= (mic.activityLevel+ 50)/10;
7    }
```

代码说明：

第 2 行代码的作用是定义一个 Microphone 类的对象，并将获取的麦克风输入的信号赋值给该对象。

第 3 行代码的作用是将麦克风捕获的音频传送到本地扬声器。

第 4 行代码的作用是添加一侦听，用来侦听进入帧事件。

第 5 行和第 6 行代码的作用是定义进入帧事件响应函数，让实例名称为"circle"的影片随着麦克风音量的大小而放大或缩小。

安装好麦克风驱动程序及连接线，按 Ctrl＋Enter 组合键，在麦克风中输入声音，测试舞台上的影片的响应（源代码参见 Microphone.fla）。

说明

Flash ActionScript 3.0 定义了 Microphone 类，它用来处理麦克风输入。使用 Microphone 类可以捕获来自连接到运行 Flash Player 的计算机的麦克风音频。例如，监视来自连接到本地系统的 Web 麦克风的音频输入。

注意

当 swf 文件尝试访问 Microphone.getMicrophone（）返回的麦克风时，Flash Player 显示"隐私"对话框，用户可从中选择是允许还是拒绝对麦克风或摄像头的访问。

技术扩展：

要深入学习 Microphone 的应用，如设计制作实时音频互动游戏，就要了解其属性及相关的方法（函数）。表 14-8 至表 14-10 列出了 Microphone 对象的属性、对象事件和方法。

表 14-8　Microphone 对象属性

属　　性	说　　明
activityLevel：Number［只读］	麦克风正在检测的音量
codec：String	用于压缩音频的编解码器
enableVAD：Boolean	启用 Speex 语音活动检测
encodeQuality：int	使用 Speex 编解码器时的编码语音品质
enhancedOptions：MicrophoneEnhancedOptions	控制增强的麦克风选项
framesPerPacket：int	在一个包（消息）中传输的 Speex 语音帧的数目
gain：Number	麦克风放大信号的程度
index：int［只读］	麦克风的索引，它反映在 Microphone.names 返回的数组中
isSupported：Boolean［静态］［只读］	如果当前平台支持 Microphone 类，则 isSupported 属性设置为 true，否则设置为 false
muted：Boolean［只读］	指定用户是已经拒绝对麦克风的访问（true）还是已经允许对麦克风的访问（false）
name：String［只读］	当前声音捕获设备的名称，它由声音捕获硬件返回
names：Array［静态］［只读］	包含所有可用声音捕获设备名称的字符串数组
noiseSuppressionLevel：int	Speex 编码器使用的最大噪声衰减分贝数（负数）
prototype：Object［静态］	对类或函数对象的原型对象的引用
rate：int	麦克风捕获声音时使用的速率，单位是 kHz

续表

属　　性	说　　明
silenceLevel：Number［只读］	激活麦克风并调度 activity 事件所需的音量
silenceTimeout：int［只读］	麦克风停止检测声音的时间和调度 activity 事件的时间之间相差的毫秒数
soundTransform：flash. media：SoundTransform	在此麦克风对象处于环回模式时，控制它的声音
useEchoSuppression：Boolean［只读］	如果启用了回音抑制，则设置为 true；否则，设置为 false

表 14-9　Microphone 对象事件

事　　件	说　　明
activity	当麦克风开始或由于检测到静默而终止录制时进行调度
sampleData	当麦克风在缓冲区中包含声音数据时调度
status	在麦克风报告其状态时调度

表 14-10　Microphone 对象方法

方　　法	说　　明
getMicrophone（index：int＝－1）：Microphone［静态］	返回对用于捕获音频的 Microphone 对象的引用
setLoopBack（state：Boolean＝true）：void	将麦克风捕获的音频传送到本地扬声器
setSilenceLevel（silenceLevel：Number，timeout：int＝－1）：void	设置可认定为有声的最低音量输入水平，以及实际静音前需经历的无声时间长度（可选）
setUseEchoSuppression（useEchoSuppression：Boolean）：void	指定是否使用音频编解码器的回音抑制功能

14.5　实例制作——音频、视频互动游戏

● 实例名称：音频、视频互动游戏。

音频、视频互动游戏效果图如图 14-8 所示。

● 实例描述：在以森林作背景的舞台上有一群鸟，当用户在摄像头前挥动手或其他物体时，鸟就会飞开去，当用户停止挥动时，鸟又会飞回来。同时，当用户的麦克风发出声音时，鸟也会飞走。

● 实例分析：视频部分的功能实现在这里就不再讲了，如果有不清楚的地方，请参看本章的视频相关内容。利用 Microphone 对象 getMicrophone 函数获取音频；利用添加侦听 Mi-

图 14-8　音频、视频互动游戏

crophone 对象的 activity 事件及其响应函数，来控制鸟是停止还是飞走；设置 Microphone 类对象的 setSilenceLevel 属性，指定有声的最低音量输入水平。

按照以下思路分阶段地逐步完成音频、视频互动游戏的各项功能。

（1）完成视频互动的功能。

（2）完成音频互动的功能。

● 设计制作步骤：

（1）新建一 Flash 文档，按 Ctrl＋F8 组合键新建一个影片剪辑，完成视频互动部分的全部功能，也可以直接打开前面完成的源代码 camera5. fla。

（2）打开代码层，在已经有的代码后面添加音频互动代码。添加后的代码如下（新加的代码为粗体，第 26 行至第 29 行）。

```
1   var i;
2   for (i= 0; i< 40; i+ + ) {
3       var b:Cbird= new Cbird();
4       b. x= Math. random()* 550;
5       b. y= Math. random ()* 400;
6       b. scaleX= 0. 2;
7       b. scaleY= 0. 2;
8       addChild(b);
9       var k:int;
10       k= Math. random ()* 8;
11          b. b. gotoAndPlay(k);
12      }
13  var my_cam:Camera= Camera. getCamera();
14  var my_video:Video;
15  my_video. attachCamera(my_cam);
```

```
16    my_cam.addEventListener(ActivityEvent.ACTIVITY,AactFun);
17    function AactFun(isActive:ActivityEvent) {
18     if (isActive.activating) {
19         for (k= 0; k< 40; k+ + ) {
20             getChildAt(k+ 3).gotoAndPlay(2);
21         }
22     }
23    }
24    my_cam.setMotionLevel(20,500);
25
26    var mic:Microphone= Microphone.getMicrophone();//获取麦克风
27    mic.setLoopBack(true);//设置回放
28    mic.setSilenceLevel(10)//设置激活麦克风并调度 activity 事件所需的
音量
29    mic.addEventListener (ActivityEvent.ACTIVITY,AactFun);
```

按 Ctrl＋Enter 组合键测试，用手在摄像头前挥动，或者对着麦克风讲话，看看鸟是否飞走。（源代码参见/cameraMicrophone.fla）

注意

在本例中，摄像头的侦听响应函数与麦克风的侦听响应函数可使用同一个函数，原因是实现的功能是一样的，并且，它们的侦听事件也是一样的。

功能扩展：

■ 设定不同的音量，让鸟有不同的动作的响应。

■ 设定不同的音量，让不同的鸟往不同的方向飞。

■ 设定不同的音量，让不同的鸟起飞的时间不同。

常用英语单词含义如表 14-11 所示。

表 14-11   常用英语单词的含义

英　　文	中　　文
video	视频
camera	摄像机
noise	噪声
muted	无声的
enhanced	增强
encode	编码
activity	活动的
quality	品质
status	状态

续表

英　文	中　文
level	级别、层次
microphone	麦克风
suppression	压制，阻止
echo	回音，反响

课后练习：

在本章实例制作案例的基础上完成以下功能的设计：

1. 设定不同的音量，让鸟有不同的动作响应。

2. 设定不同的音量，让不同的鸟往不同的方向飞。

3. 设定不同的音量，让不同的鸟起飞的时间不同。

4. 设计并制作一款互动的打斗实时视频游戏，当用户挥动手臂时，游戏中角色也挥动武器。

第15章 使用组件

复习要点:

➤ 创建 FLV 文件的方法

➤ 影片中访问 FLV 的方法

➤ 用脚本加载 FLV 的方法

➤ 获取实时视频的方法

➤ 设定并检测视频移动量,根据移动量播放影片剪辑相应的动画

本章要掌握的知识点:

◇ 组件的使用方法

◇ Button 组件的参数设置

◇ CheckBox 组件的参数设置

◇ ColorPicker 组件的参数设置

◇ DataGrid 组件的参数设置

◇ NambericStepper 组件的参数设置

◇ ProgressBar 组件的参数设置

◇ RadioButton 组件的参数设置

◇ TextArea 组件的参数设置

◇ UIScrollBar 组件的参数设置

能实现的功能:

◆ 可控制弹出警告窗口

◆ 可控制弹出 Window 窗口

◆ 可实现折叠菜单的效果

◆ 可实现选择日期的功能

◆ 能完成试卷的制作和客观题的自动评卷功能

15.1　组件介绍

随着 Flash 在网络上应用的广泛性，Flash 在 MX 后的版本中都提供了自带的组件，这些组件主要是为网络应用程序而开发的，对 Flash CS4 版本来说，包括"用户界面组件"（ UI Components）用来构建界面，"视频组件"（Video Components）用来控制视频。这里主要介绍一些常用的 UI 组件。

使用组件能极大地提供 Flash 设计的方便性和快捷性。将代码与组件结合更能提高代码的效率，减少代码的编写量，也更易于对代码的维护。

打开 Flash CS4 的集成开发环境，选择主菜单中的"窗口"→"组件"，打开"组件"窗口。或直接按 Ctrl＋F7 组合键，打开"组件"面板。如图 15-1 所示。

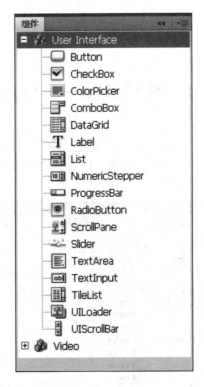

图 15-1　组件

创作时使用组件的步骤如下：

（1）将组件添加到应用程序的库文件中；

（2）将库中的组件元件拖到舞台上或用代码创建组件；

（3）选中组件，打开组件的属性窗口和参数窗口，设置相关的参数。或者打开组件检查器窗口设置相关参数。

运行时使用组件的步骤如下：

（1）将组件添加到应用程序的库文件中；

（2）导入组件类文件，以使应用程序可以使用组件的 API。组件类文件安装在包含一个或多个类的包中，使用 import 语句并指定包名称和类名称来导入组件类：

```
1   //import 导入 Button 类
2   import fl.controls.Button;
```

（3）创建组件的实例；

```
3   //创建一个名称为 play_btn 的 Button 实例
4   var play_btn:Button = new Button();
```

（4）将组件添加到舞台或应用程序容器；

```
5   //添加 play_btn 实例
6   addChild(play_btn);
```

（5）使用组件的 API 动态指定组件的大小、在舞台上的位置、侦听事件，并设置属性以修改组件的行为。

15.2　按钮组件——Button

Button 组件是可调整大小的矩形用户界面按钮，该按钮与你自己制作的按钮元件不同，默认情况下鼠标放在上面时没有手形鼠标出现，但它具有点击的效果。打开"组件检查器"，可设置相关的参数。如图 15-2 所示。

图 15-2　按钮组件参数

其参数介绍如下。

参数 emphasized 指示当按钮处于弹起状态时，Button 组件周围是否绘有边框。默认值为 false。

参数 enabled 是一个布尔值，它指示组件是否可以接收焦点和输入。默认值为 true。

参数 label 获取或设置组件的文本标签；默认值是"Button"。

参数 labelPlacement 标签相对于指定图标的位置。

参数 selected 获取或设置一个布尔值，指示切换按钮是否已切换至打开或关闭位置。默认值为 false。

参数 toggle 获取或设置一个布尔值，指示按钮能否进行切换。如果值为 true，则按钮在单击后保持按下状态，并在再次单击时返回到弹起状态。如果值为 false，则按钮行为与一般按钮相同。默认值为 false。

参数 visible 是一个布尔值，它指示对象是（true）否（false）可见。默认值为 true。

创建 Button 按钮实例。

```
1   import fl.controls.Button;//import 导入 Button 类
2   import flash.display.Stage;
3   //创建一个名称为 play_btn 的 Button 实例
4   var play_btn:Button = new Button();
5   //添加 play_btn 实例
6   addChild(play_btn);
7   //在 Button 按钮上添加显示文字
8   play_btn.label = "Click Buttton";
9   //设置按钮的位置
10   play_btn.x = 200
11   play_btn.y = 200
```

测试效果如图 15-3 所示。

图 15-3　按钮

15.3　复选框组件——"CheckBox

复选框是任何表单或 Web 应用程序中的一个基础部分。每当需要收集一组非相互排斥的 true 或 false 值时，都可以使用复选框。

选中组件，按 Alt＋F7 组合键打开组件检查器，可设置其参数。如图 15-4 所示。

图 15-4　复选框组件参数

其参数如下。

参数 enabled 是一个布尔值，它指示组件是否可以接收焦点和输入。默认值为 true。

参数 label 获取或设置复选框上文本的值。

参数 labelPlacement 标签相对于指定图标的位置。该参数可以是下列四个值之一：lcft、right、top 或 bottom；默认值为 right。

参数 selected 获取或设置一个布尔值，指示将复选框的初始值设置为选中（true）或取消选中（false）。默认值为 false。

参数 visible 是一个布尔值，它指示对象是（true）否（false）可见。默认值为 true。

通过获取该组件的 selected 属性就可以判断复选框是否选中。

【实例 15-1】　CheckBox 组件实例。

本实例实现当用户选择不同的 CheckBox 组件时，动态文本显示不同的内容。

首先，按 Ctrl+F7 组合键，打开组件面板，从组件面板中拖动 CheckBox 组件到场景中，创建四个复选框组件实例，分别命名为 checkb1，checkb2，checkb3，checkb4；然后在场景中创建一动态文本框，命名其实例名称为 output _ txt；最后设置侦听，使得选择不同的复选框时动态文本框换行显示所选择的内容。

新建一代码层，在代码层添加以下代码：

```
1  addEventListener(Event.CHANGE ,changeFun);
2  function changeFun(e:Event ) :void{
3      var str:String= "";
4      if (checkb1. selected= = true) {
5          str= str+ checkb1. label+ "\n";//\n 为换行
```

```
6          }
7      if (checkb2.selected= = true) {
8              str= str+ checkb2.label+ "\n";//\n 为换行
9          }
10     if (checkb3.selected= = true) {
11             str= str+ checkb3.label+ "\n";//\n 为换行
12         }
13     if (checkb4.selected= = true) {
14             str= str+ checkb4.label+ "\n";//\n 为换行
15         }
16     output_txt.text = str;
17 }
```

测试效果如图 15-5 所示。

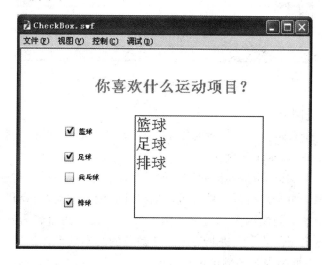

图 15-5 测试结果

15.4 拾色器——ColorPicker

ColorPicker 允许用户从样本列表中选择颜色。

ColorPicker 的默认模式是在方形按钮中显示单一颜色。当单击按钮时，样本面板中将出现可用的颜色列表，同时出现一个文本字段，显示当前所选颜色的十六进制值。可以通过将 colors 属性设置为要显示的颜色值，来设置出现在 ColorPicker 中的颜色。如图 15-6 所示。

其参数介绍如下。

参数 enabled 是一个布尔值，它指示组件是否可以接收焦点和输入。默认值为 true。

参数 selectedColor 获取或设置拾色器中的颜色值。

参数 showTextField 获取或设置一个布尔值。该参数指示是否出现一个文本字段，显示

图 15-6　ColorPicker 拾色器

当前所选颜色的十六进制值。

参数 visible 是一个布尔值，它指示对象是（true）否（false）可见。默认值为 true。

【实例 15-2】　ColorPicker 实例。

下面的实例是利用 ColorPicker 组件实现选择 216 种安全色中的一种颜色。

首先，按 Ctrl＋F7 组合键打开组件面板，从组件面板中拖动 ColorPicker 组件到场景中，命名为 cp；然后在场景中创建两个动态文本框，分别将其实例命名为 color _ txt 和 poem _ txt，它们分别用来显示颜色的十六进制值和改变颜色的文本效果；最后设置侦听，使得选择不同的颜色时动态文本框中内容的颜色也相应地改变。

在代码层添加以下代码：

```
1   cp. addEventListener(Event. CHANGE , changeFun);
2   var fmt:TextFormat = new TextFormat();
3   function changeFun(e:Event ):void {
4       color_txt. text= "# "+ String(e. target. hexValue);
5       fmt. color= cp. selectedColor;
6       poem_txt. setTextFormat(fmt);
7   }
```

代码说明：

第 2 行代码的作用是创建文本格式对象。

第 4 行代码的作用是显示颜色的十六进制值。

第 5 行代码的作用是让文本框的内容按照指定的格式输出。这里只是设定了颜色。

测试效果如图 15-7 所示。

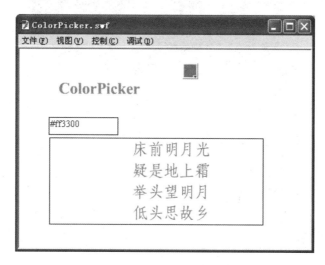

图 15-7　拾色器

15.5　数据显示组件——DataGrid

DataGrid 组件是基于列表的，提供呈行和列分布的网格。可以在该组件的顶部指定一个可选的标题行，用于显示所有属性名称。每一行由一列或多列组成，其中每一列表示属于指定数据对象的一个属性。

DataGrid 组件特别适用于显示包含多个属性的对象。DataGrid 组件显示的数据来自数组或来自 DataProvider，可以解析为数组的外部 XML 文件。DataGrid 组件包括垂直和水平滚动、事件支持（包括对可编辑单元格的支持）和排序功能。

添加 DataGrid 组件到舞台上，打开组件检查器，设置参数，设置位置。如图 15-8 所示。其参数介绍如下。

参数 allowMultipleSelection 指定允许多行选取。默认值为 false。

参数 editable 指定用户是否可编辑内容。默认值为 false。

参数 headerHeight 指定标题行的高度。

参数 horizontalLineScrollSize 指定当单击滚动箭头时要在水平方向上滚动的内容量。

参数 horizontalPageScrollSize 指定按滚动条轨道时水平滚动条上滚动滑块要移动的像素数。

参数 horizontalScrollPolicy 指定水平滚动条是否始终打开。

参数 resizableColumns 指示用户能否更改列的尺寸。

参数 rowHeight 指定行高。

参数 showHeaders 指定是否显示标题行。

参数 sortableColumns 指示用户能否通过单击标题对数据提供者中的项目进行排序。

参数 verticalLineScrollSize 指示当单击滚动箭头时要在垂直方向上滚动多少像素。

参数 verticalPageScrollSize 指定按滚动条轨道时垂直滚动条上滑块要移动的像素数。

图 15-8　DataGrid 参数

参数 verticalScrollPolicy 指定垂直滚动条是否始终打开。

【**实例 15-3**】　DataGrid 实例。

下面的实例是利用 DataGrid 组件实现显示一组课程的相关信息。

首先，按 Ctrl＋F7 组合键打开组件面板，从组件面板中拖动 DataGrid 组件到场景中，命名为 dg_com。

新建一代码层，在代码层中添加以下代码：

```
1   dg_com.addColumn("num")
2   dg_com.addColumn("type")
3   dg_com.addColumn("classname")
4   dg_com.addColumn("")
5   //指定列标题中显示的列名称
6   dg_com.getColumnAt(0).headerText= "序号"
7   dg_com.getColumnAt(1).headerText= "类型"
8   dg_com.getColumnAt(2).headerText= "课程名称"
9   dg_com.getColumnAt(3).headerText= "学分"
10  //将项目追加到数据提供者的结尾
11  dg_com.addItem({num:1,type:"必修",classname:"动画基础",credit:"4"})
12  dg_com.addItem({num:2,type:"必修",classname:"设计基础",credit:"4"})
13  dg_com.addItem({num:3,type:"必修",classname:"程序设计基础",credit:"4"})
14  dg_com.addItem({num:4,type:"必修",classname:"互动媒体",credit:"4"})
15  dg_com.addItem({num:5,type:"选修",classname:"数据库",credit:"4"})
16  dg_com.addItem({num:6,type:"选修",classname:"影视剪辑",credit:"4"})
```

```
17  dg_com.addItem({num:7,type:"选修",classname:"摄影技术",credit:"4"})
18  dg_com.addItem({num:8,type:"选修",classname:"互动设计",credit:"4"})
19  dg_com.addItem({num:9,type:"选修",classname:"三维动画",credit:"4"})
```

代码说明：

第 1 行至第 4 行代码的作用是为组件添加四列，其列名称分别为 num，type，classname，credit。

第 6 行至第 9 行代码的作用是指定列标题中显示的列名称。

第 11 行至第 19 行代码的作用是将项目追加到数据提供者的结尾。

测试效果如图 15-9 所示。

图 15-9　数据显示组件效果

15.6　数值设置组件——NumbericStepper

NumericStepper 组件允许用户逐个通过一组经过排序的数字。该组件由显示在向上箭头和向下箭头按钮旁边的文本框中的数字组成。用户按下按钮时，数字将按 stepSize 参数中指定的单位递增或递减，直到用户释放按钮或达到最大值或最小值为止。NumericStepper 组件的文本框中的文本也是可编辑的。

每个 NumericStepper 实例的实时预览反映了"属性"检查器或"组件"检查器中 value 参数的设置。但是，在实时预览中，无法通过鼠标或键盘与 NumericStepper 的箭头按钮进行交互。NumericStepper 参数设置如图 15-10 所示。

其参数介绍如下。

参数 enabled 是一个布尔值，它指示组件是否可以接收焦点和输入。默认值为 true。

参数 maximum 获取或设置最大整数值。

参数 minimum 获取或设置最小整数值。

参数 stepSize 获取或设置步长数值。

参数 visible 是一个布尔值，它指示对象是（true）否（false）可见。默认值为 true。

【实例 15-4】　NumericStepper 组件案例。

图 15-10　NumericStepper 参数

首先，建立方形影片剪辑，并放到舞台上，其实例名称为 mc ＿ mc，按 Ctrl＋F7 组合键打开组件面板，从组件面板中拖动 NumericStepper 组件到场景中，并命名为 ns；然后在场景中创建一个动态文本框，命名其实例名称为 heigh ＿ txt，用来显示影片剪辑的高度值；最后设置侦听，使得选择不同的值时，文本框会显示影片剪辑的高度，并且影片剪辑的高度也会发生相应的改变。

在代码层添加以下代码：

```
1  ns.addEventListener(Event.CHANGE ,changeFun)
2  mc_mc.height = ns.value
3  function changeFun(e:Event ):void{
4      mc_mc.height = ns.value
5  }
```

测试的效果如图 15-11 所示。

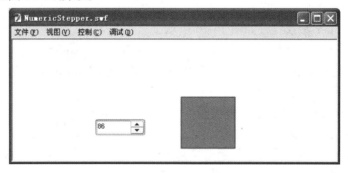

图 15-11　NumericStepper 参数

15.7　进度条组件——ProgressBar

ProgressBar 组件用于显示内容的加载进度，当内容较大且可能延迟应用程序的执行时，显示进度可令用户安心。ProgressBar 对于显示图像和部分应用程序的加载进度非常有用。加载进程可能是确定的，也可能是不确定的。当要加载的内容量为已知时，使用"确定的"进度栏。确定的进度栏是一段时间内任务进度的线性表示。当要加载的内容量为未知时，使用"不确定的"进度栏。还可以添加组件，以将加载进度显示为百分比。ProgressBar 参数设置如图 15-12 所示。

图 15-12　ProgressBar 参数

其参数介绍如下。

参数 direction 是指定进度条开始的方向的，有两个值 right 和 left 可选。默认值为 right。

参数 enabled 是一个布尔值，它指示组件是否可以接收焦点和输入。默认值为 true。

参数 mode 获取或设置最大整数值。

参数 source 获取或设置需要显示的资源。

参数 visible 是一个布尔值，它指示对象是（true）否（false）可见。默认值为 true。

【实例 15-5】　ProgressBar 组件案例。

本案例实现动态显示加载进度。

首先，按 Ctrl＋F7 组合键打开组件面板，在第一帧上，从组件面板中拖动 ProgressBar 组件到场景中，分别命名为 pb；然后在场景中创建一个动态文本框，命名其实例名称为 pro-gress＿txt 用来显示进度；最后设置侦听，使得在加载过程中动态显示加载进度，当加载完成后播放影片。在第二帧上添加一张图片，并添加停止代码。

在代码层添加以下代码：

```
1    stop();
2    //定义侦听,当加载完成事件触发时继续播放
3    this.loaderInfo.addEventListener(Event.COMPLETE ,comFun);
4    function comFun(e:Event ) :void{
5        play();
6    }
7    pb.source= this.loaderInfo;
8    //定义侦听,在加载过程中动态显示加载进度
9    pb.addEventListener(ProgressEvent.PROGRESS ,proFun);
10   function proFun(e:ProgressEvent ) :void{
11       progress_txt.text= Math.floor(pb.percentComplete).toString()+ "% ";
12   }
```

代码已经有说明了，这里就不再另作解释了。

测试效果如图 15-13 所示。

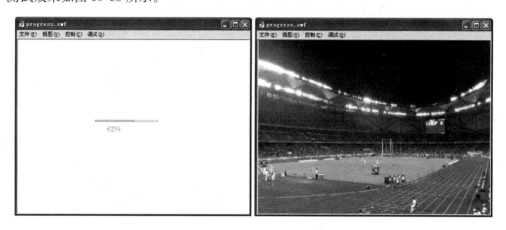

图 15-13　进度条测试效果

15.8　单选按钮组件——RadioButton

RadioButton 组件可以强制用户只能选择一组选项中的一项。添加 RadioButton 组件到舞台上，打开组件检查器，设置参数，设置位置。如图 15-14 所示。

其参数介绍如下。

图 15-14　单选按钮组件参数

参数 enabled 设置按钮是否可用。默认值为 true。

参数 groupName 是单选按钮的组名称。默认值为 radioGroup。不同的组名应该是不同的。

参数 label 设置按钮上的文本值。默认值为 Label。

参数 labelPlacement 确定按钮上标签文本的方向。该参数可以是下列四个值之一：left、right、top 或 bottom。默认值为 right。

参数 selected 将单选按钮的初始值设置为被选中（true）或取消选中（false）。被选中的单选按钮中会显示一个圆点。一个组内只有一个单选按钮可以有表示被选中的值 true。如果组内有多个单选按钮被设置为 true，则会选中最后实例化的单选按钮。默认值为 false。

参数 value 按钮对应的值。默认值为空。

参数 visible 确定按钮的可见性。该参数可以是下列两个值之一：false、true。默认值为 true。

【实例 15-6】　RadioButton 组件案例。

下面的实例是实现当用户选择不同的 RadioButton 按钮时，动态文本框显示不同的内容。

在舞台上添加四个单选按钮组件，并分别给定其实例名称为 r1、r2、r3、r4。GoupName 参数设为 RadioButtonGroup。在舞台上添加一动态文本框，给定其实例名为 output_txt。在第一帧上添加以下代码。

```
1    import fl.controls.RadioButtonGroup
2    //定义一单选按钮组
3    var firstRg:RadioButtonGroup = new RadioButtonGroup("options")
4    //将四个按钮的组名设为同一个名称
```

```
5   r1. group= firstRg
6   r2. group= firstRg
7   r3. group= firstRg
8   r4. group= firstRg
9   //定义按钮组的侦听
10  firstRg. addEventListener (MouseEvent. CLICK ,changeFun);
11  function changeFun(e: MouseEvent) :void{
12      var radg:RadioButtonGroup= e. target as RadioButtonGroup;
13      //选择不同的按钮,动态文本显示不同的内容
14      switch (radg. selection ) {
15          case r1 :
16              output_txt. text= String(r1. label);
17              break;
18          case r2 :
19              output_txt. text= String(r2. label);
20              break;
21          case r3 :
22              output_txt. text= String(r3. label);
23              break;
24          case r4 :
25              output_txt. text= String(r4. label);
26              break;
27      }
28  }
```

测试效果如图 15-15 所示，选择其中一按钮，则其对应的值会出现在动态文本框中。

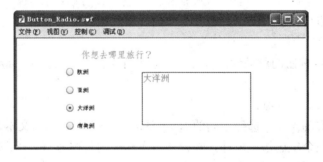

图 15-15　单选按钮测试效果

15.9　文本域组件——TextArea

TextArea 组件是本机 ActionScript TextField 对象的包装。可以使用 TextArea 组件来显示文本，如果 editable 属性为 true，也可以用它来编辑和接收文本输入。如果 wordWrap 属性设置为 true，则此组件可以显示或接收多行文本，并将较长的文本行换行。可以使用 restrict 属性限制用户能输入的字符，使用 maxChars 属性指定用户能输入的最大字符数。

如果文本超出了文本区域的水平或垂直边界，则会自动出现水平和垂直滚动条，除非其关联的属性 horizontalScrollPolicy 和 verticalScrollPolicy 设置为 off。在需要多行文本字段的任何地方都可使用 TextArea 组件。例如，可以在表单中使用 TextArea 组件作为注释字段。可以设置侦听器来检查当用户切换到该字段外时，该字段是否为空。该侦听器可以显示一条错误消息，指明必须在该字段中输入注释。如果需要单行文本字段，请使用 TextInput 组件。

可以使用 setStyle() 方法来设置 textFormat 样式，以更改 TextArea 实例中所显示文本的样式。还可以在 ActionScript 中通过使用 htmlText 属性用 HTML 来设置 TextArea 组件的格式，并且可以将 displayAsPassword 属性设置为 true，以用星号遮蔽文本。如果将 condenseWhite 属性设置为 true，则会删除新文本中由于空格、换行符等造成的多余空白。这对控件中已经存在的文本没有影响。如图 15-16 所示。

图 15-16　组件检查器

其参数介绍如下。

参数 condenseWhite 指定是否从包含 HTML 文本的 TextArea 组件中删除额外空白。

参数 editable 指定文本是否可编辑。

参数 enabled 是一个布尔值，它指示组件是否可以接收焦点和输入。默认值为 true。

参数 horizontalScrollPolicy 指定是否显示水平滚动条。

参数 htmlText 获取或设置需要显示的资源（带 html 标签）。

参数 maxChars 设定最大的字符数。

参数 restrict 设定限定的字符。

参数 text 指定组件中显示的内容。

参数 verticalScrollPolicy 指定是否显示垂直滚动条。

参数 visible 是一个布尔值，它指示对象是（true）否（false）可见。默认值为 true。

参数 wordWap 设定文本是否自动换行。

【实例 15-7】 TextArea 组件案例。

下面的实例实现显示一个带 html 代码的网页。

先在舞台上添加一 TextArea 组件，并给定其实例名称为 ta。新建一代码层，并在代码层上添加代码如下：

```
ta.htmlText= < html xmlns= "http://www.w3.org/1999/xhtml">
< head>
< meta http-equiv= "Content-Type" content= "text/html; charset= utf-8" />
< /head>
< body>
< p> < strong> 飓风率先登陆北卡< /strong> < /p>
< p> 美国国家飓风研究中心 27 日说,飓风"艾琳"当天 7 时 30 分左右在北卡罗来纳州卢考特角附近登陆,随后沿海岸线向东北偏北方向移动,移动速度为每小时 22.5 公里。< /p>
< p> 飓风研究中心说,"艾琳"27 日早些时候降级为 1 级飓风,中心附近最大风力为每小时 136 公里。登陆后,飓风带来的狂风暴雨将北卡罗来纳州大西洋滩的一些木质码头冲毁,威尔明顿地区一些树木、广告牌倒塌,并导致道路积水。美国进步能源公司说,北卡罗来纳州约有 16 万用户电力中断。气象部门消息显示,这个周末,北卡罗来纳州沿海到内陆都将持续出现暴风雨天气。< /p>
< /body>
< /html>
```

测试效果如图 15-17 所示，可以看到带有 HTML 代码的网页能正常显示。

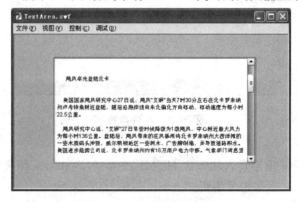

图 15-17　文本域组件测试效果

15.10　界面滚动条组件——UIScrollBar

使用 UIScrollBar 组件可以将滚动条添加到文本字段中。可以在创作时将滚动条添加到文本字段中，或使用 ActionScript 在运行时添加。若要使用 UIScrollBar 组件，请在舞台上创建一个文本字段，并从"组件"面板中将 UIScrollBar 组件拖到文本字段的边框的任意象限中。如果滚动条的长度小于其滚动箭头的总尺寸，则滚动条将无法正确显示。一个箭头按钮将隐藏在另一个的后面。Flash 对此不提供错误检查。在这种情况下，最好使用 Action-Script 隐藏滚动条。如果调整滚动条的尺寸以致没有足够的空间留给滚动框（滑块），Flash 会使滚动框变为不可见。

UIScrollBar 组件的功能与其他所有滚动条类似。它两端各有一个箭头按钮，按钮之间有一个滚动轨道和滚动框（滑块）。它可以附加至文本字段的任何一边，既可以垂直使用也可以水平使用。

UIScrollBar 参数如图 15-18 所示。

图 15-18　UIScrollBar 组件参数

其参数介绍如下。

参数 direction 是指定滚动条放置的方向，有两个值 vertical 和 horizontal 可选。默认值为 vertical。

参数 scrollTargetName 是指示组件的实例名称。

参数 visible 是一个布尔值，它指示对象是（true）否（false）可见。默认值为 true。

【实例 15-8】　UIScrollBar 组件案例。

下面的实例是实现显示一个带滚动条的动态文本框。

先在舞台上添加一文本框，并给定其实例名称为 TextBox_txt，按 Ctrl＋F7 组合键打开组件面板，在第一帧上，从组件面板中拖动 UIScrollBar 组件到文本框区域内的左边或右边，这时滚动条组件会吸附在文本框的边上。

TextBox_txt.text= "如果说青海湖是内陆地上最大的咸水湖，那么青海海北的门源应该说是国内最大面积的油菜花基地了……观青海的油菜花最好的季节就在七月，从西宁到门源的公路两旁，一路盛开的油菜花。整个祁连山下更是一片金色的海洋，几十万亩盛开的油菜花构成了一道夺目的醉人的风景，当金黄的油菜花、蔚蓝的天空、朵朵的白云、成群的牛羊、碧绿的草原在门源被大自然交融在一起时，那种震撼人心的美是几乎用语言无法形容的，所以我站在高处静静地闭上眼睛，把这一刻深深地刻在了我的心里……早早起床急着去寻找美景，可是要告诉大家的是在这里不需要寻找，因为处处皆风景，行驶在画中，微风拂面、淡淡花香，就这样嘴角一直呈上扬 45°状态哈哈。"

测试效果如图 15-19 所示，可以看到带有滚动条的动态文本框。

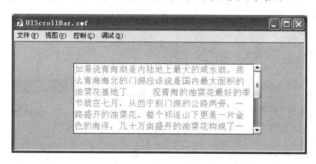

图 15-19　界面滚动条组件测试效果

15.11　实例制作——测验题

● 实例名称：测验题。

测验题效果图如图 15-20 所示。

● 实例描述：本实例是模拟测验，在界面上可以输入姓名，有单选项和多选项的题目。单击提交后能弹出一个窗口，在该窗口上显示"欢迎"信息、参加测验的时间，以及测验的分数。

● 实例分析：日期是用 Date 类的对象来获取（参见日期时间章节），单选项用的是 RadioButton 组件，多选项用的是 CheckBox 组件；弹出的窗口用到的是一个自己绘制的影片剪辑；按钮用的是 Button 组件。

● 设计制作步骤：

（1）新建一个 Flash 文档，在舞台上分别添加文本框和组件，其中题目和标题用的是静态文本框；输入姓名的位置用的是 TextInput 组件，并输入其名称为 name_c。

（2）添加三个 RadioButton 组件，分别设置其 label 参数值为 "random()"、"round()"、"floor()"。并分别给定实例名称为 r1、r2 和 r3。如图 15-21 所示。

（3）添加三个复选框按钮组件，分别命名为 cb11、cb2、cb3，并修改它们的 label 参数分别为 "分支结构"、"循环结构" 和 "顺序结构"。

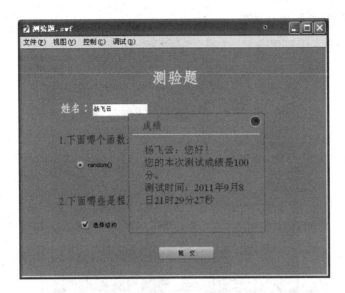

图 15-20　测验题效果图

图 15-21　Radio 组件参数

（4）添加一个按钮组件，给按钮组件的名称为"submit_btn"。

（5）新建一影片剪辑，如图 15-22 所示，添加一个静态文本框和一个动态文本框，并给动态文本框实例命名为"note_txt"，右上角添加一个按钮，其实例命名为"close_mc"，用来隐藏该影片剪辑。并在该影片剪辑的代码层上添加以下代码：

```
1  close_mc.addEventListener (MouseEvent.CLICK ,closeFun)
2  function closeFun(e: MouseEvent):void{
```

```
3    //隐藏按钮所在的影片剪辑
4        e.target.parent.visible= false
5    }
```

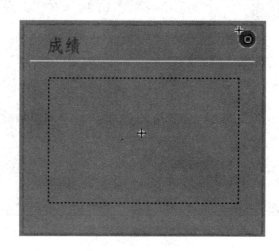

图 15-22 成绩显示窗

（6）主场景中增加一代码层，并在代码层上添加以下代码。

```
1    import fl.controls.RadioButtonGroup;
2    //首先隐藏影片剪辑
3    note_mc.visible= false;
4    var str:String= "";
5    var sum:int= 0;
6    //定义时间对象,用来获取年月日及时间
7    var date:Date= new Date();
8    var firstRg:RadioButtonGroup= new RadioButtonGroup("options");
9    //将三个按钮的组名设为同一个名称
10   r1.group= firstRg;
11   r2.group= firstRg;
12   r3.group= firstRg;
13   //定义按钮组的侦听
14   firstRg.addEventListener(MouseEvent.CLICK ,change1Fun);
15   function change1Fun(e: MouseEvent) :void {
16       var radg:RadioButtonGroup= e.target as RadioButtonGroup;
17       //选择不同的按钮,动态文本显示不同的内容
18       switch (radg.selection ) {
19       //答案为第一项
20         case r1 :
21             sum= sum+ 50;
22             break;
```

```
23        }
24    }
25    addEventListener(Event.CHANGE ,changeFun);
26    function changeFun(e:Event ) :void {
27    //判断选项是否三个都选中,即正确答案
28       if (cb 1.selected= = true&&cb2.selected= = true&&cb3.selected= = true) {
29           sum= sum+ 50;
30       }
31
32    }
33    //提交按钮的侦听
34    submit_btn.addEventListener(MouseEvent.CLICK ,sumFun);
35    function sumFun(e:MouseEvent ):void {
36       note_mc.visible= true;
37    //在影片剪辑中显示信息
38       note_mc.note_txt.text = name_c.text+ ":您好! \n 您的本次测试成绩是"
         + sum+ "分。\n 测试时间:"+ date.getFullYear ( )+ "年"+
         (date.getMonth ( )+ 1)+ "月"+ date.getDate ( )+ "日"+
         date.getHours ( )+ "时"+ date.getMinutes ( )+ "分"+
         date.getSeconds ()+ "秒";
39    }
```

按 Ctrl＋Enter 组合键,测试影片的效果。

功能扩展:

■ 增加多个题目,实现相同的功能。

■ 如果都是单选题,尝试做一做让题目通过外部导入 txt 文本的方式实现测验功能,其中答案也单独用一个 txt 文件,实现自动评卷的功能。

常用英语单词含义如表 15-1 所示。

表 15-1　常用英语单词含义

英　　文	中　　文
selected	选中
selection	选项
controls	控件、组件
target	目标
group	组,团体

课后练习:

1. 设计一个界面,并完成单选项测验题的自动评卷功能。

2. 设计一个电话区号和城市对应表,并用数据显示组件显示表格。

第 16 章　绘图函数

复习要点：

➢ ColorPicker 组件的使用方法

➢ NumericStepper 组件的使用方法

➢ Button 组件的使用方法

➢ TextArea 组件的使用方法

本章要掌握的知识点：

◇ moveTo 函数的使用

◇ lineTo 函数的使用

◇ lineStyle 函数的使用方法

◇ beginFill 和 endFill 函数的使用方法

◇ clear 函数的使用方法

◇ 显示对象的 loadInfo 属性

能实现的功能：

◆ 能绘制空心和填充矩形等

◆ 能改变画笔颜色

◆ 能改变画笔粗细

◆ 能绘制各种线条和图案

16.1　绘图函数

在使用 Flash 的过程中，难免会进行绘图的操作。除了用工具面板上的工具绘制图形之外，也可以使用 ActionScript 来绘制图形。利用 ActionScript，可以绘制出很多显示对象，比如 Shape、Sprite 和 MovieClip 等。这些类有一个共同的 graphics 属性，该属性是一个 flash. display. Graphics 类实例。由于 Shape、Sprite 和 MovieClip 类已经定义了 graphics 属性，指向 Graphics 实例，因此，没必要构造新的 Graphics 对象，显示对象的 graphics 属性会在该显示对象内绘图。

Graphics 类定义了许多方法，可以通过它的方法绘制内容，下面是 Graphics 类几个常用的绘图方法。

1. 指定线段样式函数

lineStyle（粗细，颜色，透明度）

说明

此函数设置画线的粗细、RGB 颜色和透明度。粗细值介于 0～255 之间，0 表示极细线。该方法指定后续调用 lineTo() 和 curveTo() 方法所使用的线段样式。

2. 设置绘图起点函数

moveTo（X 坐标，Y 坐标）

说明

此函数可以移动当前的绘图起点到指定的坐标位置。

3. 直线绘制函数

lineTo（X 坐标，Y 坐标）

说明

指定绘制直线的（x，y）终点。方法为目前使用的线段样式，从目前的绘制位置到指定的坐标位置绘制一条线段，然后将目前的绘图前点设置为指定的坐标位置。如果在调用任何 moveTo 方法之前先调用 lineStyle() 方法，则以最新的 lineStyle() 样式作用。

4. 曲线绘制函数

curveTo（控制点 X 坐标，控制点 Y 坐标，终点 X 坐标，终点 Y 坐标）

说明

控制点就是决定曲线形状的点，曲线在起点和终点的两条切线会相交于控制点，根据此决定出曲线形状。除了直线外，控制点实际上都不在曲线上。

【**实例 16-1**】　矩形绘制。

● 实例描述：在舞台上显示利用代码绘制的矩形。

● 设计思路：利用 Graphics 类的 lineTo() 直线绘图函数，绘制出四条首尾相接的直线，这样就封闭成一个矩形。

● 设计制作步骤：现在就用刚才的三个命令在舞台上绘制出一个 300×100 大小的矩形。

（1）新建立一个 Flash 文档。

（2）既然要绘制一个 300×100 大小的矩形，先确定矩形四个顶点的坐标，然后就可以使用 lineTo 命令进行编写了。左上角，右上角，右下角，左下脚顶点坐标分别为（50，50）、（350，50）、（350，150）和（50，150）。

（3）选中时间轴的第一帧，按 F9 键打开动作面板。现在已经确定了矩形的四个顶点，那么就可以来编写脚本命令了，请输入以下脚本：

```
1  this.graphics.lineStyle(1,0xFF0000,1);//设置线条的粗细、颜色和透明度
2  this.graphics.moveTo(50,50);//设置开始点的坐标
3  this.graphics.lineTo(350,50);
4  this.graphics.lineTo(350,150);
5  this.graphics.lineTo(50,150);
6  this.graphics.lineTo(50,50);
```

代码说明：

第 1 行代码的作用是，在绘图之前，首先使用 this.graphics.lineStyle（1，0xFF0000，1）来设置在舞台上绘制线条时使用粗 1pt、红色和透明度 100% 的线段样式。如果未调用此函数进行设定线段样式，则线段样式相应的默认值分别为 0（极细），0x000000（黑色）和 1（完全不透明）。

第 2 行代码的作用是设置绘图时开始点的坐标为矩形左上角的左边（50，50）。

第 3 行代码的作用是绘制由目前的绘制位置（50，50）到矩形右上角坐标（350，50）的一条线段，同时将目前的起点坐标移至（350，50）。

第 4 行代码的作用是绘制由目前的绘制位置（350，50）到矩形右下角坐标（350，150）的一条线段，同时将目前的起点坐标移至（350，150）。

第 5 行代码的作用是绘制由目前的绘制位置（350，150）到矩形左下角坐标（50，150）的一条线段，同时将目前的起点坐标移至（50，150）。

第 6 行代码的作用是设置结束点坐标，整个矩形绘制完毕。

（4）程序输入完毕后，按 Ctrl＋Enter 组合键，即可在影片测试环境中看见一个无填充颜色的矩形框。如图 16-1 所示。

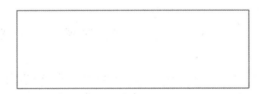

图 16-1　绘制矩形框

这里请大家特别要注意，运用绘图方法绘制的图像，都会被舞台上的图像造型所遮盖。通常，不会运用绘图函数直接在主舞台上画图，而是将它画在空的影片剪辑里面，以便稍后能通过影片剪辑的各种方法操作它。在上面例子上稍微加以改动，在主舞台上用程序建立一个包含蓝色矩形图像的影片剪辑。

（5）选中时间轴第一帧，按 F9 键打开动作面板，将原来的代码改造成以下代码。

```
1  var canvas:MovieClip= new MovieClip();
2  this.addChild(canvas);
3  with (this.canvas.graphics) {
4      beginFill(0x0000FF,1);
5      lineStyle(1,0xFF0000,1);//设置线条的粗细、颜色和透明度
6      moveTo(50,50);//设置开始点的坐标。
7      lineTo(350,50);
8      lineTo(350,150);
9      lineTo(50,150);
10     lineTo(50,50);
11     endFill();
12  }
```

（6）代码输入完毕后，按 Ctrl＋Enter 组合键，即可看到所预期的矩形图像。如图 16-2 所示。

图 16-2 绘制填充矩形

代码说明：

第 1 行代码的作用是用 AS 来创建一个影片剪辑的实例。

第 2～12 行代码的作用是使用 with 命令开始在 canvas 这个空的影片剪辑上绘制矩形，这里使用 beginFill 和 endFill 配套函数来进行矩形填充。特别需要说明的是，beginFill 方法总是与 endFill 方法成对使用。

通过上面的命令可以很容易地用 AS 绘制出所需的形状，除了绘制线段之外，还可以通过 curveTo（）方法来画曲线，这里就不再讲述如何绘制曲线了。表 16-1 列出了 Graphics 类的常用绘图函数。

表 16-1 Graphics 类的常用绘图函数

函　　数	说　　明
moveTo（x，y）	设置绘图的坐标（x，y）原点
lineStyle（[粗细 [，RGB 颜色 [，透明度]]]）	设置画线的粗细、RGB 颜色和透明度。粗细值介于 0～255 之间，0 表示极细线
lineTo（x，y）	指定绘制直线的（x，y）终点
curveTo（控制点 X 坐标，控制点 Y 坐标，起点 X 坐标，终点 Y 坐标）	绘制曲线指令，每个曲线的端点除了（x，y）锚点之外，还有一组控制曲线弯曲程度的控制点

续表

函　　数	说　　明
beginFill（［RGB 颜色［，透明度]]）	设置填充的 RGB 颜色及透明度
beginGradientFill（填色形式，颜色，透明度，比例，矩阵）	设置渐进式填充颜色的形式、色彩、颜色、透明度比例和矩阵值
endFill()	结束填充
clear()	移除在执行阶段使用影片剪辑绘图方法所建立的所有图形
drawCircle（x，y，radius）	以 x，y 为圆心坐标，以 radius 为半径画圆
drawEllipse（x，y，xRadius，yRadius）	以 x，y 为椭圆的中心，以 xRadius 为 X 方向的半径，以 yRadius 为 Y 方向的半径画椭圆

请参考表 16-1 所列函数，充分发挥想象力，通过 lineTo 和 curveTo 命令来设置多个点，从而创造出各种各样的形状。

注意

如果在调用任何 moveTo 方法之前先调用 lineTo 方法，则目前的绘图位置默认为（0，0）。

【实例 16-2】　绘制功能性进度条。

● 实例描述：在下载状态下，显示下载动画和下载进度条或下载的百分比。

之前，通过前面章节的学习，已经掌握了关于 Loading 的制作方法。这里将要介绍的是纯 AS 的 Loading 效果，运用绘图函数绘制进度条，如图 16-3 所示。

图 16-3　进度条

● 设计思路：loading 大概都可以分为以下三个部分。

（1）利用在显示对象提供的 loaderInfo 上注册侦听加载进度信息。

（2）通过加载进度事件获取加载进度信息。

（3）以图形或动画的方式将第（2）步获取的数据表现出来（一般同时还以文本方式精确表示）。

主要思路是，在制作过程中先创建两个空影片剪辑，并且在这个影片剪辑中绘制两个相同大小、相同位置的矩形。所不同的是，前者是无填充色的黑色边框矩形，后者是红色填充矩形。在 Loading 的过程中，红色填充矩形的长度随着影片装载的进度而伸展，就形成了 Loading 的进度条。通过对比红色填充矩形的长度与空心矩形框的右边距离即可通过图形化方式显示进度；同时创建一个动态文本，用文字来显示 Loading 的进度，这样就完成了功能性下载进度提示。

● 设计制作步骤：

（1）新建一 Flash 文档，打开一个动画或者图片（最好文件比较大些，便于测试）放入主场景，并在动画或图片所在的最后一帧加上 stop()。

（2）新建一个场景，命名为"进度条场景"，并把它拖到最前面。场景可以理解成为电视连续剧中的第几集，它们在 Flash 中拥有自己的播放次序，实现次序就是通过场景面板中的先后顺序，即位于上面的场景总是先于下面的场景播放。

（3）按 F9 键打开动作面板，输入停止命令，让播放头停止在片头场景中的第一帧。

```
1  stop();
```

代码说明：

在这个 Flash 中一共拥有两个场景，实际播放时，两个场景循环播放，如果不在"片头"场景的第一帧设 stop() 命令，那么时间轴就会循环播放，从而可能主场景还未下载完毕，播放头就开始跳转到"主场景"。所以，首先播放头停止在"片头"场景中，直到所有下载完毕后，才跳转到主场景。

（4）继续添加代码，绘制显示进度的文本框。

```
2  //生成一个文本字段并加入舞台
3  var percent_txt:TextField= new TextField();
4  this.addChild(percent_txt);
5  //设置文本字段各项属性
6  with (this.percent_txt) {
7      background= true; //文本框是否有背景
8      backgroundColor= 0xF0F99F;//文本框的背景颜色
9      textColor= 0xFF0000;//文本字段中文本的颜色
10     type= TextFieldType.DYNAMIC;//文本字段为动态文本
11     x= (stage.stageWidth- 65)/2;//文本字段的横坐标
12     y= (stage.stageHeight+ 38)/2;//文本字段的纵坐标
13     width= 65; //文本字段的宽度
14     height= 18; //文本字段的高度
15  }
```

代码说明：

其实在 Flash 中，文本字段也可以用代码建立，用法如下：

```
var 文本字段名:TextField= new TextField();
this.addChild(文本字段名);
```

第 3～4 行代码的作用是通过以上方式在主舞台上创建一个实例名为"percent_txt"的文本框。

第 6～14 行代码的作用是设置"percent_txt"文本字段的背景颜色、文本颜色、文本类型、宽度、高度及位置。这里需要说明的是，若要设置文本字段的背景，首先需要将此字段的 background 属性设置为 true，表示要显示背景，然后再通过 backgroundColor 属性设置背景颜色。字段的颜色采用和网页一样的十六进制数来设置，但是十六进制的前面要加 0x（是数字 0，而不是字母 o;）。

（5）继续添加代码，绘制进度条矩形边框。

```
16    var border_sprite:Sprite= new Sprite();
17    this.addChild(border_sprite);
18    border_sprite.x= (stage.stageWidth- 200)/2;
19    border_sprite.y= (stage.stageHeight- 20)/2;
20    //在舞台上绘制出一个 200×10 大小的无填充颜色的矩形
21    with (this.border_sprite.graphics) {
22        //设置这个实例的边框粗细为 1,颜色为灰色,透明度为 100
23        lineStyle(0,0x000000,2);
24        moveTo(0,0);
25        lineTo(0,20);
26        lineTo(200,20);
27        lineTo(200,0);
28        lineTo(0,0);
29    }
```

代码说明：

这段代码的主要作用是在舞台上绘制一个无填充颜色的矩形框，长度为 200，高度为 20，动态变化的进度条将在此空心的矩形框中显示。这段代码与上一实例基本类似，在此不再赘述。

（6）继续添加代码，绘制矩形进度条。

```
30    var progress_mc:MovieClip= new MovieClip();
31    this.addChild(progress_mc);
32    progress_mc.x= (stage.stageWidth- 200)/2;
33    progress_mc.y= (stage.stageHeight- 20)/2;
34    //在舞台上绘制出一个 200×100 大小的矩形
35    with (this.progress_mc.graphics) {
36        //设置这个实例的边框粗细为 1,颜色为灰色,透明度为 50%
37        lineStyle(0,0x0000ff,0.5);
38        //设置填充颜色为红色,透明度为 100%
39        beginFill(0xff0000,1);
40        moveTo(0,0);//起点
41        lineTo(0,20);
42        lineTo(200,20);
43        lineTo(200,0);
44        lineTo(0,0);
45        endFill();//结束填充,与 beginFill()命令对应。
46    }
```

代码说明：

这段代码的作用是在舞台上绘制一个填充颜色为红色的矩形，该矩形在动画运行的过程

中充当进度条，它在 border_sprite 矩形框中动态变化其长度，以图形化的形式显示当前下载进度。这段代码也与上一实例基本类似，在此不再赘述。

（7）为主时间轴注册加载进度事件侦听及加载完毕事件侦听，并分别指定 loadProgress() 函数和 loadComplete() 函数处理加载进度事件和加载完毕事件。

```
47  this.loaderInfo.addEventListener(ProgressEvent.PROGRESS,loadProgress);
48  this.loaderInfo.addEventListener(Event.COMPLETE,loadComplete);
49  function loadProgress(e:ProgressEvent):void {
50      //通过 ProgressEvent 事件提供的相关信息获取加载进度
51      var loaded:Number= e.bytesLoaded/e.bytesTotal;
52      //在文本中显示当前下载的百分比
53      this.percent_txt.text= "已下载:"+ Math.floor(loaded* 100)+ "% ";
54      //动态更新进度条长度,以图形化方式显示当前下载进度
55      this.progress_mc.scaleX= loaded;
56  }
57  function loadComplete(event:Event):void {
58      //依次移除加载进度条,加载进度框和加载进度文本框
59      this.removeChild(this.percent_txt);
60      this.removeChild(this.border_sprite);
61      this.removeChild(this.progress_mc);
62      this.nextScene();//跳入下一场景,显示内容
63  }
```

代码说明：

第 47～48 行代码的作用是利用显示对象的 loaderInfo 属性，为主时间轴显示对象注册加载进度事件侦听以及加载完毕事件侦听，并分别指定 loadProgress() 函数和 loadComplete() 函数处理加载进度事件和加载完毕事件。

第 51～55 行代码的作用是从加载事件 ProgressEvent 对象中获取已加载数据量和总的加载数据量，这样就非常容易得到加载进度。根据当前的加载进度即时更新 percent_txt 文本里面的内容和 progress_mc 影片剪辑在 scaleX 的缩放值，以即时显示当前下载进度。前者以文字形式显示，后者以图形显示。

第 59～61 行代码的作用是当加载完毕事件触发后，表明所有影片已经被载入进来，不再动态更新当前进度，因此，删除"片头"场景中通过 AS 动态建立起来的 percent_txt 文本、border_mc 影片剪辑和 progress_mc 影片剪辑。

第 62 行代码作用是，当所有内容加载完毕，加载进度达到 100% 后，至此，片头动画的主要历史使命已经完成，应及时退出。此时应该让下一场景，一般是主场景显示，即通过 this.nextScene() 函数将播放头跳转到主场景。

（8）按 Ctrl＋Enter 组合键进行预览，在 Flash Player 中选择"视图"→"模拟下载"，观察效果。

注意

由于本实例这段代码可以适用于所有的动画，只需要先新建一个场景，且将这个场景置于场景面板中的最上面。接着将这段代码放置在新建场景中的第一帧就可以实现预载功能。

16.2　实例制作——简易绘图板

● 实例名称：简易绘图板。

● 实例描述：这是一个简易的绘图板。需要模拟一个绘图板，由浏览者用鼠标设定笔触颜色、笔触粗细、透明度等后，在绘图板区域内绘制各种图案。

简易画图板要求：

· 能设定笔触颜色

· 能设定笔触粗细

· 能设定笔触透明度

· 能设定绘图面板背景

· 能绘制各种图形

· 能清除绘图板内容

绘图板效果如图 16-4 所示。

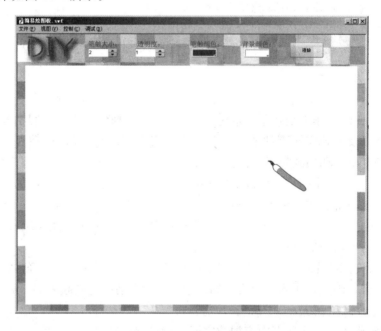

图 16-4　绘图板

● 实例分析：选择绘图颜色，可以通过选择取色器实现；选择笔触大小，可以通过 NumericStepper 组件实现，绘制图形可以通过鼠标拖曳笔触和结合绘图相关函数实现。

● 设计制作步骤：

（1）新建一 Flash 文档，按 Ctrl＋F8 组合键新建"笔尖"。如图 16-5 所示。

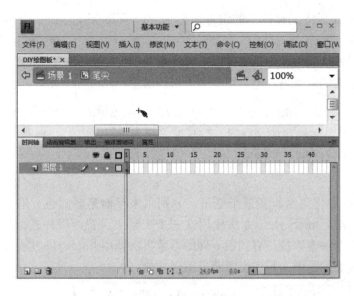

图 16-5　笔尖影片剪辑制作图

（2）新建"笔刷"影片剪辑元件，并设定其中的笔尖影片剪辑实例名为"nib _ mc"，如图 16-6 所示。

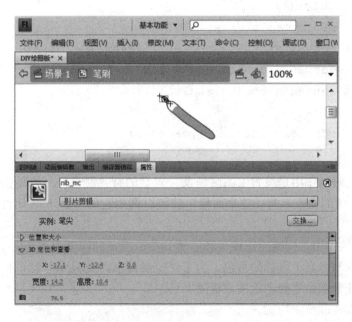

图 16-6　笔刷影片剪辑制作图

（3）在舞台上方，添加 NumericStepper、ColorPicker、Button 等组件，形成工具栏，如图 16-7 所示。

图 16-7　工具栏组件

（4）从左至右分别将工具栏上的组件命名为"penThick"，"penAlpha"，"penColor"，"bgColor"，"clear_btn"。

（5）将笔刷元件从元件库中拖入舞台，并命名为"brush_mc"。

（6）为绘图板的笔触颜色、笔触粗细和笔触透明度声明存储变量，并初始化。

```
1   var brushColor:Number= 0x000000;//存储笔触颜色
2   var brushThick:Number= 1; //存储笔触大小
3   var brushAlpha:Number= 1; //存储笔触透明度
```

代码说明：

第1～3行代码的作用是设置三个变量，分别用来存储笔触颜色、笔触大小和笔触透明度。以后每次绘图时，lineStyle()方法使用这三个变量来设置线段样式。需要注意的是，线段样式一旦设定就会一直维持，直到用不同的参数再次调用 lineStyle 方法为止。

（7）为绘图板添加绘图面板和设置背景颜色功能。

```
5   var canvas:Sprite= new Sprite();//新建绘图区域
6   this.addChild(this.canvas);
7   var canvasColor:Number= 0x336699;//设定绘图区域背景颜色
8   setcanvasColor();
9   function setcanvasColor():void {
10      this.canvas.graphics.beginFill(canvasColor);
11      this.canvas.graphics.drawRect(0,0,800,530);
12      this.canvas.graphics.endFill();
13   }
14   this.swapChildren(brush_mc,canvas);
```

代码说明：

第5～13行代码的作用是设置绘图区域及设置它的背景颜色。一开始需要新建一个空的 Sprite 容器作为绘图的面板。有了这个面板，就可以调用它的 Graphics 属性绘图函数在上面绘制图形。

第14行代码的作用是调整绘图面板和笔触 brush_mc 的深度关系，由于这个过程都将鼠标进行了隐藏，笔触充当了鼠标的角色，为了使笔触能够时刻显示于绘图面板上面，这里使用了深度函数保证笔触始终处于绘图面板的上层。

（8）为绘图板实现绘图功能。

```
15   this.canvas.addEventListener(MouseEvent.MOUSE_DOWN,startDraw);
16   this.canvas.stage.addEventListener(MouseEvent.MOUSE_UP,stopDraw);
17
18   // 鼠标按下,意味着要开始绘图
19   function startDraw(e:MouseEvent):void {
20      canvas.graphics.lineStyle(brushThick,brushColor,brushAlpha);
21      canvas.graphics.moveTo(canvas.mouseX,canvas.mouseY);
```

```
22      canvas.addEventListener(MouseEvent.MOUSE_MOVE,drawing);
23      Mouse.hide();
24      this.brush_mc.startDrag(true,
25      new Rectangle(canvas.x,canvas.y,canvas.width,canvas.height));
26  }
27  // 鼠标弹起,意味着要结束绘图
28  function stopDraw(e:MouseEvent):void {
29      this.canvas.removeEventListener(MouseEvent.MOUSE_MOVE,drawing);
30      Mouse.show();
31      brush_mc.stopDrag();
32  }
33  // 鼠标在按下的时候移动,意味着正在不断绘图
34  function drawing(e:MouseEvent):void {
35      canvas.graphics.lineTo(canvas.mouseX,canvas.mouseY);
36      e.updateAfterEvent();
37  }
```

代码说明:

第 15～16 行代码的作用是为绘图面板注册侦听鼠标按下和鼠标弹起事件。只有鼠标被按下才意味着可能要开始绘图,同样地,鼠标弹起意味着结束绘图。

第 19～26 行代码的作用是具体定义了自定义 startDraw() 函数如何响应和处理鼠标按下事件。这段代码的主要功能是鼠标在绘图面板上按下,意味着将要做好绘图前的一切准备工作,包括设置线条样式,确定绘图起点,鼠标指针隐藏等。除了以上准备工作,还要考虑为了保证画笔所绘制的图案只在绘图面板内显现,需要限定笔触的拖动范围在绘图面板内。最后还有一个最为重要的准备工作就是一旦鼠标被按下后再进行鼠标移动,就意味着绘图。因此,此时此刻就必须在这里注册侦听鼠标移动事件。

第 28～32 行代码的作用是具体定义了自定义函数 stopDraw() 如何响应并处理鼠标弹起事件。这段代码的主要功能是鼠标在绘图面板上弹起,意味着结束绘图,必须做好绘图结束的收尾工作,包括取消对鼠标移动事件的侦听,停止 brush _ mc 笔触拖动,鼠标指针显现等。

第 34～37 行代码的作用是具体定义了自定义函数 drawing() 如何响应并处理鼠标移动事件。这段代码的主要功能是鼠标在绘图面板上移动,意味着正在绘图,必须做好绘图进行的工作,包括不断确定绘图的终点,即鼠标光标在绘图面板上的位置,绘制完毕后,使用 updateAfterEvent() 强迫屏幕立即更新画面,不必等下一个帧到来时才更新。如此用鼠标绘制图形,会得到比较平顺的线条。

(9) 继续添加代码,为绘图板添加工具栏容器,用来存放笔触大小、笔触颜色等工具。

```
38  var tools:Sprite= new Sprite();
39  this.addChild(tools);
40  tools.x= 0;
```

```
41    tools.y= 530;
```

代码说明：

第 38～41 行代码的作用是为建立一个类似于工具栏的容器用来存放诸如笔触大小、笔触颜色、透明度等工具。

（10）添加代码，为绘图板添加设置笔触粗细功能。

```
42    var penThick= new NumericStepper();
43    tools.addChild(penThick);
44    with (penThick) {
45        x= 100;
46        y= 20;
47        maximum= 10;//最大值
48        minimum= 1;//最小值
49        stepSize= 1;//每按一下按钮,增加或减少的数值
50        value= 2;//初始值或当前值
51    }
52
53    penThick.addEventListener(Event.CHANGE,changeThick);
54    function changeThick(e:Event) {
55        brushThick= penThick.value;
56    }
```

代码说明：

第 42～56 行代码的作用是为绘图板实现笔触粗细选择功能。首先实例化一个 Flash 自带的数字步进器 NumericStepper 组件并添加到工具栏，接着设置笔触粗细数字步进器相关的属性，包括位置、最大数值、最小数值、步长及初始值。最后就是侦听数字步进器上的数字改变事件并对其进行响应和处理，就是将数字步进器的最新值存入绘图版的笔触粗细变量，这次更改将会在下次绘图时生效。

（11）继续添加代码，为绘图板添加设置笔触透明度功能。

```
57    var penAlpha= new NumericStepper();
58    tools.addChild(penAlpha);
59    with (penAlpha) {
60        x= 240;
61        y= 20;
62        maximum= 1;//最大值
63        minimum= 0;//最小值
64        stepSize= 0.1;//每按一下按钮,增加或减少的数值
65        value= 1;//初始值或当前值
66    }
67    penAlpha.addEventListener(Event.CHANGE,changeAlpha);
```

```
68  function changeAlpha(e:Event):void {
69      brushAlpha= penAlpha.value;
70  }
```

代码说明:

第57~70行代码的作用是为绘图板设置笔触透明度。这段代码与上段代码非常类似，在此不再赘述。

(12) 继续添加代码，为绘图板添加设置笔触颜色功能。

```
71  var penColor= new ColorPicker();
72  tools.addChild(penColor);
73  penColor.x= 420;
74  penColor.y= 20;
75  penColor.selectedColor= 0x000000;//显示的颜色
76  penColor.showTextField= true;//ColorPicker组件是否显示内部文本字段
77  penColor.addEventListener(ColorPickerEvent.CHANGE,cc);
78  function cc(e:ColorPickerEvent):void {
79      brushColor= penColor.selectedColor;
80      var ctf:ColorTransform= new ColorTransform();
81      ctf.color= brushColor;
82      brush_mc.nib_mc.transform.colorTransform= ctf;
83  }
```

代码说明:

第71~83行代码的作用是为绘图板设置笔触颜色。首先，需要实例化一个颜色取色器 ColorPicker组件并添加到工具栏。接着，需要设置颜色取色器的相关属性，包括位置、默认颜色等。最后，就是注册侦听颜色取色器颜色选择变化事件，对其进行响应并处理，就是将颜色取色器的最新值存入绘图版的笔触颜色变量，这次更改将会在下次绘图时生效，同时还需要设置 brush _ mc 影片剪辑中的笔尖 nib _ mc 的颜色与颜色取色器的值一致。

(13) 继续添加代码，为绘图板添加设置背景颜色功能。

```
84  var bgColor= new ColorPicker();
85  tools.addChild(bgColor);
86  bgColor.selectedColor= 0x336699;
87  bgColor.x= 540;
88  bgColor.y= 20;
89  bgColor.addEventListener(ColorPickerEvent.CHANGE,bgChange);
90  function bgChange(e:ColorPickerEvent):void {
91      canvasColor= bgColor.selectedColor;
92      setcanvasColor();
93  }
```

代码说明：

第 84～93 行代码的作用是为绘图板设置背景颜色。这段代码与上段代码非常类似，在此不再赘述。

（14）继续添加代码，为绘图板添加清除屏幕功能。

```
94   //创建按钮
95   var clear_btn= new SimpleButton();
96   tools.addChild(clear_btn);
97   clear_btn.addEventListener(MouseEvent.CLICK,clickHandle);
98
99   function clickHandle(e:MouseEvent):void {
100      this.canvas.graphics.clear();
101      setcanvasColor();
102  }
103  //设置按钮的四种状态
104  clear_btn.downState= btnStatusShape(0x006600,50,20);
105  clear_btn.overState= btnStatusShape(0x009900,50,20);
106  clear_btn.upState= btnStatusShape(0x006600,50,20);
107  clear_btn.hitTestState= clear_btn.upState;
108  clear_btn.x= 580;
109  clear_btn.y= 20;
110
111  //设置按钮上的文字
112  var clear_txt:TextField= new TextField();
113  clear_txt.autoSize= TextFieldAutoSize.CENTER;
114  clear_txt.textColor= 0xFF0000;
115  clear_txt.text= "清除";
116  clear_txt.x= (clear_btn.width- clear_txt.width)/2+ clear_btn.x;
117  clear_txt.y= (clear_btn.height- clear_txt.height)/2+ clear_btn.y;
118  tools.addChild(clear_txt);
119  clear_txt.mouseEnabled= false;
120
121  //自定义函数协助实现按钮的四种状态
122  function btnStatusShape(bgColor:uint,w:uint,h:uint):Shape {
123      var btn: Shape= new Shape();
124      btn.graphics.lineStyle(1,0x000000,0.8);
125      btn.graphics.beginFill(bgColor,0.8);
126      btn.graphics.drawRoundRect(0,0,w,h,8);
127      btn.graphics.endFill();
128      return btn;
```

```
129   }
```

代码说明：

第 95～129 行代码的作用是为绘图板添加屏幕清除功能，为了达到此目的，需要在工具栏中添加一个按钮。

第 95～102 行代码的作用是实例化一个 SimpleButton 按钮后加入至工具栏，并在其上注册侦听鼠标单击事件，并自定义 clickHandle（）函数处理鼠标单击事件。按下清除按钮需要做以下工作：

调用 Graphics 类的 clear（）方法清除绘图板上使用绘图方法建立的所有图形，但是，clear()方法无法删除在制作期间用手工绘制的形状和线段，也就是说，使用 Flash IDE 中绘图工具绘制的内容是无法通过代码来清除的。

将绘图面板背景恢复为默认值。

第 104～109 行代码的作用是设置 SimpleButton 的四种状态，即按下、经过、弹起、感应区域。创建一个 SimpleButton 的四种状态非常简单，只需要为它的四种状态分别指定一个 Display-Object 就可以了。注意必须指定 hitTestState，就是 Flash IDE 里创建 Button 时的 hit 帧，响应鼠标事件的区域，如果没有它，按钮就失去作用了。一般设置它和 upState 一样就可以了。这里使用自定义函数 btnStatusShape() 帮助返回一个 Shape 来完成四个状态的建立。

第 112～119 行代码的作用是设置 SimpleButton 上的文字。由于 SimpleButton 没有继承 DisplayObjectContainer 类，也就是不能给它添加其他的 child。如果要创建一个带文字的 SimpleButton，只需把 SimpleButton 和 TextField 一起放到一个 Sprite 里。这里把 Simple-Button 和 TextField 均放在工具栏 tools 里，只要将文本字段的位置设置在 SimpleButton 之上即可达到目的。

（15）按 Ctrl＋Enter 组合键进行测试，看看绘图板的效果。

常用英语单词含义如表 16-2 所示。

表 16-2　常用英语单词含义

英　　文	中　　文
move	移动
line	线条
style	样式、风格
begin	开始
end	结束
fill	填充
clear	清除
sprite	精灵
draw	绘制

课后练习：

1. 根据麦克风输入音量大小来动态绘制一个随着音量大小变化的圆。

2. 利用绘图函数动态绘制一张国际象棋棋盘。

第 17 章 位图处理

复习要点：

➤ moveTo 函数的使用

➤ lineTo 函数的使用

➤ lineStyle 函数的使用方法

➤ beginFill 和 endFill 函数的使用方法

➤ clear 函数的使用方法

➤ 显示对象的 loadInfo 属性

本章要掌握的知识点：

◇ 显示位图图像的方法

◇ 位图滚动的方法

◇ 复制位图数据的方法

能实现的功能：

◆ 位图的显示

◆ 位图的滚动

◆ 位图的复制和混合

17.1 位图

在计算机中一般有两种图的形式——位图图像和矢量图形。

位图图像也称为光栅图像，由排列为矩形网格形式的小方块也称为像素组成。而矢量图形是由数学方式生成的几何形状。

位图图像是与分辨率有关的，当放大位图到一定的程度时，其损失的细节和品质就会非常明显。

位图的常见文件格式有几种，但 Flash Player 支持的图像格式有 JPG、GIF 和 PNG。

17.2 显示位图图像的方法

显示位图常用的方法有两种：用导入库中的位图创建显示位图图像；使用 Loader 类加载外部图像来创建位图图像。

1. 用导入库中的位图创建显示位图图像

先导入一张位图到库中，并在此位图的链接属性面板中新建一类名；然后创建 Bitmap-Data 对象，并将该对象作为 Bitmap 对象构造函数的参数传递；最后调用包含 Bitmap 实例的显示对象容器的 addChild()或 addChildAt()方法，将 Bitmap 对象添加到显示列表中 F。

代码如下：

```
1    //位图在库中的链接面板的类名为 cat
2    //定义此位图的 cat 对象 catBmd
3    var catBmd: cat= new cat(0,0);
4    //定义 Bitmapa 对象 cat
5    var CAT: Bitmap = new Bitmap();
6    //将 catBmd 赋给 CAT 的 bitmapData 属性
7    CAT.bitmapData= catBmd;
8    addChild(CAT)
```

2. 使用 Loader 类加载外部图像来创建位图图像

先加载外部图像文件，确认加载完成时，定义新的 BitmapData 对象，并利用 BitmapData 对象的 draw()方法绘制源显示对象；最后将 BitmapData 对象作为 Bitmap 对象构造函数的参数传递，将 Bitmap 对象添加到显示列表中。

```
1    //加载外部图像文件
2    var myrequest:URLRequest = new URLRequest("cat.jpg")
3    var myloader:Loader = new Loader()
4    myloader.load (myrequest)
```

```
5    //添加侦听，当全部加载完成时调用函数 imgLoadered
6    myloader. contentLoaderInfo. addEventListener(Event. COMPLETE ,imgLoadered)
7    function imgLoadered(e:Event ):void{
8        //定义 BitmapData 对象
9        var myBmd:BitmapData = new BitmapData(myloader. width ,myloader. height )
10       //绘制显示对象
11       myBmd. draw (myloader)
12       var myImg:Bitmap = new Bitmap(myBmd)
13       //添加到显示列表
14       addChild(myImg)
15   }
```

按 Ctrl＋Enter 组合键，测试影片的效果。如图 17-1 所示。

图 17-1　位图显示效果

17.3　位图滚动

在互动作品中，特别是游戏中，经常会涉及位图的滚动。利用 BitmapData 类的 scroll() 方法可以复制屏幕上的位图，然后将它粘贴到由（x，y)参数指定的新偏移位置。如果位图的一部分在舞台外，则会产生图像发生移位的效果。与其他事件相配合使用，可以使图像呈现动画或滚动效果。

下面代码的作用是利用 BitmapData 类的 scroll()方法显示一个向左上角连续移动的图像。

```
1    //加载外部图像文件
2    var myrequest:URLRequest= new URLRequest("cat. jpg");
3    var myloader:Loader = new Loader();
```

251

```
4   myloader.load(myrequest);
5   //添加侦听,当全部加载完成时调用函数 imgLoadered
6   myloader.contentLoaderInfo.addEventListener(Event.COMPLETE ,imgLoadered);
7   function imgLoadered(e:Event ) :void {
8       //定义 BitmapData 对象
9       var myBmd:BitmapData= new BitmapData(myloader.width,myloader.height);
10      //绘制显示对象
11      myBmd.draw(myloader);
12      var myImg:Bitmap= new Bitmap(myBmd);
13      //添加到显示列表
14      addChild(myImg);
15      addEventListener(Event.ENTER_FRAME,funMove);
16      function funMove(e:Event) :void{
17          myBmd.scroll(- 1,- 1);//左上角移动
18      }
19  }
```

按 Ctrl＋Enter 组合键，测试影片的效果。

17.4   复制位图数据

从一个图像向另一个图像复制位图数据有多种方式，可以使用的方法有：clone()、copyPixels()、copyChannel()和 draw()。

clone()方法允许将位图数据从一个 BitmapData 对象克隆或采样到一个对象。调用此方法时，此方法返回一个新的 BitmapData 对象，它是与被复制的原始实例完全一样的克隆。

copyPixels()方法是一种从一个 BitmapData 对象向另一个对象复制像素的快速简便方法。该方法可以拍摄源图像的矩形快照，并将其复制到另一个矩形区域。

copyChannel()方法是从源 BitmapData 对象中采集预定义的颜色通道，并将此值复制到目标 BitmapData 对象的通道中。

draw()方法是将 sprite、影片剪辑或其他显示对象中的图形内容呈现在新的位图上。

下面代码的作用是：当在位图上单击时，将只有一只鸭子的位图通过复制位图中的矩形块数据显示为两个或多个鸭子。

```
1   //位图在库中的链接面板的类名为 duck
2   //定义此位图的 duck 对象 duckBmd
3   var duckBmd:duck= new duck(0,0);
4   //定义 Bitmapa 对象 DK
5   var DK: Bitmap = new Bitmap();
6   //将 duckBmd 赋给 DK 的 bitmapData 属性
```

```
7    DK.bitmapData= duckBmd;
8    //把位图嵌入到影片剪辑中
9    var sp:Sprite = new Sprite();
10   stage.addChild(sp);
11   sp.addChild(DK);
12   //定义侦听，当单击图像时，复制原图像中的一个矩形块，并放置到新的位置
13   sp.addEventListener(MouseEvent.CLICK ,OnClickFun);
14   function OnClickFun(e:MouseEvent ) {
15       //定义一个宽 409、高 284 的 BitmapData 对象
16       var secondDuck:BitmapData= new BitmapData(409,284);
17       //从 x:211,y:300 的位置截取矩形框
18       var rect:Rectangle= new Rectangle(211,300,409,284);
19       //复制 duckBmd 对象中
20       secondDuck.copyPixels(duckBmd,rect,new Point());
21       var duckBp:Bitmap= new Bitmap(secondDuck);
22       //设置开始放置的位置
23       duckBp.x= 0;
24       duckBp.y= 0;
25       sp.addChild(duckBp);
26       }
```

按 Ctrl＋Enter 组合键，测试影片的效果，如图 17-2 所示。

图 17-2　复制位图数据前后

17.5　混合位图

混合位图是将两个位图的通道混合在一起，形成类似海市蜃楼的效果。使用的函数为 merge()方法，其使用方法如下。

```
merge(sourceBitmapData:BitmapData, sourceRect:Rectangle, dest-
Point:Point, redMultiplier:uint, greenMultiplier:uint, blueMulti-
plier:uint, alphaMultiplier:uint):void
```

下面的示例是实现两个位图图像的混合，先从外部导入两张位图，如图 17-3 和图 17-4 所示，并使用链接属性分别给它们生成两个类（如 sea 和 city）。混合效果如图 17-5 所示。

图 17-3　单张图

图 17-4　单张效果

图 17-5　混合位图效果

```
1   //从库中定义源图像
2   var src:city= new city(1024,681)
3   //从库中定义目标图像
4   var dest:sea= new sea(1024,676)
5   //对各通道执行从源图像到目标图像的混合
6   dest.merge(src,src.rect,dest.rect.topLeft,120,120,120,120)
7   //显示到舞台上
8   var newMap:Bitmap = new Bitmap(dest)
9   stage.addChild(newMap)
```

常用英语单词含义如表 17-1 所示。

表 17-1　常用英语单词含义

英　　文	中　　文
scroll	滚动
merge	混合
source	资源

课后练习：

1. 利用位图的滚动，设计一个简单的游戏地图，使得地图能跟随鼠标的移动而移动。
2. 利用复制位图的方法实现一群鸟在天空飞。

第18章   滤镜效果

复习要点：

➤ 显示位图图像的方法
➤ 位图滚动的方法
➤ 复制位图数据的方法

本章要掌握的知识点：

◇ 斜角滤镜（BevelFilter）的使用方法
◇ 模糊滤镜（BlurFilter）的使用方法
◇ 投影滤镜（DropShadowFilter）的使用方法
◇ 发光滤镜（GlowFilter）的使用方法
◇ 渐变斜角滤镜（GradientBevelFilter）的使用方法
◇ 颜色矩阵滤镜（ColorMatrixFilter）的使用方法
◇ 卷积滤镜（ConvolutionFilter）的使用方法
◇ 置换图滤镜（DisplacementMapFilter）的使用方法

能实现的功能：

◆ 斜角滤镜的效果
◆ 模糊滤镜的效果
◆ 投影滤镜的效果
◆ 发光滤镜的效果
◆ 渐变斜角滤镜的效果
◆ 颜色矩阵滤镜的效果
◆ 卷积滤镜的效果
◆ 置换图滤镜的效果

18.1　滤镜基础

正如 Adobe Photoshop 图像处理软件滤镜工具一样，滤镜主要是用来实现图像的各种特殊效果。使用滤镜可以应用丰富的视觉效果来显示对象，例如模糊、斜角、发光和投影等。

ActionScript 3.0 新增加了 flash.filters 包，其中包括的滤镜共有 9 种，分别是：

- 斜角滤镜（BevelFilter）
- 模糊滤镜（BlurFilter）
- 投影滤镜（DropShadowFilter）
- 发光滤镜（GlowFilter）
- 渐变斜角滤镜（GradientBevelFilter）
- 渐变发光滤镜（GradientGlowFilter）
- 颜色矩阵滤镜（ColorMatrixFilter）
- 卷积滤镜（ConvolutionFilter）
- 置换图滤镜（DisplacementMapFilter）

其中，前面 6 种是简单滤镜，后面 3 种是复杂滤镜。所谓简单滤镜，就是可以直接在 Flash 的滤镜面板上直观操作的滤镜，滤镜面板如图 18-1 所示。

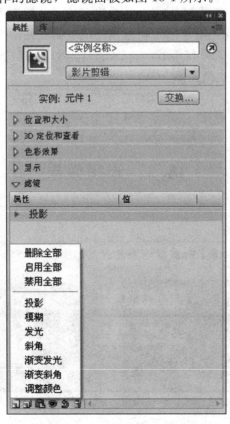

图 18-1　添加滤镜面板

其滤镜效果类及说明见表 18-1。

表 18-1　ActionScript 3.0 包括的滤镜效果类及说明

类	说　　明
BevelFilter	可使用 BevelFilter 类对显示对象添加斜角效果
BlurFilter	可使用 BlurFilter 类将模糊视觉效果应用于显示对象
ColorMatrixFilter	使用 ColorMatrixFilter 类可以将 4×5 矩阵转换应用于输入图像上的每个像素的 RGBA 颜色和 Alpha 值，以生成具有一组新的 RGBA 颜色和 Alpha 值的结果
ConvolutionFilter	ConvolutionFilter 类应用矩阵盘绕滤镜效果
DisplacementMapFilter	DisplacementMapFilter 类使用指定的 BitmapData 对象（称为置换图图像）的像素值执行对象置换
DropShadowFilter	可使用 DropShadowFilter 类向显示对象添加投影
GlowFilter	使用 GlowFilter 类可以对显示对象应用发光效果
GradientBevelFilter	使用 GradientBevelFilter 类可以对显示对象应用渐变斜角效果
GradientGlowFilter	可使用 GradientGlowFilter 类对显示对象应用渐变发光效果

这些滤镜可用于从 DisplayObject 类继承的显示对象，如 MovieClip、Button、Video、TextField 等。

滤镜的使用方法：使用滤镜的构造函数来创建新的滤镜，根据滤镜的应用对象决定滤镜的具体使用方法。对于影片剪辑 MovieClip、按钮 Button、视频 Video、文字字段 TextField 等从显示对象 DisplayObject 类继承的子类应用滤镜，需要使用 filters 属性。对于位图图像 BitmapData 对象应用滤镜，需要使用 BitmapData.ApplyFilter()方法，获得源 BitmapData 对象和滤镜对象，并生成一个过滤图像。

注意

滤镜不支持常规缩放、旋转、倾斜，但支持舞台缩放。

18.2　滤镜效果

1. 斜角滤镜（BevelFilter）

斜角滤镜效果对比如图 18-2 所示。

图 18-2　斜角滤镜效果对比

对应的滤镜面板如图 18-3 所示。

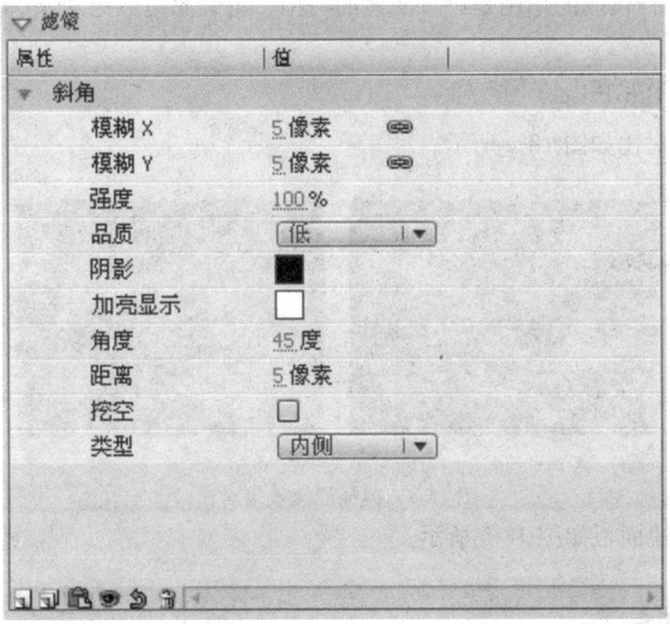

图 18-3 面板

下面的代码可实现斜角滤镜的效果：

```
1   var bevel:BevelFilter= new BevelFilter();
2   bevel.blurX= 5;
3   bevel.blurY= 5;
4   bevel.strength= 2;
5   bevel.quality= BitmapFilterQuality.LOW;
6   bevel.shadowColor= 0x000000;
7   bevel.shadowAlpha= 1;
8   bevel.highlightColor= 0xFFFFFF;
9   bevel.highlightAlpha= 1;
10  bevel.angle= 45;
11  bevel.distance= 5;
12  bevel.knockout= false;
13  bevel.type= BitmapFilterType.INNER;
14  var filtersArray:Array= new Array(bevel);
15  pic_mc.filters= filtersArray;
```

代码说明：

第 1 行至第 3 行代码的作用是定义斜角滤镜对象，设置 X 轴方向和 Y 轴方向的模糊像素。

第 4、5、6 行代码的作用是设置滤镜强度、品质、阴影颜色。

第 7、8、9 行代码的作用是设置阴影透明度、高亮度色、高亮度透明度。

第 10、11、12 行代码的作用是设置滤镜的角度、距离、是否挖空。

第 13、14、15 行代码的作用是设置滤镜的类型、定义滤镜数组对象、设置影片剪辑的滤镜属性。

2. 模糊滤镜（BlurFilter）

模糊滤镜效果对比如图 18-4 所示。

图 18-4　模糊滤镜效果对比

对应的模糊滤镜面板如图 18-5 所示。

图 18-5　模糊滤镜面板

下面的代码可实现斜角滤镜的效果：

```
1  var blur:BlurFilter= new BlurFilter();
2  blur.blurX= 2;
3  blur.blurY= 2;
4  blur.quality= BitmapFilterQuality.LOW;
5  var filtersArray:Array= new Array(blur);
6  pic_mc.filters= filtersArray;
```

代码说明：

参见斜角滤镜代码说明。

3. 投影滤镜（DropShadowFilter）

投影滤镜效果对比如图 18-6 所示。

图 18-6　投影滤镜效果对比

对应的滤镜面板如图 18-7 所示。

图 18-7　投影滤镜面板

下面的代码可以实现投影滤镜效果：

```
1    var shadow:DropShadowFilter= new DropShadowFilter();
2    shadow.blurX= 10;
3    shadow.blurY= 10;
4    shadow.strength= 1.5;
5    shadow.quality= BitmapFilterQuality.MEDIUM;
6    shadow.color= 0x000000;
```

```
7   shadow.alpha= 1;
8   shadow.angle= 45;
9   shadow.distance= 5;
10  shadow.knockout= false;
11  shadow.inner= false;
12  shadow.hideObject= false;
13  var filtersArray:Array= new Array(shadow);
14  pic_mc.filters= filtersArray;
```

代码说明：

第 12 行代码的作用是设置是否隐藏对象。

其他代码说明参看斜角滤镜。

4. 发光滤镜（GlowFilter）

发光滤镜效果对比如图 18-8 所示。

图 18-8　发光滤镜效果对比

对应的发光滤镜面板如图 18-9 所示。

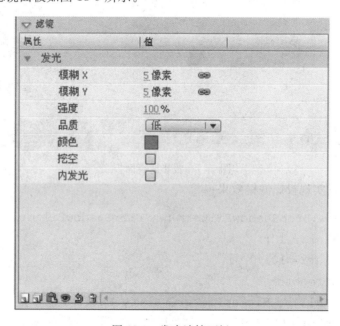

图 18-9　发光滤镜面板

下面的代码可实现发光滤镜效果：

```
1   var glow:GlowFilter= new GlowFilter();
2   glow.blurX= 20;
3   glow.blurY= 20;
4   glow.strength= 1.5;
5   glow.quality= BitmapFilterQuality.MEDIUM;
6   glow.color= 0x00ff00;
7   glow.alpha= 1;
8   glow.knockout= false;
9   glow.inner= true;
10  var filtersArray:Array= new Array(glow);
11  pic_mc.filters= filtersArray;
```

5. 渐变斜角滤镜（GradientBevelFilter）

渐变斜角滤镜斜角滤镜效果对比如图 18-10 所示。

图 18-10　渐变斜角滤镜效果对比

对应的渐变斜角滤镜面板如图 18-11 所示。

图 18-11　渐变斜角滤镜面板

渐变斜角滤镜和斜角滤镜相比，只是把阴影区域和加亮区域用渐变来完成，从而实现更丰富的色彩。

对应的 AS 代码如下。

```
1  var filter:GradientBevelFilter= new GradientBevelFilter();
2  filter.colors= [0x005500,0x005588 ,0xffffff, 0x00aa00];
3  filter.alphas= [1,1, 0, 1];
4  filter.ratios= [0,64, 128, 255];
5  filter.blurX = 20;
6  filter.blurY= 20;
7  filter.distance= 32;
8  pic_mc.filters= [filter];
```

6. 渐变发光滤镜（GradientGlowFilter）

渐变发光滤镜效果对比如图 18-12 所示。

图 18-12　渐变发光滤镜效果对比

对应的渐变发光滤镜面板如图 18-13 所示。

图 18-13　渐变发光滤镜面板

渐变发光滤镜相比发光滤镜，多了可以渐变的发光区域，以及相应的距离和角度调整。下面的代码可实现渐变发光滤镜效果：

```
1  import flash.filters.*
2  var filter:GradientGlowFilter= new GradientGlowFilter();
3  filter.colors= [0xFFFFFF, 0xFF0000, 0xFFFF00, 0x00CCFF];
4  filter.alphas= [0.3, 0.5, 0.5, 0.5];
5  filter.ratios= [0, 63, 126, 255];
6  filter.blurX= 50;
7  filter.blurY= 50;
8  filter.type= "outer";
9  my_mc.filters= [filter];
```

7. 颜色矩阵滤镜（ColorMatrixFilter）

颜色矩阵滤镜用于过滤显示对象的颜色和 Alpha 值。可以进行饱和度的更改、色相旋转、将亮度更改为 Alpha，以及生成其他颜色操作的效果等。颜色矩阵滤镜效果对比如图 18-14 所示。

图 18-14　颜色矩阵滤镜效果对比

有时，在有些特殊的情况下，需要把 Flash 变灰。这种变灰的效果当然有很多方式来实现，最简便的是用 JS 控制网页。在 Flash 里如何实现这个效果呢？当然，可以在属性面板里修改颜色。但这样需要针对图片一张一张地在属性中设置，工程量大。其实更好的办法，只要做一个颜色矩阵滤镜并应用就可以实现这个效果了。

代码如下：

```
1  var matrix:Array= new Array();
2  matrix= matrix.concat([0.3086, 0.6094, 0.082, 0, 0]); // red
3  matrix= matrix.concat([0.3086, 0.6094, 0.082, 0, 0]); // green
4  matrix= matrix.concat([0.3086, 0.6094, 0.082, 0, 0]); // blue
5  matrix= matrix.concat([0, 0, 0, 1, 0]); // alpha
6  var gray:ColorMatrixFilter= new ColorMatrixFilter(matrix);
7  var filtersArray:Array= new Array(gray);
8  pic_mc.filters= filtersArray;
```

8. 卷积滤镜（ConvolutionFilter）

卷积滤镜可用于对 BitmapData 对象或显示对象应用一些特殊的图像变形，如模糊、锐化、浮雕、背反、光亮等。

模糊效果对比如图 18-15 所示。

图 18-15 模糊效果对比

下面的代码可实现模糊效果：

```
1   var matrix:Array= new Array();
2   matrix= matrix.concat([0, 1, 0]);
3   matrix= matrix.concat([1, 1, 1]);
4   matrix= matrix.concat([0, 1, 0]);
5   var convolution:ConvolutionFilter= new ConvolutionFilter();
6   convolution.matrixX= 3;
7   convolution.matrixY= 3;
8   convolution.matrix= matrix;
9   convolution.divisor= 5;
10  var filtersArray:Array= new Array(convolution);
11  pic_mc.filters= filtersArray;
```

锐化效果对比如图 18-16 所示。

图 18-16 锐化效果对比

下面的代码可实现锐化效果：

```
1   var matrix:Array= new Array();
2   matrix= matrix.concat([0, - 1, 0]);
3   matrix= matrix.concat([- 1, 5, - 1]);
4   matrix= matrix.concat([0, - 1, 0]);
5   var convolution:ConvolutionFilter= new ConvolutionFilter();
6   convolution.matrixX= 3;
7   convolution.matrixY= 3;
8   convolution.matrix= matrix;
9   convolution.divisor= 1;
10  var filtersArray:Array= new Array(convolution);
11  pic_mc.filters= filtersArray;
```

浮雕效果对比如图 18-17 所示。

图 18-17　浮雕效果对比

下面的代码可实现浮雕效果：

```
1   var matrix:Array= new Array();
2   matrix= matrix.concat([- 2, - 1, 0]);
3   matrix= matrix.concat([- 1, 1, 1]);
4   matrix= matrix.concat([0, 1, 2]);
5   var convolution:ConvolutionFilter= new ConvolutionFilter();
6   convolution.matrixX= 3;
7   convolution.matrixY= 3;
8   convolution.matrix= matrix;
9   convolution.divisor= 1;
10  var filtersArray:Array= new Array(convolution);
11  pic_mc.filters= filtersArray;
```

背反效果对比如图 18-18 所示。

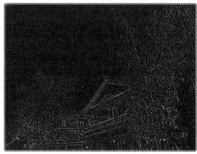

图 18-18　背反效果对比

下面的代码可实现背反效果：

```
1   var matrix:Array= new Array();
2   matrix= matrix.concat([0, - 1, 0]);
3   matrix= matrix.concat([- 1, 4, - 1]);
4   matrix= matrix.concat([0, - 1, 0]);
5   var convolution:ConvolutionFilter= new ConvolutionFilter();
6   convolution.matrixX= 3;
7   convolution.matrixY= 3;
8   convolution.matrix= matrix;
9   convolution.divisor= 1;
10  var filtersArray:Array= new Array(convolution);
11  pic_mc.filters= filtersArray;
```

光亮效果对比如图 18-19 所示。

图 18-19　光亮效果对比

下面的代码可实现光亮效果：

```
1   var matrix:Array= new Array();
2   matrix= matrix.concat([5, 5, 5]);
3   matrix= matrix.concat([5, 0, 5]);
4   matrix= matrix.concat([5, 5, 5]);
5   var convolution:ConvolutionFilter= new ConvolutionFilter();
```

```
6  convolution.matrixX= 3;
7  convolution.matrixY= 3;
8  convolution.matrix= matrix;
9  convolution.divisor= 30;
10 var filtersArray:Array= new Array(convolution);
11 pic_mc.filters= filtersArray;
```

9. 置换图滤镜（DisplacementMapFilter）

置换图滤镜使用 BitmapData 对象（称为置换图图像）中的像素值在新对象上执行置换效果。通常，置换图图像与将要应用滤镜的实际显示对象不同。置换效果包括置换过滤的图像中的像素，也就是说，将这些像素移开原始位置一定距离。此滤镜可用于产生移位、扭曲或斑点效果。

由于这个滤镜本身比较复杂，要比较好的表现效果，又需要两幅特定的图，在这里，为方便起见，就简单地做一个平移效果。

置换图滤镜效果对比如图 18-20 所示。

图 18-20　置换图滤镜效果对比

下面的代码可实现置换图滤镜效果：

```
1  var mapImage:BitmapData= new BitmapData(tt.width, tt.height, false, 0xFF0000);
2  var displacementMap= new DisplacementMapFilter();
3  displacementMap.mapBitmap= mapImage;
4  displacementMap.mapPoint= new Point(0, 0);
5  displacementMap.componentX= BitmapDataChannel.RED;
6  displacementMap.scaleX= 250;
7  var filtersArray:Array= new Array(displacementMap);
8  pic_mc.filters= filtersArray;
```

18.3　实例制作——带滤镜的作品展示

● 实例名称：带滤镜的作品展示。

带滤镜的作品展示效果图如图 18-21 所示。

图 18-21　带滤镜的作品展示效果图

● 实例描述：本实例是在第 9 章 9.4 节实例制作——作品展示的基础上增加了滤镜效果。

● 设计制作步骤：具体步骤参看第 9 章 9.4 节实例制作——作品展示制作步骤。这里只修改函数 tw 的代码即可。修改后的代码如下：

```
1   function tw(obj) {
2       obj. x= 250;
3       obj. y= 27.5;
4       var myTransitionManager :TransitionManager= new TransitionManager (obj);
5       myTransitionManager. startTransition ({type:fl. transitions. Fly,direc-
            tion:fl. transitions. Transiti
6        on. IN, duration: 1, easing: fl. transitions. easing. None. easeNone, num-
            Strips:10,dimension:0});
7       if (obj. currentFrame= = obj. totalFrames) {
8           obj. gotoAndStop(1);
9       } else {
10          obj. nextFrame();
11      }
12      var glow:GlowFilter= new GlowFilter();
13      glow. blurX= 20;
14      glow. blurY= 20;
15      glow. strength= 1.5;
16      glow. quality= BitmapFilterQuality. MEDIUM;
17      glow. color= 0x00ff00;
```

```
18  glow. alpha= 1;
19  glow. knockout= false;
20  glow. inner= true;
21  var filtersArray:Array= new Array(glow);
22  obj. filters= filtersArray;
23
24  nu. text= obj. currentFrame;
25  }
```

功能扩展：

■ 添加背景音乐。

■ 用导入外部文件的方式加载 JPG 文件。

常用英语单词含义如表 18-2 所示。

表 18-2　常用英语单词含义

英　　文	中　　文
filter	滤镜
bevel	斜角
blur	模糊
drop	使落下；降低，落下，掉下
shadow	阴影
glow	发光的
gradient	渐变的
color	颜色
matrix	矩阵
convolution	卷积
displacement	移位；置换；取代
map	图，地图

课后练习：

在本章实例制作案例的基础上完成以下功能：

1. 添加背景音乐；

2. 用导入外部文件的方式加载 JPG 文件。

第 19 章　swf 之间的通信

复习要点：

➤ 斜角滤镜（BevelFilter）的使用方法

➤ 模糊滤镜（BlurFilter）的使用方法

➤ 投影滤镜（DropShadowFilter）的使用方法

➤ 发光滤镜（GlowFilter）的使用方法

➤ 渐变斜角滤镜（GradientBevelFilter）的使用方法

➤ 颜色矩阵滤镜（ColorMatrixFilter）的使用方法

➤ 卷积滤镜（ConvolutionFilter）的使用方法

➤ 置换图滤镜（DisplacementMapFilter）的使用方法

本章要掌握的知识点：

◇ 自定义消息的发送和接收方法

◇ 调用子 swf 中的函数方法

◇ 父 swf 接收子 swf 中变量的方法

◇ 子 swf 接收父 swf 中变量的方法

能实现的功能：

◆ 将子 swf 中的变量传递到父 swf 中

◆ 将父 swf 中的变量传递到子 swf 中

19.1　父 swf 接收子 swf 中的变量

在使用 Flash 开发应用时，往往有一个父 swf 和多个子 swf，由父 swf 来加载子 swf 文件，这样做的好处是单个的 swf 文件不会过大，便于下载，同时也便于文档的修改和升级。但这样做就涉及 swf 之间的通信问题。swf 之间的通信可分为两类：一类是子 swf 传递给父 swf，另一类是父 swf 传值给子 swf。下面通过案例来说明传递过程。

● 实例描述：本实例是无线点菜系统中的一部分（经过简化），在同一个文件夹下分别创建两个 fla 文档：parent.fla 和 sonSwf.fla。在 parent.fla 中有个按钮，功能是当单击按钮时就加载 sonSwf.swf 文件。在 sonSwf.fla 中有一个按钮和三个动态文本框，子按钮是用来将子 swf 的变量值传递给父 swf 文件。

实例效果如图 19-1、图 19-2 和图 19-3 所示。

图 19-1　父 swf 效果

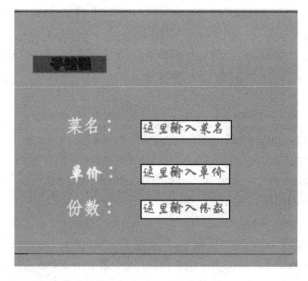

图 19-2　子 swf 界面效果

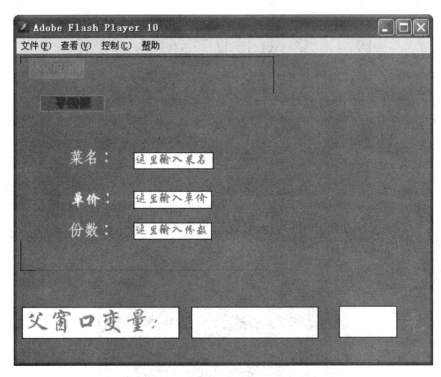

图 19-3　父 swf 加载子 swf 后的效果

这里利用自定义消息的方式来实现将子 swf 的变量值传递给父 swf。

在父 swf 中添加代码，用来加载文件名称为 sonSwf. swf 的子 swf 文件。

```
1   var swfLdr:Loader= new Loader();
2   _btn. addEventListener(MouseEvent. CLICK,clickHandler);
3   function clickHandler(event: MouseEvent) :void{
4       var url:URLRequest= new URLRequest("sonSwf. swf");
5           swfLdr. load(url);
6       swfLdr. contentLoaderInfo. addEventListener(Event. COMPLETE, loadedHandler);
7           stage. addChild(swfLdr);
8   }
9
10  function loadedHandler(e:Event) :void {
11      var obj:Object= swfLdr["content"];
12      obj. addEventListener("loadS", loadHandler);//侦听子场景发送过来的事件
13      function loadHandler() {
14          parent_txt. text= obj. price;
            //将子 swf 中的变量 price 值传递给父 swf 中的变量
15          _name. text= obj. menuName 中的变量 menuName 值传递给父 swf 中的变量
16      }
17  }
```

代码说明：

第 2 行代码中，_btn 为父 swf 中的按钮实例名称。

第 4 行代码中，要加载的 swf 文件名称为 sonSwf. swf。

第 12 行代码 obj. addEventListener（"loadS"，loadHandler）的作用是为子 swf 对象设置侦听自定义的"loadS"消息及其响应函数。

第 14 行和第 15 行代码，其中 parent_txt 和_name 分别为父 swf 中的两个动态文本框的实例名称，变量 price 和 menuName 是子 swf 中定义并赋值的变量。

在子 swf 中添加代码如下：

```
1  var i= 0;
2  var price= 88
3  var menuName= "红烧肉"
4  son_btn. addEventListener(MouseEvent. CLICK, clickHandler);
5  function clickHandler(e:Event) :void {
6      sonprice_txt. text = price+ "元"
7      sonname_txt. text = menuName
8      son_txt. text = i
9      i+ + ;
10     dispatchEvent(new Event("loadS"));//分发事件
11     son_txt. text = i
12  }
```

代码说明：

第 4 行代码中，son_btn 是按钮的实例名称。

第 6、7、8 行代码中，sonprice_txt、sonname_txt. 和 son_txt 分别是用来显示单价、菜名和份数的动态文本框实例名称。

第 10 行代码 dispatchEvent（new Event（"loadS"））的作用是将自定义的消息"loadS"分发出去，以便父 swf 能够接收到。

19.2　子 swf 访问父 swf 中的变量方法

（1）新建一 Flash 文档，命名为"sonSwf. fla"，先在其第一帧中定义一个变量，并添加一个函数。代码如下。

```
1  var childV= 0
2  function handData(index:Object):void
3  {
4      childV= index. parentVar;
5  }
```

代码说明：

childV 是子 swf 中定义的变量，parentVar 是父 swf 中的变量。

按 Ctrl＋Enter 组合键生成 swf 文件"sonSwf. swf"。

（2）新建一 Flash 文档，在其第一帧中添加代码，加载子"sonSwf. swf"文件并调用子 swf 中的函数。代码如下。

```
1   var parentVar= 100
2   var swfLdr:Loader= new Loader();
3   _btn. addEventListener(MouseEvent. CLICK,clickHandler);
4   function clickHandler(e:Event) :void {
5       var url:URLRequest= new URLRequest("sonSwf. swf");
6       swfLdr. load(url);
7       swfLdr. contentLoaderInfo. addEventListener(Event. COMPLETE, loadedHandler);
8       stage. addChild(swfLdr);
9       swfLdr. x= 0;
10          swfLdr. y= 0;
11      }
12
13  function loadedHandler(e:Event) :void {
14      var obj:Object= swfLdr["content"];
15      obj. handData(this) ; //调用子 swf 中的函数 handData
16      }
```

代码说明：

在第 3、4、5、6 行代码中，_ btn 是父 swf 中的按钮，当单击该按钮时就加载子 swf 文件"sonSwf. swf"。当侦听到加载完成时就调用子 swf 中的函数 handData，而在函数 handData 中是将父 swf 中的变量传递给子 swf 文件的变量。这样完成了子 swf 文件中的变量访问父 swf 文件中的变量。

19.3   两个 swf 之间的数据交换

使用 LocalConnection 类可以使两个 swf 文件之间进行数据通信。表 19-1 所示为两个 swf 进行数据通信，LocalConnection 对象只能在运行于同一台客户端计算机上的 swf 文件之间进行通信，但这些 swf 文件可以在不同的应用程序中运行。如果在不同的计算机之间，通过这种方法是不能进行通信的。

表 19-1 LocalConnection 类方法

方　　法	说　　明
LocalConnection()	创建 LocalConnection 对象

方　　法	说　　明
allowDomain（… domains）：void	指定一个或多个可以将 LocalConnection 调用发送到此 LocalConnection 实例的域
allowInsecureDomain（… domains）：void	指定一个或多个可以将 LocalConnection 调用发送到此 LocalConnection 对象的域
close()：void	关闭（断开连接）LocalConnection 对象
connect（connectionName：String）：void	准备一个 LocalConnection 对象，以接收来自 send() 命令（称为发送方 LocalConnection 对象）的命令
send（connectionName：String，method-Name：String，arguments）：void	在使用 connect（connectionName）方法打开的连接（接收方 LocalConnection 对象）上调用名为 methodName 的方法

　　LocalConnection 类的 send 方法包括多个参数。第一个参数是连接名称，第二个参数是调用方法名称，第三个参数是需要传递的其他参数，是可选的，可以是一个，也可以是多个参数，需要注意的是要将这些参数放到中括号中，并用逗号隔开。

　　LocalConnection 类对象还包括两个属性：client 和 domain。如表 19-2 所示。

表 19-2　LocalConnection 类对象属性

属　　性	说　　明
client：Object	指示对其调用回调方法的对象
domain：String	［read-only］一个字符串，它表示当前 swf 文件所在位置的域

　　一个 swf 文件被称为发送方 swf 文件，此文件包含要调用的方法。发送方 swf 文件必须包含一个 LocalConnection 对象和对 send() 方法的调用。另一个 swf 文件被称为接收方 swf 文件，此文件为调用方法的文件。接收方 swf 文件必须包含另一个 LocalConnection 对象和对 connect() 方法的调用。

　　发送数据的 swf 源文件代码：

```
1   import flash.net.LocalConnection;
2   var sender:LocalConnection= new LocalConnection ;
3   send_btn.addEventListener(MouseEvent.CLICK ,sendFun);
4   function sendFun(e: MouseEvent) :void {
5       sender.send("dream2012","goToMsgFun",["2012","haha",100]);
6   }
```

代码说明：

　　第 3 行至第 5 行代码中，send_btn 是按钮的实例名称，"dream2012" 是连接名称，"go-ToMsgFun" 是要调用的函数或方法，中括号 ["2012","haha"，100] 中是要传递的三个参数。

277

接收数据的 swf 源文件代码：

```
1   import flash.net.LocalConnection;
2   var receiver:LocalConnection= new LocalConnection ;
3   receiver.client= this;
4   try {
5       receiver.connect("dream2012");
6   } catch (error:ArgumentError) {
7       trace("Can't connect... the connection name is already being used
            by another SWF");
8   }
9
10  function goToMsgFun(receiveParam:Array) :void {
11      receive_txt.text= ""+ receiveParam;
12      trace(receiveParam);
13  }
```

代码说明：

receive _ txt 是动态文本框的实例名称。

生成两个 swf 文件后，启动接收 swf 文件和发送 swf 文件，单击发送 swf 文件中的"发送"按钮，则可以在接收的 swf 文件中显示发送过来的数据。

19.4 实例制作——菜单

● 实例名称：菜单。

菜单效果图如图 19-4 至图 19-6 所示。

图 19-4 点菜

图 19-5　详细内容

图 19-6　我的订单

● 实例描述：本实例是一款简单的点菜软件中的一个模块（经过简化）。主要包括五个菜品类别，每个类别中又有若干个菜品，当单击不同的菜品类别时，主画面中就显示当前类别的菜品名称，单击菜品名称就跳到菜品的详细页面，单击"下单"按钮后，即可记录客户点的菜，通过单击"我的菜单"可以查看当前客户的点菜情况。

● 实例分析：实例包括 5 个模块，每个模块各自相对独立，每个模块的订单内容又都要在"我的订单"中显示，所以，应该有个公共变量来保存订单信息，并集中显示。

● 设计思路：

为方便制作，也为了减少加载文件的大小，本实例可用一个父 swf 文件和 5 个子 swf 文件来完成功能。父 swf 文件中放置 5 个菜单按钮，分别对应 5 个菜品类别，同时还要设置一个按钮，用来显示订单情况；5 个子 swf 文件分别实现 5 个菜品类别，当单击不同类别的菜品名称时，就加载对应的 swf 文件。在每一个子 swf 文件中，有一个"下单"按钮，当单击下单按钮时，就发送一个消息，在父 swf 文件中设置一个加载侦听，用来接收子 swf 文件中传递过来的变量。

● 设计制作步骤：

（1）设计父 swf 文件，主要包括两帧，其中第一帧如图 19-7 所示，画面的上部有 5 个按钮，其实例名称分别为 "menu1"，"menu2"，"menu3"，"menu4"，"menu5"，右上角的按钮 "我的订单" 实例名称为 "WanCheng_btn"。

图 19-7　主画面

第一帧上添加的代码如下：

```
1   stop();
2   var selectMenu:Array = new Array();//定义数组,存放客户点菜菜品名称信息
3   pxl.width= 1200;//设定宽带
4   var swfLdr:Loader= new Loader();//定义 loader 对象
5   var url:URLRequest;
6   var numMenu= 5;
7   for (var i= 1; i< = numMenu; i+ + ) {
8       this["menu"+ i].addEventListener(MouseEvent.CLICK,menufun);
            //为按钮设置侦听
9   }
10  function menufun(e:Event) :void {
11      var strName= event.target.parent.parent.name+ ".swf";
            //获取要加载的 swf 文件名称
12      url= new URLRequest(strName);
13      swfLdr.load(url);
14      swfLdr.contentLoaderInfo.addEventListener   ( Event.COMPLETE,
            loadedHandler);
15      stage.addChild(swfLdr);
16
17  }
```

```
18   function loadedHandler(e:Event):void {
19       var obj:Object= swfLdr["content"];
20       obj.addEventListener("loadS", loadHandler);//侦听子场景发送过来的事件
21       function loadHandler():void {
22           selectMenu.push(obj.addMenus);//将子 swf 中的变量 addMenus 添加到数组中
23           //trace(selectMenu)
24       }
25   }
26   WanCheng_btn.addEventListener(MouseEvent.CLICK,WanFun);
27   function WanFun(e:MouseEvent):void {
28     this.gotoAndStop(2);
29     if (swfLdr) {
30         stage.removeChild(swfLdr);
31     }
32     var ddan= "";
33     var sum= 0;
34     for (var i= 0; i< selectMenu.length; i+ + ) {
35         ddan+ = selectMenu[i]+ "元\r"+ "\r";
36         t_txt.text= ddan;//显示客户所点菜品信息
37         sum+ = selectMenu[i][2];//累计单价
38
39     }
40     t2_txt.text= "合计:"+ sum+ "元 ";//显示累计费用
41   }
```

在第二帧上有两个动态文本框,一个实例名称为 t_txt,用来显示订单信息,另一个实例名称为 t2_txt,用来显示总的费用。如图 19-8 所示,并在此帧上添加 stop() 代码。

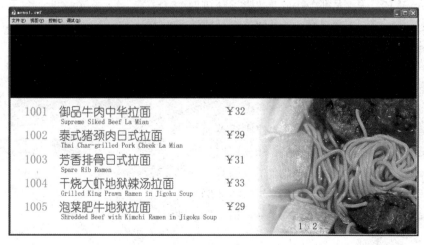

图 19-8　子 swf

281

（2）设计制作子 swf 文件。新建一 Flash 文档，命名为"menu1.fla"，在第一帧上有菜品名称，这里只设定了一个菜品名称按钮，其实例名称为"btn1"（其他菜品名称类似可以设定为 btn2，btn3，…），当单击此按钮时，跳转到转换页面（第三帧），代码如下。

```
1    stop();
2    var menu:Array = new Array();//定义数组,存放菜品信息
3    var addMenus= "";//用来存放点击的菜品信息
4    var numFrame; //菜品对应的帧
5    menu[0]= ["地道拉面","御品牛肉中华拉面",32];
6    menu[1]= ["地道拉面","泰式猪颈肉日式拉面",29];
7    menu[2]= ["地道拉面","芳香排骨日式拉面",31];
8    menu[3]= ["地道拉面","干烧大虾地狱辣汤拉面",33];
9    menu[4]= ["地道拉面","泡菜肥牛地狱拉面",29];
10   menu[5]= ["地道拉面","酱烧猪软骨日式拉面",34];
11   menu[6]= ["地道拉面","燕麦软壳蟹日式拉面",36];
12   menu[7]= ["地道拉面","红酒牛肉日式拉面",34];
13   menu[8]= ["地道拉面","特选番茄汤猪颈肉日式拉面",28];
14
15   menu[9]= ["米饭新煮","瑞士汁鸡翼特色炒饭",31];
16   menu[10]= ["米饭新煮","帝王肉燥牛肉丼饭",45];
17   menu[11]= ["米饭新煮","芝士汁香草海鲜焗饭",33];
18   menu[12]= ["米饭新煮","黄金香烤鸡扒肉燥饭",32];
19   menu[13]= ["米饭新煮","日式吉列鸡扒丼饭",29];
20
21   menu[14]= ["大都会小吃","避风塘炸豆腐",10];
22   menu[15]= ["大都会小吃","瑞士汁鸡翅",24];
23   menu[16]= ["大都会小吃","唐扬鸡球",14];
24   menu[17]= ["大都会小吃","唐扬虾饼",16];
25   menu[18]= ["大都会小吃","芝士日式饺子",15];
26   menu[19]= ["大都会小吃","泰王木瓜沙律",20];
27   menu[20]= ["大都会小吃","蟹子奇味水果沙拉",22];
28   menu[21]= ["大都会小吃","原味薯条",12];
29
30   menu[22]= ["自家特调","柠檬绿茶",20];
31   menu[23]= ["自家特调","红豆冰",15];
32   menu[24]= ["自家特调","冰震港式奶茶",17];
33   menu[25]= ["自家特调","冰震珍珠奶茶",20];
34   menu[26]= ["自家特调","草莓桔蜜",20];
35
36   menu[27]= ["冰天雪地","抹茶之恋",29];
```

```
37  menu[28]=["冰天雪地","蓝莓情怀",22];
38  menu[29]=["冰天雪地","黑白森林",31];
39  menu[30]=["冰天雪地","莓力四射",25];
40  menu[31]=["冰天雪地","曲奇妙趣",20];
41  menu[32]=["冰天雪地","双星报喜",28];
42  menu[33]=["冰天雪地","星梦情真",29];
43  btn1.addEventListener(MouseEvent.CLICK,clickfun);
44  function clickfun(e:MouseEvent):void {
45  addMenus= menu[0];//表明点击的菜品是第一个
46  numFrame= 4;
47  gotoAndStop(3);
48  }
```

在第三帧上，设置了个按钮"下单"，其实例名称为"DD _ btn"，当单击此按钮时，就发送一个自定义消息"loadS"，此帧上的代码如下。

```
1  DD_btn.addEventListener(MouseEvent.CLICK ,DDFun);
2  function DDFun(e:MouseEvent):void {
3    dispatchEvent(new Event("loadS"));//分发事件
4  }
5  gotoAndStop(numFrame);//跳转到对应的详细页面
```

按照类似的方法，同样可以实现其他菜品的点菜功能。生成 swf 文件后，启动父 swf 文件，单击第一个菜单，最后的效果如图 19-4、图 19-5 和图 19-6 所示。

功能扩展：

■ 将菜品信息通过 xml 的方式导入。

■ 完成第一个菜品类别的其余的菜品的点菜功能。

■ 完成其他四个 swf 模块设计与制作。

■ 添加音效。

常用英语单词含义如表 19-3 所示。

表 19-3　常用英语单词含义

英　　文	中　　文
dispatch	分发
Event	事件
content	内容
client	客户端
local	本地
connect	连接

课后练习：

在本章实例制作案例的基础上完成以下功能：

1. 将菜品信息通过 xml 的方式导入；

2. 完成第一个菜品类别的其余的菜品的点菜功能；

3. 完成其他四个 swf 模块的设计与制作；

4. 添加音效。

第 20 章　Flash 动态数据处理

复习要点:

➤ 自定义消息的发送和接收方法

➤ 调用子 swf 中的函数方法

➤ 父 swf 接收子 swf 中的变量方法

➤ 子 swf 接收父 swf 中的变量方法

本章要掌握的知识点:

◇ 加载文本文件中的变量的方法

◇ 设置 URLLoader 对象的 dataFormat 属性

◇ 设置 URLLoader 读取文件的类型

◇ 加载 ASP 文件时多个变量读取方法

能实现的功能:

◆ 加载文本文件,并读取键/值形式的变量

◆ 通过 ASP 读取数据库中的记录

◆ 通过 ASP 将数据存储到数据库中

20.1   Flash 与后台数据交互的几种方式

Flash 本身不能直接与数据库连接，但可以通过第三方的服务器技术来实现与数据库的数据交换。现在主流的服务器端技术包括 PHP，.NET，ASP，JSP 等，Flash 把数据传给服务器脚本，服务器脚本连接数据库，再把从 Flash 接收的数据存储至数据库。Flash 与这些后台程序之间的数据交换，约定好的数据格式，以 XML 最为常见，其次有值对格式等。

Flash 读取 XML 文件的方法，在前面已经讲过，这里就不再赘述了。在学习本章之前，应具有 ASP 基础或了解一种服务器端脚本技术。本章中将主要介绍 Flash 借助 ASP 技术用值对格式实现与数据库的连接。至于其他服务器端技术与 Flash 的通信方法与此类似。

20.2   URLLoader 及相关类

Flash 与服务器端网络通信可以概括为以下几个过程：

（1）构建通信请求对象（URLRequest）；

（2）使用通信请求对象，构建 URLLoader 对象，并发出数据请求；

（3）收到数据后，发出完成事件，调用"读取完成"侦听器处理返回数据。

这三个过程是相互独立的，耦合度低。在这个过程中主要用到了两个类，即 URLRequest 类和 URLLoader 类。它们与其他有关网络操作的内置类一样全部在 ActionScript 3.0 的 flash.net 里。

URLLoader：用于从网络或者本地读取文件，可以通过设置它的 dataFormat 属性改变收到的文本类型，它的默认值 URLLoaderDataFormat.TEXT 即纯文本格式，所以在读取外部文本变量的时候需要将它的 dataFormat 修改为 URLLoaderDataFormat.VARIABLES。

URLRequest：用于传递变量到服务器，以及 URLLoader 加载的目标路径。可以通过设置它的 contentType 属性改变发送到服务器的变量类型，默认是 application/x-form-urlencoding，也就是 URLEncode 编码。

URLVariables：用于配置传递到服务器变量的键/值集合，如 user1＝Kakera&user2＝Eigo。

URLLoaderDataFormat：用于设置 URLLoader 读取文件的类型，有 TEXT（纯文本）和 VARIABLES（URLEncoding 的键/值集合），还有 BINARY（二进制格式），URLLoader 会根据相应的类型进行解码操作，如解码 URLEncode。

下面是一个简单的实例。

```
1   var myrequest:URLRequest= new URLRequest("message.asp");
        //通过 URLRequest 设置请求的对象
2
3   var loader:URLLoader= new URLLoader();//构建 URLLoader 对象 loader
4   submit_btn.addEventListener(MouseEvent.CLICK,onClik);
        //通过按钮提交、发出请求
```

```
5  function onClik(e:MouseEvent) {
6  myrequest.method= URLRequestMethod.POST;//指定 URLRequest 对象为 POST
7  //loader.dataFormat= URLLoaderDataFormat.TEXT;
8  loader.load(myrequest);//发送数据
9  }
```

代码说明：

参考每行的注释。message.asp 是要请求的文件名，它必须放在与当前 Flash 文档相同的文件夹下，同时还必须配置好 IIS，才可以正常访问这个文件。

20.3　Flash 从后台服务器读取数据

20.3.1　加载文本文件

文本文件是最为简单的数据形式，加载文本文件的方法较为简单。但加载后要检测文本文件是否已经加载完毕，如果不经过检测就使用加载的数据可能出现使用错误数据。

下面来看一个加载外部文本文件 My.txt 中的变量 var_txt 的实例。

先新建一个文本文件，命名为 My.txt，在文本文件中输入下列内容。

```
var_txt= Flash 也可做留言板
```

再建一个 Flash 文档，在舞台上添加一动态文本框，并给定其实例名称为 neirong。在代码层的第一帧添加以下的代码，用来读取文本文件中的变量。要注意的是 Flash 中引用的变量应该与文本文件中的名称一致。

```
var myrequest:URLRequest= new URLRequest("My.txt");
//通过 URLRequest 设置请求的对象
var loader:URLLoader= new URLLoader();//构建 URLLoader 对象 loader
loader.dataFormat= URLLoaderDataFormat.VARIABLES;
loader.addEventListener(Event.COMPLETE, loader_complete);
//为 loader 设置加载完成侦听及加载完成后调用的函数
loader.load(myrequest);//加载对象
function loader_complete(e:Event ){
//获取外部文本内容并赋值给舞台上的变量 neirong 显示出来
    neirong.text= loader.data.var_txt;
    //输出文本内容
    trace("您载入的文本内容是:"+ neirong.text);
}
stop();
```

上述代码都有注释，这里就不再进行说明了。

按 Ctrl+Enter 组合键测试，应该可以看到如图 20-1 所示的效果。

图 20-1　加载文本文件显示效果

如果要加载文本文件中的多个变量，只需在文本文件中添加一对值变量，并用"&"符号连接。如 txt 文件中下面的内容是给定三个值对。

```
var_txt= Flash&var2_txt= 也可做 &var3_txt= 留言板
```

注意

作为连接符号的"&"，前后不能有空格。

在 Flash 中只需将下面的一行代码

```
neirong.text= loader.data.var_txt;
```

修改为以下代码即可。

```
neirong= loader.data.var_txt+ loader.data.var2_txt+ loader.data.var3_txt;
```

按 Ctrl+Enter 组合键测试，应该可以看到与如图 20-1 所示相同的效果。

20.3.2　加载 ASP 文件

由于 ASP 技术不是一两句话能讲清楚的，所以这里不做专门的介绍。如果对 ASP 技术不了解，可以先找一本 ASP 方面的基础教程熟悉一下，然后再学习本节及下一节的内容。

使用 Dreamweaver 或其他的 ASP 开发工具新建一 ASP 文件，文件名为 LoadVars.asp。将其中的默认代码删除，输入以下代码。

```
< % @ LANGUAGE= "JAVASCRIPT"% >
< %
Response.Write("&var_txt= Flash &var2_txt= 也可做 &var3_txt= 留言板 &");
% >
```

上述 ASP 文件的输出内容与文本文件 My.txt 的内容正好一致，相当于 Flash 加载文本文件。

按 Ctrl+Enter 组合键测试，其效果应该与加载文本文件效果一致。

上面的代码只是在 ASP 中做了一个输出，没有真正实现与数据库的连接，下面是让 ASP 连接数据库并按照需要的格式输出，以便 Flash 中能够读取。为方便测试，这里选择的数据库为 Access，使用其他数据库原理一样。

先建立一个数据库命名为 NotedB.mdb，并在其中建立一表，表名为 notee。如图 20-2 所示。

图 20-2　note 表的设计

在 notee 表中，手工添加 5 条记录。然后在数据库同文件夹下建立一个操作数据库的 ASP 文件，命名为"loadDb. asp"，并输入以下代码：

```
< % @ LANGUAGE= "JAVASCRIPT" % >
< % Response. Charset= "utf- 8"% >
< % Session. CodePage= "65001"% >
< %
//建立一个数据库链接对象
conn= Server. CreateObject ("ADODB. Connection");
//用已经建立的数据库链接对象打开数据库
conn. Open ("driver= {Microsoft Access Driver (* .mdb)};dbq= "+ Serv-
    er. MapPath ("NotedB. mdb"));
//创建一个记录集,它的任务是储存从数据库里提取出来的数据
rs= Server. CreateObject ("ADODB. Recordset");
var Nid= Request ("id");

//创建查询数据库的 SQL 语句,这里将查出"notee"中的所有数据
sql= "Select *  From notee where id= "+ Nid+ "";
//执行数据库查询,最后的数字参数主要用来指定打开和查询数据库的方式
    rs. Open (sql, conn, 3);
% >
< %
var countPage= 5;
//声明一个变量用来存储要输出的内容,初始为空
var SaveContent= "";
//利用循环显示一页的所有内容
for (i= 0;i< countPage;i+ + ){
  //if 的作用下面再进行说明
  if(! rs. EOF){
  //获取字段内容
var  Namee= rs ("name");
var  Time= rs ("time");
```

```
var Title= rs("title");
var Content= rs("content");
var Imgurl= rs("imgurl");
 //一次循环将获得一条记录的所有内容,然后把这条记录追加到变量"SaveContent"
 //中,这样循环结束的时候,它将储存本页所有记录的内容
 SaveContent = SaveContent+ "Name= "+ Namee
+ "&Time = "+ Time + "&Title = "+ Title + "&Content = "+ Content + "
    &Imgurl= "+ Imgurl+ "";
 //本次循环结束后,将记录集指定到下一条记录
 //上面的 if 判断将在这里发挥作用,当显示最后一页的时候,剩余的记录数很可能
 //小于设定的每页记录数
 //如果不加判断,rs 就很有可能溢出界限,从而导致错误
 rs.MoveNext();
 }
}
//在网页中按指定格式输出本页所有的记录内容
Response.Write(SaveContent);
//关闭记录集对象
rs.Close();
% >
```

ASP 的代码就不多讲了，其作用是按照值对的格式输出。这样在 Flash 中就可以加载相关的变量。

在 Flash 中，新建一 ActionScript 3.0 的 Flash 文档，按 Ctrl＋Shift＋F12 组合键打开发布设置对话框，选择 Flash 标签。将"本地回放安全性"设置为"只访问网络"。如果没有此设置，Flash 将禁止访问网络。如图 20-3 所示。

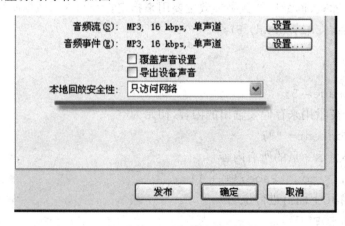

图 20-3　发布设置

代码层第一帧的代码如下。

```
import flash.system.System;
```

```
var submitURL:String= "http://127.0.0.1/asp_up/loadDb.asp? ID= 1";
send_btn. addEventListener (MouseEvent. CLICK ,onSubmit);
function onSubmit(e) {
    //var vars:URLVariables = new URLVariables();
    var req:URLRequest = new URLRequest();
    req. url= submitURL;
    req. method= URLRequestMethod. POST;
    //req. data= vars;
    var ld:URLLoader = new URLLoader();
    ld. dataFormat= URLLoaderDataFormat. VARIABLES;
    //ld. dataFormat= URLLoaderDataFormat. TEXT;
    ld. addEventListener (Event. COMPLETE ,completeFun);
    //URLLoader 载入
    function completeFun(e:Event ) {
        trace(e. target. data);
        Title. text= e. target. data. Title;
        Name. text= e. target. data. Name;
        Content. text= e. target. data. Content;
        fileName. text= e. target. data. Imgurl;
    }
    try {
        ld. load(req);
    } catch (err:Error) {
        trace("there is a Error");
    }
}
stop();
```

代码说明：

需要特别说明下面这行代码

```
var submitURL:String= "http://127.0.0.1/asp_up/loadDb.asp? id= 2";
```

它的作用是加载本地服务器上的文件 loadDb. asp，并传递参数 id＝2 给 loadDb. asp 文件。代码中的 asp _ up 为网站的站点名称。

Flash 加载 ASP，传递参数的方法与 ASP 中传递参数的方法一致。另外，Flash 舞台上有四个动态文本，其实例名称分别为 Title，Name，Time，Content，分别用来显示标题、留言者的网名、留言时间、内容。具体效果如图 20-4 所示。

注意

在运行 Flash 文件之前，需要配置好 IIS，站点要能正常发布和访问。

按 Ctrl＋Enter 组合键测试，Flash 中显示出第一条记录的信息。当然，经过对 Flash 文

图 20-4　留言板效果

件的简单修改，就可以显示运行时任意指定的记录了（源代码参见/loadASP. fla，loadDb. asp，NotedB. mdb）。

20.4　Flash 将数据保存至后台服务器

要使 Flash 保存数据到服务器，实际上就是要指定 ASP 文件保存数据。在这里 Flash 只需要传递一个参数给 ASP 文件，真正做工作的是 ASP 文件。理解了 Flash、ASP 文件、数据库之间的这种关系，后面的对数据库的相关操作就变得容易了。

首先来看看如何插入一个数据到数据库。

先建立好 Flash 文档要插入数据的界面。如图 20-5 所示。

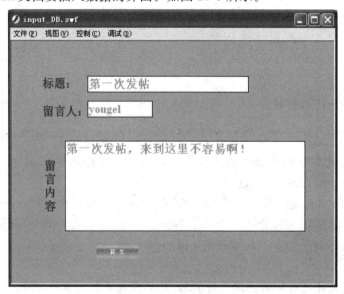

图 20-5　留言板发布

292

Flash 舞台上有三个动态文本，其实例名称分别为 Title，Name，neirong，分别用来显示标题、留言者的网名及留言内容，舞台上还有一个按钮，其实例名称为 sum_btn。

新建一代码层，在代码层的第一帧代码如下。

```
import flash.system.System;
System.useCodePage= true;//使用当前系统编码
var submitURL:String= "http://127.0.0.1/asp_up/Input.asp";
send_btn.addEventListener(MouseEvent.CLICK ,onSubmit);//按钮侦听
function onSubmit(e) {
    var vars:URLVariables = new URLVariables();
    vars.Title= Title.text;
    vars.Name= Name.text;
    vars.Content= Content.text;
    vars.Imgurl= fileName.text;
    var req:URLRequest = new URLRequest();
    req.url= submitURL;
    req.method= URLRequestMethod.POST;
    req.data= vars;
    var ld:URLLoader = new URLLoader();
    ld.dataFormat= URLLoaderDataFormat.VARIABLES;
    ld.addEventListener(Event.COMPLETE ,completeFun);
    //URLLoader 载入
    try {
        ld.load(req);
    } catch (err:Error) {
        trace("there is a Error");
    }
    function completeFun(e:Event ) {
        trace(e.target.data);
    }
    }
    stop();
```

在 Flash 代码中，主要的修改是提交参数的个数。请注意参数的格式。下面来看要加载的 ASP 文件 Input.asp 的代码。

```
< % @ LANGUAGE= "JAVASCRIPT" % >
< meta http- equiv= "Content- Type" content= "text/html; charset= gb2312">
< %
//建立一个数据库链接对象
conn= Server.CreateObject("ADODB.Connection");
```

```
//用已经建立的数据库链接对象打开数据库
conn.Open("driver= {Microsoft Access Driver (* .mdb)};dbq= "+ Serv-
    er.MapPath("NotedB.mdb"));
//创建一个记录集,它的任务是储存从数据库里提取出来的数据
rs= Server.CreateObject("ADODB.Recordset");
//创建查询数据库的 SQL 语句,这里将查出"notee"中的所有数据
sql= "Select *  From notee ";
//执行数据库查询,最后的数字参数主要用来指定打开数据库的方式
        rs.Open(sql, conn, 3,3);
//增加一个新的记录
        rs.AddNew
//插入的信息与字段名对应
        rs("name")= Request("Name");
        rs("title")= Request("Title");
        rs("content")= Request("Content");
//更新记录
        rs.Update
//关闭记录集对象
rs.Close();
% >
```

从上述的代码可以发现：这里就是一个完全的 ASP 插入记录的代码，几乎与 Flash 无关。事实上也是这样的，只要约定了要传递的数据名称，Flash 前台和 ASP 后台就可以由不同的人员单独完成了。

按 Ctrl＋Enter 组合键测试，在 Flash 的界面中输入标题、网名、留言内容，并单击提交按钮。然后打开数据库查看数据是否添加成功（源代码参见/input_DB.fla，Input.asp，NotedB.mdb）。

20.5 实例制作——留言板

● 实例名称：Flash 留言板。

● 实例描述：本实例用来显示 8 条留言信息，并可以将新的留言信息添加到数据库中。

● 实例分析：留言板的信息用 Access 数据库来保存，用 Flash 中的 URLVariables 类的对象来实现传递参数给 ASP，让 ASP 来实现对数据库的操作，即用 ASP 实现增加记录和查询记录。

● 设计制作步骤：

（1）数据库仍然沿用上节的数据库 NotedB.mdb。

（2）新建两个 ASP 文件，BookInput.asp 和 loadDb2.asp。其中 BookInput.asp 是用来添加数据库记录的；而 loadDb2.asp 是用来读取数据库记录的。实际上，两个文件可以合成一个文件，这里只是为了不让初学者混淆才写成两个 ASP 文件。

BookInput. asp 文件的代码如下。

```
< % @ LANGUAGE= "JAVASCRIPT" % >
< % Response. Charset= "utf- 8"% >
< % Session. CodePage= "65001"% >
< %
```

//建立一个数据库链接对象

```
conn= Server. CreateObject("ADODB. Connection");
```

//用已经建立的数据库链接对象打开数据库

```
conn. Open("driver= {Microsoft Access Driver (* .mdb)};dbq= "+ Serv-
    er. MapPath("NotedB. mdb"));
```

//创建一个记录集,它的任务是储存从数据库里提取出来的数据

```
rs= Server. CreateObject("ADODB. Recordset");
```

//创建查询数据库的 SQL 语句,这里将查出"notee"中的所有数据

```
sql= "Select *  From notee ";
```

//执行数据库查询,最后的数字参数主要用来指定打开和查询数据库的方式

```
    rs. Open(sql, conn, 3,3);
    rs. AddNew
    rs("name")= Request("Namee");
    rs("title")= Request("Title");
    rs("content")= Request("Content");
    rs. Update
```

//关闭记录集对象

```
rs. Close();
% >
```

loadDb2. asp 文件的代码如下。

```
< % @ LANGUAGE= "JAVASCRIPT" % >

< % Response. Charset= "utf- 8"% >
< % Session. CodePage= "65001"% >
< %
```

//建立一个数据库链接对象

```
conn= Server. CreateObject("ADODB. Connection");
```

//用已经建立的数据库链接对象打开数据库

```
conn. Open("driver= {Microsoft Access Driver (* .mdb)};dbq= "+ Serv-
    er. MapPath("NotedB. mdb"));
```

//创建一个记录集,它的任务是储存从数据库里提取出来的数据

```
rs= Server. CreateObject("ADODB. Recordset");
```

//创建查询数据库的 SQL 语句,这里将查出"notee"中的所有数据

```
sql= "Select *  From notee";
//执行数据库查询,数字参数主要用来指定打开数据库的方式
    rs. Open (sql, conn, 3);
% >
< %
var countPage= 9;
//声明一个变量用来存储要输出的内容,初始为空
var SaveContent= "";
//利用循环显示一页的所有内容
for (i= 0;i< countPage;i+ + ){
  //if 的作用下面再进行说明
  if(! rs.EOF){
  //获取字段内容
 var  Namee= rs("name");
 var  Time= rs("time");
 var Title= rs("title");
 var Content= rs("content");
 if(i! = countPage- 1)
  SaveContent = SaveContent+ "Name"+ i+ "= "+ Namee+
                "&Time"+ i+ "= "+ Time+ "&Title"+ i+ "= "+ Title+ "
                  &Content"+ i+ "= "+ Content+ "&";
   else
   SaveContent = SaveContent+ "Name"+ i+ "= "+ Namee+
                "&Time"+ i+ "= "+ Time+ "&Title"+ i+ "= "+ Title+ "
                  &Content"+ i+ "= "+ Content+ "";
  //本次循环结束后,将记录集指定到下一条记录
  rs. MoveNext();
  }
  }
  //在网页中按指定格式输出本页所有的记录内容
  Response. Write(SaveContent);
  //关闭记录集对象
  rs. Close();
  % >
```

（3）新建一 Flash 文档，命名为"留言板.fla"，设计制作好如图 20-6 和图 20-7 所示的界面。这里不详细讲解制作过程。图 20-8 是设计时的截图。

图 20-6　留言板留言

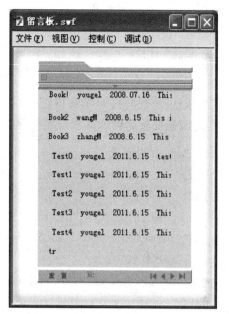

图 20-7　留言列表

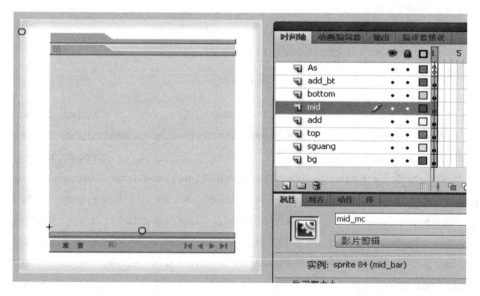

图 20-8　留言板留言

在第一帧的代码层添加以下代码。

```
//定义一个数组
var noteBook_ar:Array = new Array();
//定义一个变量,保存记录的 ID 号
var numb_:int
stop();
//给按钮添加侦听
message_btn.addEventListener(MouseEvent.CLICK,messageFun);
```

```
function messageFun(e: MouseEvent) :void{
sg. gotoAndPlay(29);
mid_mc.play();

}
```

下面的代码用来查询数据库获得记录，其中 b1，b2，b3，b4，b5，b6，b7，b8 分别是动态文本框的实例变量名称。这里设定的是一进入 Flash 就显示 8 条留言记录。

```
//读取数据库中的记录
import flash. system. System;

var submitURL:String= "http://127.0.0.1/asp_up/loadDb2.asp";
var req:URLRequest = new URLRequest();
req. url= submitURL;
req. method= URLRequestMethod. POST;
var ld:URLLoader = new URLLoader();
ld. dataFormat= URLLoaderDataFormat. VARIABLES;
ld. addEventListener(Event. COMPLETE ,completeFun);
//URLLoader 载入
function completeFun(e:Event ):void {
//* 获取外部文本内容* /

parent. noteBook _ ar [ 0 ] = new Array ( e. target. data. Title0,
   e. target. data. Name0,e. target. data. Time0,e. target. data. Content0);
parent. noteBook _ ar [ 1 ] = new Array ( e. target. data. Title1,
   e. target. data. Name1,e. target. data. Time1,e. target. data. Content1);
parent. noteBook _ ar [ 2 ] = new Array ( e. target. data. Title2,
   e. target. data. Name2,e. target. data. Time2,e. target. data. Content2);
parent. noteBook _ ar [ 3 ] = new Array ( e. target. data. Title3,
   e. target. data. Name3,e. target. data. Time3,e. target. data. Content3);
parent. noteBook _ ar [ 4 ] = new Array ( e. target. data. Title4,
   e. target. data. Name4,e. target. data. Time4,e. target. data. Content4);
parent. noteBook _ ar [ 5 ] = new Array ( e. target. data. Title5,
   e. target. data. Name5,e. target. data. Time5,e. target. data. Content5);
parent. noteBook _ ar [ 6 ] = new Array ( e. target. data. Title6,
   e. target. data. Name6,e. target. data. Time6,e. target. data. Content6);
parent. noteBook _ ar [ 7 ] = new Array ( e. target. data. Title7,
   e. target. data. Name7,e. target. data. Time7,e. target. data. Content7);

b1. text= e. target. data. Title0+ "    "+ e. target. data. Name0+ "    "+
```

```
        e. target. data. Time0+ "     "+ e. target. data. Content0;
b2. text= e. target. data. Title1+ "     "+ e. target. data. Name1+ "     "+
        e. target. data. Time1+ "     "+ e. target. data. Content1;
b3. text= e. target. data. Title2+ "     "+ e. target. data. Name2+ "     "+
        e. target. data. Time2+ "     "+ e. target. data. Content2;
b4. text= e. target. data. Title3+ "     "+ e. target. data. Name3+ "     "+
        e. target. data. Time3+ "     "+ e. target. data. Content3;
b5. text= e. target. data. Title4+ "     "+ e. target. data. Name4+ "     "+
        e. target. data. Time4+ "     "+ e. target. data. Content4;
b6. text= e. target. data. Title5+ "     "+ e. target. data. Name5+ "     "+
        e. target. data. Time5+ "     "+ e. target. data. Content5;
b7. text= e. target. data. Title6+ "     "+ e. target. data. Name6+ "     "+
        e. target. data. Time6+ "     "+ e. target. data. Content6;
b8. text= e. target. data. Title7+ "     "+ e. target. data. Name7+ "     "+
        e. target. data. Time7+ "     "+ e. target. data. Content7;
}
try {
ld. load(req);
} catch (err:Error) {
trace("there is a Error");
}


for (var ii= 1; ii< 8; ii++ ){
this["note_btn"+ ii]. addEventListener(MouseEvent. CLICK ,noteFun);
}
function noteFun(e) {
var sss:String= e. target. name;
parent. numb_ = sss. slice(8)
this. gotoAndPlay(57)
}
stop();
```

显示单个记录的代码。

```
//显示单个的记录信息
book_mc. title_txt. text= root. noteBook_ar[root. numb_ - 1][0]
book_mc. name_txt. text= root. noteBook_ar[root. numb_ - 1][1]
book_mc. content_txt. text= root. noteBook_ar[root. numb_ - 1][3]
stop();
```

插入新记录的代码如下。在本例中，输入文本框 title _ txt，name _ txt，content _ txt 是实例名称，放置在实例名称为 book＿mc 的影片剪辑中。在 book＿mc 影片剪辑中还有一个实例名称为 submit＿btn 的按钮（即提交按钮），这些元件如果放在其他位置，则代码需要相应地进行修改。

```
//将数据保存到数据库
import flash. system. System;
System. useCodePage= true;
var subURL:String= "http://127. 0. 0. 1/asp_up/BookInput. asp";
this. book_mc. submit_btn. addEventListener(MouseEvent. CLICK ,onSubmit);
function onSubmit(e) {
    var vars:URLVariables = new URLVariables();
    vars. Title= book_mc. title_txt. text;
    vars. Name= book_mc. name_txt. text;
    vars. Content= book_mc. content_txt. text;
    var req:URLRequest = new URLRequest();
    req. url= subURL;
    req. method= URLRequestMethod. POST;
    req. data= vars;
    var ld:URLLoader = new URLLoader();
    ld. dataFormat= URLLoaderDataFormat. VARIABLES;
    ld. addEventListener(Event. COMPLETE ,completeFun);
    //URLLoader 载入
    ld. addEventListener(IOErrorEvent. IO_ERROR,IOErrorFun);
    function IOErrorFun() {
    }
    try {
        ld. load(req);
    } catch (err:Error) {
        trace("there is a Error");
    }
    function completeFun(e:Event ) {
        trace(e. target. data);
    }
}

s top();
```

注意

（1）发布时要检测"本地回放安全性"是否设置为"只访问网络"。

（2）当 ASP 与 Flash、ASP 与数据库进行数据交换时，应该仔细核对交换的参数是否一致。

（3）如果使用 Windows XP 做服务器，请将 System. useCodePage＝true；这行代码去掉，或使用 System. useCodePage＝false。

按 Ctrl＋Enter 组合键测试，看看一开始是否能看到留言记录，单击"发言"按钮输入标题、网名、留言内容，并单击"提交"按钮。然后再回到留言显示列表状态，查看数据是否添加成功（源代码参见/留言板 . fla，loadDb2. asp，BookInput. asp，NotedB. mdb）。

功能扩展：

■ 添加计数页面和翻页的功能，并能跳转到第一页和最后一页。

■ 添加音效功能，包括动画音效和按钮音效。

■ 将 BookInput. asp 和 loadDb2. asp 合成一个文档，实现一个 ASP 文档既能读数据库又能插入数据。

■ 添加登录和删除记录的功能。

■ 添加显示详细记录的界面。

常用英语单词含义如表 20-1 所示。

表 20-1　常用英语单词含义

英　　文	中　　文
update	更新
select	筛选
driver	驱动
record set	记录集
data	数据
format	格式
method	方法
variables	变量
complete	完成
system	系统
request	请求

课后练习：

在本章实例制作的基础上完成以下功能：

1. 添加计数页面和翻页的功能，并能跳转到第一页和最后一页；

2. 添加音效功能，包括动画音效和按钮音效；

3. 将 BookInput. asp 和 loadDb2. asp 合成一个文档，实现一个 ASP 文档既能读数据库又能插入数据；

4. 添加登录和删除记录的功能。

5. 添加显示详细记录的界面。

第21章 综合案例

复习要点：

➤ 多媒体项目设计制作步骤

➤ 项目策划、框架设计

➤ 声音的播放、停止、暂停、继续播放控制、设置音量等

➤ 导入外部文件的方法，包括 swf、图片、ASP 文件、XML 文件、mp3 文件等

➤ 数组的定义和使用方法

➤ 自定义消息的发送与接收

➤ 加载文本文件，并读取键/值形式的变量

➤ 读取 XML 中节点的方法

➤ 数据库的创建

➤ 通过 ASP 读取数据库中的记录

➤ 通过 ASP 将数据存储到数据库

21.1　案例概述

综合案例名称：《美食新主意》自助点菜系统。

● 案例简介：

本案例是基于餐厅、饭店、美食店的点菜需求而设计的 Flash 互动自助点菜系统。自助点菜系统主要包括客户端和后台管理两个部分。客户端是直接面向客户的，要求视觉效果好，互动性强，操作方便，故可以采用 Flash 来实现。客户端是给客户自助点菜的部分，分为六大模块：地道拉面、米饭新煮、大都会小吃、自家特调、冰天雪地、我的订单。后台主要有：菜单管理、厨房管理、埋单结算、统计分析，本例中只是介绍用 Flash 视觉表现的客户端的设计与制作。

● 案例功能描述：

开场是一个品牌宣传动画，单击按钮进入主界面。主界面的上部是一行导航菜单，其中包括"地道拉面"、"米饭新煮"、"大都会小吃"、"自家特调"、"冰天雪地"及"我的订单"菜单。当单击这些菜单时，下边的展示区域会显示相关的菜单列表，可以进一步单击菜名，查看当前这道菜的原料、价格，并可以直接下单。在菜单的下面有背景音乐控制按钮用来控制背景音乐的播放、静音等，还有一个模拟时钟用来显示时间。

案例中用到的相关知识点包括：添加并控制音乐和音效的方法，获取计算机日期、时间的方法，鼠标跟随效果的实现方法，进度条的制作方法，导入外部文件（swf 文件和 xml 文件）的方法，数组的使用、自定义消息并侦听方法等。

案例的效果图如图 21-1 至图 21-8 所示。

图 21-1　主界面

图 21-2　地道拉面

图 21-3　菜单详细说明

图 21-4　米饭新煮

图 21-5 大都会小吃

图 21-6 自家特调

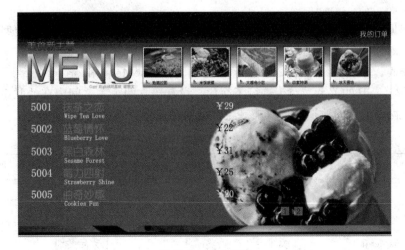

图 21-7 冰天雪地

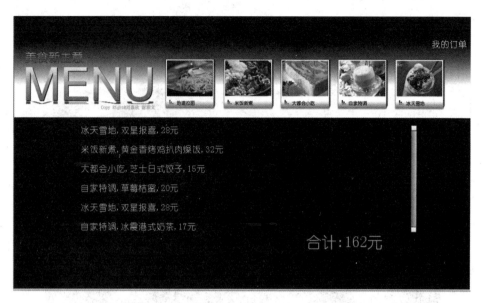

图 21-8　我的订单

21.2　规划与素材准备

　　素材的准备包括设计素材的制作和内容素材的收集。其中内容素材的收集包括某个品牌的菜单及其对应的效果图、品牌名称、菜单的类型、每道菜的原材料价格等。另外还有背景音乐和音效的准备。

　　上述素材的收集可以通过百度搜索，也可以通过相关品牌网站获取。

21.3　创建数据库、准备读取和写入数据库的 ASP 文件

　　为方便起见，本案例中的数据库采用 Microsoft Access 数据库。用其他类型的数据库方法类似。数据库名称为"orderDishes. mdb"。

　　创建两个表，如表 21-1 和表 21-2 所示，分别为：baseMenu 和 orderM。为了读者能更好地理解 Flash 与 ASP 的关系，对表进行了简化，没有建立两个表之间内在的联系，在产品开发中可以对这两个表进行改造，使其能满足数据库设计范式。

表 21-1　baseMenu 表设计参数及说明

字段名称	数据类型	说　　明
id	自动编号	编号
serial	文本	菜品序号
classMenu	文本	菜品类别

续表

字段名称	数据类型	说　明
menuName	文本	菜品中文名称
enName	文本	菜品英文名称
mainMaterial	文本	菜品主要原材料
assistMaterial	文本	菜品的辅助材料
seasoning	文本	调料
price	货币	价格

表 21-2　orderM 表设计参数及说明

字段名称	数据类型	说　明
id	自动编号	编号
runningNumber	文本	流水号
orderTime	日期/时间	点菜开始时间
classMenu	文本	菜品类别
menuName	文本	菜品中文名称
numberTable	文本	桌号
idMenu	文本	菜品的 ID 号
discountR	数字	折扣
needPaid	货币	应付费
paided	货币	已付费

　　编写 ASP 代码。本例中的 ASP 代码包括三个文件：menuXMLFromAccess. asp、ad-dOrder. asp 和 xmlFromAccess. asp。其中 menuXMLFromAccess. asp 文件用来读取数据库中的菜品的基本信息，包括名称、原材料、价格等；addOrder. asp 文件用来将客户的菜品选择添加到数据库中，也就是将点菜流水号信息存储到数据库中；xmlFromAccess. asp 文件用来从数据库中筛选并读取当前客户所点菜品。下面是三个文件的 ASP 代码。

　　menuXMLFromAccess. asp 文件的代码如下。

```
< % @ language= "VBScript" @ codepage= "65001"% >
< %
dim runningNumber
runningNumber= Request. Form("runningNumber")

'定义三个变量,conn(Connection 对象)、connstr(ConnectionString)、sql(一个
SQL 语句)
```

```
dim conn,connstr,rs,sql,i
'定义 ConnectionString 的值
i= 1
connstr= "provider= Microsoft.Jet.OLEDB.4.0;data
source= "&Server.MapPath("orderDishes.mdb")&";"
'建立服务器连接对象
set conn= Server.CreateObject("ADODB.Connection")
'建立数据集对象
set rs= Server.CreateObject("ADODB.RecordSet")
'打开数据连接
conn.open connstr
'本句的意思是到 word 数据表内按 id 字段值的升序取出前 100 个 song1name,
'dong1url 字段的值。值被附加到数据集对象上被当做数据集的一个属性
sql= "select *  from baseMenu "
'游标类型和锁定类型都设置为 1,这是一个只能向前的只读行为,读取速度最快
rs.open sql,conn,1,1
%>
<? xml version= "1.0" encoding= "utf- 8"?>
<dataroot>
<% Do While Not rs.eof%>
<%
 id= rs("id")
serial= Trim(rs("serial"))
classMenu= Trim(rs("classMenu"))
menuName= Trim(rs("menuName"))
enName= Trim(rs("enName"))
mainMaterial= Trim(rs("mainMaterial"))
assistMaterial= rs("assistMaterial")
seasoning= rs("seasoning")
price= Trim(rs("price"))

%>
<orderM>
<id><% = id%></id>
<serial><% = serial%></serial>
<classMenu><% = classMenu%></classMenu>
<menuName><% = menuName%></menuName>
<enName><% = enName%></enName>
<mainMaterial><% = mainMaterial%></mainMaterial>
```

```
< assistMaterial> < % = assistMaterial% > < /assistMaterial>
< price> < % = price% > < /price>
< seasoning> < % = seasoning% > < /seasoning>
< /orderM>
< %
rs. MoveNext ()
Loop
Set rs= Nothing
'将数据集对象关闭
rs. close
'将数据库连接关闭
conn. close

'释放数据库连接资源
set conn= nothing
% >
< /dataroot>
```

addOrder. asp 文件的代码如下。

```
< % @ LANGUAGE= "JAVASCRIPT" % >
< meta http- equiv= "Content- Type" content= "text/html; charset= gb2312">
< %
var today= new Date ()
//建立一个数据库链接对象
conn= Server. CreateObject ("ADODB. Connection");
//用已经建立的数据库链接对象打开数据库
conn. Open ("driver= {Microsoft Access Driver (* .mdb)};dbq= "+ Serv-
    er. MapPath ("orderDishes. mdb"));
//创建一个记录集,它的任务是储存从数据库里提取出来的数据
rs= Server. CreateObject ("ADODB. Recordset");
//创建查询数据库的 SQL 语句,这里将查出"notee"中的所有数据
sql= "Select *  From orderM ";
//执行数据库查询,最后的数字参数主要用来指定打开和查询数据库的方式
    rs. Open (sql, conn,3,3);
  rs. AddNew
  rs ("numberTable")= Request ("numberTable");
  rs ("runningNumber")= Request ("runningNumber");
  rs ("idMenu")= Request ("idMenu");
  rs ("menuName")= Request ("menuName");
```

```
rs("classMenu")= Request("classMenu");
rs("progression")= Request("progression");
//rs("discountR")= Request("discountR");
  rs("needPaid")= Request("needPaid");


  rs. Update
//关闭记录集对象
rs. Close();
%>
```

xmlFromAccess. asp 文件的代码如下。

```
< % @ language= "VBScript" @ codepage= "65001"% >
< %
dim runningNumber
runnigNumber= Request. Form("runningNumber")


'定义三个变量,conn(Connection 对象)、connstr(ConnectionString)、sql(一个 SQL 语句)
'dim conn,connstr,rs,sql,i
'定义 ConnectionString 的值
i= 1
connstr= "provider= Microsoft. Jet. OLEDB. 4. 0; data source= " &Server.
    MapPath("orderDishcs. mdb") &";"
'建立服务器连接对象
set conn= Server. CreateObject("ADODB. Connection")
'建立数据集对象
set rs= Server. CreateObject("ADODB. RecordSet")
'打开数据连接
conn. open connstr
'本句的意思是到 Word 数据表内按 id 字段值的升序取出前 100 个 song1name,
'donglurl'字段的值。值被附加到数据集对象上被当作数据集的一个属性
sql= "select *  from orderM where runningNumber= '"&runningNumber&"'"
'游标类型和锁定类型都设置为 1,这是一个只能向前的只读行为,读取速度最快
rs. open sql,conn,1,1
%>
< ? xml version= '1. 0' encoding= 'utf- 8'? >
< dataroot>
< % Do While Not rs. eof% >
< %
id= rs("id")
```

```
runningNumber= Trim(rs("runningNumber"))
idMenu= Trim(rs("idMenu"))
progression= Trim(rs("progression"))
needPaid= rs("needPaid")
numberTable= rs("numberTable")
classMenu= Trim(rs("classMenu"))
orderTime= Trim(rs("orderTime"))
menuName= Trim(rs("menuName"))
%>
<orderM>
<id> <%= id%> </id>
<runningNumber> <%= runningNumber%> </runningNumber>
<idMenu> <%= idMenu%> </idMenu>
<menuName> <%= menuName%> </menuName>
<progression> <%= progression%> </progression>
<needPaid> <%= needPaid%> </needPaid>
<numberTable> <%= numberTable%> </numberTable>
<classMenu> <%= classMenu%> </classMenu>
<orderTime> <%= orderTime%> </orderTime>
</orderM>
<%
rs.MoveNext()
Loop
Set rs= Nothing
'将数据集对象关闭
'rs.close
'将数据库连接关闭
conn.close

'释放数据库连接资源
set conn= nothing
%>
</dataroot>
```

特别说明：

（1）menuXMLFromAccess.asp 文件和 xmlFromAccess.asp 文件返回的都是 XML 结构的，而不是键/值对形式的，之所以这样做，是因为 Flash 读取 XML 数据比较方便、快捷，相对于键/值对形式的结构，XML 格式的数据更容易被批量处理。

（2）在具体测试 ASP 代码前，需要先对 IIS 进行配置，如读者对如何配置 IIS 不清楚，可以参看 ASP 技术方面的教材的相关内容，在这里就不具体介绍了。

21.4 创建文档、制作片头动画 、主菜单影片剪辑

完成了素材的准备和收集之后，接下来开始制作动画。

（1）创建文档。运行 Flash CS4 后，创建一个新的 Flash 文档，并将创建的文档保存为 "mainMenu. fla"。

（2）场景的大小设置为 1200 像素宽，600 像素高。

（3）新建一影片剪辑，命名为 "logo"，并设计制作一段动画。如图 21-9 和图 21-10 所示。

图 21-9　logo 影片剪辑

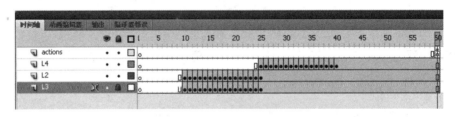

图 21-10　Logo 时间轴

（4）新建一影片剪辑，命名为 "地道拉面"，设定其背景颜色和背景图案。如图 20-11 所示，并设计一个缓动的效果，透明度由大到小，最后停下来。

图 21-11　菜单制作

（5）类似步骤（4）创建另外几个主菜单。如图 21-12 所示。

图 21-12　主菜单

21.5　主界面的制作

上节中已经保持的文档的第一帧是主界面，其中主要是放置 logo 影片剪辑和五个主菜单，以及"我的订单"按钮。如图 21-13 和图 21-14 所示。其中五个菜单的实例名分别为：menu1，menu2，menu3，menu4，menu5。"我的订单"按钮实例名称为：WanCheng_btn。

图 21-13　文档时间轴

图 21-14　第一帧主界面制作

第二帧上是将第一帧中的背景图片换为两个动态文本框，其实例名称分别为 m1_txt，m2_txt，它们分别是用来显示客户点的菜单明细和总的菜单金额。

在第一帧的代码层添加以下的代码。

```
import flash.system.System;
System.useCodePage= false;
```

```
stop();
var mydate:Date= new Date();
//生成点菜的流水号
var runningNumber= "T001_"+ mydate. fullYear+ (mydate. month+ 1)+ mydate.
    getDate()+ mydate. getHours()+ mydate. minutes+ mydate. getSeconds();
//定义数组,存放当前客户菜单
var selectMenu:Array = new Array();
px1. width= 1200;
var swfLdr:Loader= new Loader();
var url:URLRequest;
//5 个主导航菜单,分别设置侦听
var numMenu= 5;
for (var i= 1; i< = numMenu; i++ ) {
    this["menu"+ i]. addEventListener(MouseEvent. CLICK,menufun);
}
function menufun(e: MouseEvent) :void {
    var strName= event. target. parent. parent. name+ ". swf";
    url= new URLRequest(strName);
    swfLdr. load(url);
    swfLdr. contentLoaderInfo. addEventListener(Event. COMPLETE, loadedHandler);
    stage. addChild(swfLdr);
}
function loadedHandler(event:Event) MouseEvent {
    var obj:Object= swfLdr["content"];
    obj. addEventListener("loadS", loadHandler);//侦听子场景发送过来的事件
    function loadHandler():void {
        //将客户选中的菜单存放到 selectMenu 数组中
        selectMenu. push(obj. addMenus);
        //调用 addOder 函数,用来保存到数据库
        addOder(subURL,obj);
    }
}

var subURL:String= "http://127. 0. 0. 1/asp_up/addOrder. asp";
//定义 addOder 函数,功能是:将客户选择的菜单通过 ASP 文件保存到数据库中
function addOder(subURL:String,obj:Object) :void {
    System. useCodePage= true;
    var vars:URLVariables = new URLVariables();
    vars. idMenu= obj. addMenus[3];//菜品的编号
```

```
vars.classMenu= obj.addMenus[0];//菜品的类别
vars.progression= "点菜";//状态
vars.runningNumber= runningNumber;//点菜的流水号
vars.numberTable= 1;//桌号
vars.menuName= obj.addMenus[1];//菜品名称
vars.needPaid= obj.addMenus[2];//价格
//trace(vars);
var req:URLRequest = new URLRequest();
req.url= subURL;
req.method= URLRequestMethod.POST;//以 post 方式发送参数
req.data= vars;//发送的数据
var ld:URLLoader = new URLLoader();
ld.dataFormat= URLLoaderDataFormat.VARIABLES;//发送数据的格式
ld.addEventListener(Event.COMPLETE ,completeFun);
//URLLoader 载入
ld.addEventListener(IOErrorEvent.IO_ERROR,IOErrorFun);
function IOErrorFun():void {
}
try {
    ld.load(req);
} catch (err:Error) {
    //trace("there is a Error");
}
function completeFun(e:Event ) :void {
    //trace(e.target.data);
}
}
//跳转到第二帧代码,用于显示客户所选菜单
WanCheng_btn.addEventListener(MouseEvent.CLICK,WanFun);
function WanFun(e:MouseEvent) {
    this.gotoAndStop(2);
    if (swfLdr) {
        stage.removeChild(swfLdr);
    }
    var ddan= "";
    var sum= 0;
    var orderMenu_array:Array= new Array();
    loadXMLMenu();
    //定义 loadXMLMenu 函数,函数功能是:
```

```
//传递参数(流水号)给 ASP 文件,
//接收 ASP 返回的 XML 格式数据,同时解析 XML 并获取其中的数据
function loadXMLMenu():void {
    System. useCodePage= false;
    var vars:URLVariables = new URLVariables();
    vars. runningNumber= runningNumber;
    var url:URLRequest= new
URLRequest("http://127. 0. 0. 1/asp_up/xmlFromAccess. asp");
    var lod:URLLoader = new URLLoader();
    var externalXML:XML;
    url. method= URLRequestMethod. POST;
    url. data= vars;
    lod. load(url);
    lod. addEventListener(Event. COMPLETE ,comFun);
    function comFun(e:Event ) :void {
      try {
          //赋值 XML 对象
          externalXML= new XML(lod. data);
          //调用 readNodes 函数
          readNodes(externalXML);
      } catch (e:TypeError) {
          trace("Could not parse the XML file. ");
      }
      //将解析后的数据显示到舞台中的动态文本中
      for (var i= 0; i< orderMenu_array. length; i+ + ) {
          ddan + = orderMenu_array[i][3]+ "  "+ orderMenu_array[i][6]+ "
              "+ orderMenu_array[i][7]+ "   "+ orderMenu_array[i][5]
          + "元\r"+ "\r";
          t_txt. text= ddan;
          sum+ = int (orderMenu_array[i][5]);
      }
      //显示总的费用
      t2_txt. text= "合计:"+ sum+ "元 ";
    }
    //定义函数 readNodes,功能是:解析 XML 文件
    function readNodes(node:XML):void {
        for (var i:int= 0; i < node. orderM. length(); i+ + ) {
            orderMenu_array[i]= new Array(node. orderM[i]. id,
            node. orderM[i]. runningNumber,node. orderM[i]. numberTable,
```

```
            node.orderM[i].idMenu, node.orderM[i].progression,
            node.orderM[i].needPaid, node.orderM[i].classMenu,
            node.orderM[i].menuName);
            //trace(orderMenu_array[i]);
        }
      }
    }
  }
```

说明

单击本例中的五个主菜单分别对应调用五个 swf 文件，它们的文件名称分别为 menu1.swf，menu2.swf，menu3.swf，menu4.swf，menu5.swf。

在第二帧上只添加"stop()"代码即可。

按 Ctrl＋Enter 组合键测试生成的 swf 文件。不过现在还不能单击主菜单。

21.6　子 swf 文件的制作

下面介绍 menu1.swf 文件的源文件设计与制作。

创建新文档，命名为 menu1.fla，创建不同的图层，如图 21-15 所示。在第一帧和第二帧上所放的内容是菜单的名称，如图 21-16 所示。第三帧主要是用来放"下单"按钮的，第四到第十二帧分别都是用来显示第一帧和第二帧中不同菜单的详细内容的其设计制作画面如图 21-16 所示。

图 21-15　主时间轴

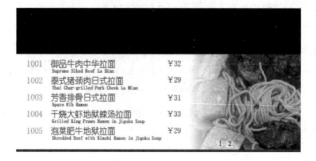

图 21-16　第一帧效果

其中，每道菜名都可以单击进入查看详细内容，其实例名称分别为"btn1"，"btn2"，"btn3"，"btn4"，"btn5"，"btn6"，"btn7"，"btn8"，"btn9"，用两个页面来显示，按钮"1"跳到第一个页面，按钮"2"跳到第二个页面，其实例名称分别为"p1_btn"和"p2_btn"。

第四帧效果如图 21-17 所示。

图 20-17　第四帧效果

第一帧上的代码如下：

```
stop();
var menu:Array = new Array();
var addMenus= "";
var numFrame:int= 0;
loadXMLMenu();
//定义 loadXMLMenu 函数,函数功能是:
//接收 ASP 返回菜品名称列表信息,用的是 XML 格式数据,同时解析 XML 并获取其中
  的数据
function loadXMLMenu() {
    System.useCodePage= false;
    var vars:URLVariables = new URLVariables();

    var url:URLRequest= new URLRequest("http://127.0.0.1/asp_up/menuXMLFromAc-
        cess.asp");
    var lod:URLLoader = new URLLoader();
    var externalXML:XML;
    url.method= URLRequestMethod.POST;
    url.data= vars;
    lod.load(url);
    lod.addEventListener(Event.COMPLETE ,comFun);
    function comFun(e:Event ) {
        try {
            //赋值 XML 对象
```

```
            externalXML= new XML(lod. data);
            //调用 readNodes 函数
            readNodes(externalXML);
        } catch (e:TypeError) {
            trace("Could not parse the XML file. ");
        }
    }
    //定义函数 readNodes,功能是:解析 XML 文件
    function readNodes(node:XML):void {
        for (var i:int= 0; i < node. orderM. length(); i+ + ) {
            menu [i]= new Array(node. orderM[i]. classMenu,node. orderM[i].
                menuName,node. orderM[i]. price,node. orderM[i]. serial);
            //trace(menu[i]);
        }
    }
}
p1_btn. addEventListener(MouseEvent. CLICK,gofun);
function gofun(e:Event ) {
    gotoAndStop(1);
}
p2_btn. addEventListener(MouseEvent. CLICK,gofun2);
function gofun2(e:Event ) {
    gotoAndStop(2);
}
for (var i= 1; i< 6; i+ + ) {
    this["btn"+ i]. addEventListener(MouseEvent. CLICK,clickfun);
    function clickfun(e:Event ) {
    var sss:String= e. target. name;
        var kn:int= int(sss. slice(3));
        addMenus= menu[kn- 1];
        numFrame= kn+ 3;
        gotoAndStop(3);
    }
}
```

第二帧上的代码如下:

```
stop();
for(var j= 6;j< 10;j+ + ){
this["btn"+ j]. addEventListener(MouseEvent. CLICK,clickfun2);
```

```
function clickfun2(e:Event ) {
    var sss:String= e.target.name;//获取按钮的实例名
    var kn:int= int(sss.slice(3)) //取出按钮的实例名的后面数字,并转换为
        整数
    addMenus= menu[kn- 1];
    numFrame= kn+ 3;
    gotoAndStop(3);}
}
```

在第三帧上添加"下单"按钮的侦听代码，并根据 numFrame 的不同值跳转到不同的帧，代码如下：

```
DD_btn.addEventListener(MouseEvent.CLICK ,DDFun);
function DDFun(e: MouseEvent) :void {
    dispatchEvent(new Event("loadS"));//分发事件
}
gotoAndStop(numFrame);
```

代码说明：

DD_btn 是"下单"按钮的实例名称，当侦听到本按钮被单击后，就分发自定义"loads"事件。

第四帧上的代码如下，其中"Di1_btn"是按钮"地道里面"的实例名称。

```
Di1_btn.addEventListener(MouseEvent.CLICK,Diclick1);
function Diclick1(e: MouseEvent ):void{
    gotoAndStop(1);
}
stop();
```

第五帧上的代码如下：

```
Di2_btn.addEventListener(MouseEvent.CLICK,Diclick2);
function Diclick2(e: MouseEvent ):void {
    gotoAndStop(1);
}
    stop();
```

第六帧到第十二帧的代码与第四帧、第五帧类似。

按 Ctrl＋Enter 组合键测试生成的 swf 文件，并将 menu1.swf 与 mainMenu.swf 文件放到同一个文件夹下，启动 mainMenu.swf，单击"地道里面"菜单，这时应该可以看到加载了 menu1.swf 文件，并可以操作相关按钮。

按照类似的方法，可以设计制作 menu2.fla，menu3.fla，menu4.fla，menu5.fla，并生成文件 menu2.swf，menu3.swf，menu4.swf，menu5.swf，将这些 swf 文件与 mainMenu.swf 文件放到同一个文件夹下，启动 mainMenu.swf，单击不同的主菜单，并单击详细页面的下单操作，查看"我的订单"。

说明

本案例中各个菜品名称的显示是静态的，这是为了简化案例，将重点放在 Flash 与 ASP 相结合，实现读写数据库。实际上，可以通过读取数据库的菜品信息后，动态生成菜单。

本案例中的其他模块，如菜单管理、厨房管理、埋单结算、统计分析等可以用 ASP 来实现，这里就没有给出代码。

本案例的代码都是写在帧上的，这对程序员来说，是不方便的，但对初学者，特别是以前有过 AS2.0 经验的读者来说是比较适应的。不过有了在帧上写代码的经验后，要过渡到以类的方式来实现功能是比较容易的。

功能扩展：

■ 实现动态生成客户选菜单。

■ 添加按钮音效、背景音乐及相关的开、关闭、音量调节控制按钮。

■ 修改"我的订单"的显示方式，使其能按菜品类别显示。

■ 添加一个菜品能选择多份的功能。

■ 添加设置桌号的功能。

■ 添加临时加菜的功能。

附录 A 常用 ASCII 码对照表

ASCII 码	键盘	ASCII 码	键盘	ASCII 码	键盘	ASCII 码	键盘
27	ESC	32	SPACE	33	!	34	"
35	♯	36	$	37	%	38	&
39	,	40	(	41	)	42	*
43	+	44	,	45	—	46	.
47	/	48	0	49	1	50	2
51	3	52	4	53	5	54	6
55	7	56	8	57	9	58	:
59	;	60	<	61	=	62	>
63	?	64	@	65	A	66	B
67	C	68	D	69	E	70	F
71	G	72	H	73	I	74	J
75	K	76	L	77	M	78	N
79	O	80	P	81	Q	82	R
83	S	84	T	85	U	86	V
87	W	88	X	89	Y	90	Z
91	[	92	\	93	]	94	ˆ
95	_	96	`	97	a	98	b
99	c	100	d	101	e	102	f
103	g	104	h	105	i	106	j
107	k	108	l	109	m	110	n
111	o	112	p	113	q	114	r
115	s	116	t	117	u	118	v
119	w	120	x	121	y	122	z
123	{	124			125	}	126	～

附录 B　Flash 快捷键一览表

1.【文件】菜单命令快捷键

命　令	快 捷 键	命　令	快 捷 键
新建	Ctrl+N	导入	Ctlr+R
打开	Ctrl+O	导出影片	Ctrl+Alt+Shift+S
退出	Ctrl+Q	发布设置	Ctrl+Shift+F12
关闭	Ctrl+W	以 HTML 格式预览	F12
保存	Ctrl+S	发布	Shift+F12
另存为	Ctrl+Shift+S	打印	Ctrl+P

2.【编辑】菜单命令快捷键

命　令	快 捷 键	命　令	快 捷 键
撤销	Ctrl+Z	全选	Ctrl+A
重做	Ctrl+Y	取消全选	Ctrl+Shift+A
剪切	Ctrl+X	剪切帧	Ctrl+Alt+X
拷贝	Ctrl+C	拷贝帧	Ctrl+Alt+C
粘贴	Ctrl+V	粘贴帧	Ctrl+Alt+V
粘贴到当前位置	Ctrl+Shift+V	清除帧	Alt+Backspace
清除	Backspace	选择所有帧	Ctrl+Alt+A
复制	Ctrl+D	编辑元件	Ctrl+E
首选参数	Ctrl+U	查找和替换	Ctrl+F

3.【视图】菜单命令快捷键

命　令	快 捷 键	命　令	快 捷 键
第一个	Home	工作区	Ctrl+Shift+W
前一个	Page Up	标尺	Ctrl+Alt+Shift+R
后一个	Page Down	显示网格	Ctrl+'

命　令	快 捷 键	命　令	快 捷 键
最后一个	End	对齐网格	Ctrl＋Shift＋'
放大	Ctrl＋＝	编辑网格	Ctrl＋Alt＋G
缩小	Ctrl＋－	显示辅助线	Ctrl＋;
正常 100%画面	Ctrl＋1	锁定辅助线	Ctrl＋Alt＋;
显示帧	Ctrl＋2	对齐辅助线	Ctrl＋Shift＋;
全部显示	Ctrl＋3	编辑辅助线	Ctrl＋Alt＋Shift＋G
轮廓	Ctrl＋Alt＋Shift＋O	对齐对象	Ctrl＋Shift＋/
高速显示	Ctrl＋Alt＋Shift＋F	显示形状提示	Ctrl＋Alt＋H
消除锯齿	Ctrl＋Alt＋Shift＋A	隐藏边缘	Ctrl＋H
消除文字锯齿	Ctrl＋Alt＋Shift＋T	隐藏面板	F4
时间轴	Ctrl＋Alt＋T		

4.【插入】菜单命令快捷键

命　令	快 捷 键	命　令	快 捷 键
转换为元件	F8	删除帧	Shift＋F5
新建元件	Ctrl＋F8	清除关键帧	Shift＋F6
新增帧	F5		

5.【修改】菜单命令快捷键

命　令	快 捷 键	命　令	快 捷 键
场景	Shift＋F2	右对齐	Ctrl＋Alt＋3
文档	Ctrl＋J	顶对齐	Ctrl＋Alt＋4
优化	Ctrl＋Alt＋Shift＋C	转换为关键帧	F6
添加形状提示	Ctrl＋Shift＋H	垂直居中	Ctrl＋Alt＋5
缩放与旋转	Ctrl＋Alt＋S	底对齐	Ctrl＋Alt＋6
顺时针旋转 90 度	Ctrl＋Shift＋9	按宽度均匀分布	Ctrl＋Alt＋7
逆时针旋转 90 度	Ctrl＋Shift＋7	按高度均匀分布	Ctrl＋Alt＋9
取消变形	Ctrl＋Shift＋Z	设为相同宽度	Ctrl＋Alt＋Shift＋7
移至顶层	Ctrl＋Shift＋Up	设为相同高度	Ctrl＋Alt＋Shift＋9
上移一层	Ctrl＋Up	相对舞台分布	Ctrl＋Alt＋8
下移一层	Ctrl＋Down	转换为空白关键帧	F7
移至底层	Ctrl＋Shift＋Down	组合	Ctrl＋G

命 令	快 捷 键	命 令	快 捷 键
锁定	Ctrl＋Alt＋L	取消组合	Ctrl＋Shift＋G
解除全部锁定	Ctrl＋Alt＋Shift＋L	分离	Ctrl＋B
左对齐	Ctrl＋Alt＋1	分散到图层	Ctrl＋Shift＋B
水平居中	Ctrl＋Alt＋2		

6. 【文本】菜单命令快捷键

命 令	快 捷 键	命 令	快 捷 键
正常	Ctrl＋Shift＋P	右对齐	Ctrl＋Shift＋R
粗体	Ctrl＋Shift＋B	两端对齐	Ctrl＋Shift＋J
斜体	Ctrl＋Shift＋I	增加间距	Ctrl＋Alt＋Right
左对齐	Ctrl＋Shift＋L	减小间距	Ctrl＋Alt＋Left
居中对齐	Ctrl＋Shift＋C	重置间距	Ctrl＋Alt＋Up

7. 【控制】菜单命令快捷键

命 令	快 捷 键	命 令	快 捷 键
播放	Enter	测试影片	Ctrl＋Enter
后退	Ctrl＋Alt＋R	调试影片	Ctrl＋Shift＋Enter
前进一帧	。	测试场景	Ctrl＋Alt＋Enter
后退一帧	，	启用简单按钮	Ctrl＋Alt＋B

8. 【窗口】菜单命令快捷键

命 令	快 捷 键	命 令	快 捷 键
新建窗口	Ctrl＋Alt＋N	变形	Ctrl＋T
时间轴	Ctrl＋Alt＋T	动作	F9
工具	Ctrl＋F2	隐藏面板	F4
行为	Shift＋F3	影片浏览器	Alt＋F3
属性	Ctrl＋F3	编译器错误	Alt＋F2
对齐	Ctrl＋K	输出	F2
混色器	Shift＋F9	辅助功能	Alt＋F11
颜色样本	Ctrl＋F9	组件	Ctrl＋F7
信息	Ctrl＋I	组件检查器	Shift＋F7
场景	Shift＋F2	库	Ctrl＋L

附录 C Flash 运算符与表达式

运算符是指定怎样组合、比较或改变表达式的值的字符。运算符操作的元素称为操作数。例如，在下面的语句中，"＋"运算符把数值常量和变量 fb 的值加起来，fb 和 3 是操作数。

fb＋3

1. 运算符优先级

当在同一语句中使用了两个或多个运算符时，一些运算符比其他一些运算符优先。ActionScript 按照准确的等级来决定哪一个运算符优先执行。例如，乘法总是在加法前先执行，但括号内的项却比乘法优先。因此，在没有括号时，ActionScript 首先执行乘法，如下例所示：

total= 4+ 4* 3;

结果是 16。

但是，当有括号括住加法时，ActionScript 先执行加法：

total= (2+ 4) * 6;

结果是 36。

2. 算术运算符

算术运算符执行加、减、乘、除、求模（％）、递增（＋＋）和递减（－－）等。表 C-1 列出了 ActionScript 的算术运算符。

表 C-1 算术运算符

运 算 符	执行的操作
＋	加法
*	乘法
/	除法
％	取模（求余数）
－	减法
＋＋	递增
－－	递减

注意

取模的含义是求余数，如 10 ％ 3 ＝1（10 除 3 等于 3，余 1），所以余数为 1。

3. 比较运算符

比较运算符是比较表达式的值，并返回逻辑值真或假（true 或 false）。这些运算符常常用在循环和条件语句之中。在下面的例子中，如果变量 byteLoaded 的值等于 byteTotal，跳转到标签名等于"ok"的帧；否则，跳转到标签名等于"loop"的帧：

```
if (byteLoaded = = byteTotal) {
    gotoAndPlay ("ok");
} else {
    gotoAndPlay ("loop");
  }
}
```

表 C-2 列出了 ActionScript 的比较运算符。

表 C-2　比较运算符

运 算 符	执行的操作
= =	相等
<	小于
>	大于
<=	小于等于
>=	大于等于
! =	不等于

4. 字符串运算符

"＋"运算符对字符串操作时，其作用是连接两个字符串操作数。例如，下面的语句把两个字符串相加：

```
trace("Flash"+ "互动设计");
```

结果是"Flash 互动设计"。如果"＋"运算符的操作数仅有一个是字符串，Flash 把另一个操作数也转换为字符串。例如：

```
timeLoaded= 30;
timeRemain= 40;
time= "已用时间:"+ timeLoaded+ "\r"+ "估计剩余时间:"+ timeRemain;
trace(time);
```

其输出结果为：

已用时间：30
估计剩余时间：40

比较运算符>、>=、<和<=也可以用于操作字符串。当用于操作字符串时，这些运算符比较两个字符串，确定哪一个字符串按字母顺序排列时排在前面。如果两个操作数都是字符串，这些比较运算符比较这两个字符串。如果仅有一个操作数是字符串，ActionScript 把两个操作数转换为数值，然后执行数值比较。

5. 逻辑运算符

逻辑运算符是比较两个逻辑值（真 true 和假 false），返回结果也是逻辑值。例如，如果两个操作数的计算结果是 true，则逻辑与运算符（&&）返回 true。如果一个或两个操作数的运算结果是 true，逻辑或运算符（||）返回 false。逻辑运算符常常与比较运算符一起使用，以确定一个 if 动作的条件。例如，在下面的脚本中，如果两个表达式为 true，if 动作将被执行。

```
if ((i > 12) && (_framesloaded > 40)){
    gotoAndPlay(1);
}
```

表 C-3 列出了 ActionScript 的逻辑运算符。

表 C-3　逻辑运算符

运　算　符	执行的操作
&&	逻辑与
||	逻辑或
!	逻辑非

注意

逻辑非运算规则：只有一个操作数，原操作数是真，结果为假；原操作数是假，结果为真。

6. 赋值运算符

表 C-4 列出了 ActionScript 的赋值运算符。

表 C-4　赋值运算符

运　算　符	执行的操作
=	赋值
+=	加后赋值
-=	减后赋值
*=	乘后赋值
%=	取模后赋值
/=	除后赋值
<<=	左移位后赋值
>>=	右移位后赋值

运　算　符	执行的操作
>>>=	填 0 右移位后赋值
^=	位异或后赋值
|=	位或后赋值
&=	位与后赋值